Wolfgang Thüne

Freispruch für CO_2

Wolfgang Thüne

Freispruch für CO_2

LINDENBAUM VERLAG

IMPRESSUM:

Wolfgang Thüne, Freispruch für CO_2

Erstauflage 2002 in der edition steinherz, Wiesbaden
Überarbeitete Neuauflage 2023 im Lindenbaum Verlag
Internetadresse: www.lindenbaum-verlag.de
E-Mail-Adresse: lindenbaum-verlag@web.de
Druck: Eigendruck
Printed in Germany
ISBN: 978-3-949780-14-1

Inhaltsverzeichnis

VORWORT
von Prof. Dr. Gerhard Gerlich

Die gesellschaftlich relevanten Wissenschaften

Mehrfach wurde ich aufgefordert, in einer wissenschaftlichen Zeitschrift vom Standpunkt eines theoretischen Physikers darzulegen, dass es den atmosphärischen Kohlendioxid-Treibhauseffekt nicht gibt. Dies habe ich immer abgelehnt, weil es sich bei diesem angeblichen Effekt nicht um Physik handelt, sondern um ein modernes Beispiel für das Märchen von des Kaisers neuen Kleidern. Gerne komme ich hingegen der Bitte meines Freundes Wolfgang Thüne nach, ein Vorwort für sein neues Buch „Der Freispruchfür CO_2“ zu schreiben, das man als Fortsetzung seines preisgekrönten Buches „Der Treibhaus-Schwindel“ ansehen kann und in dem er nachweist, dass man die zivilisierten Menschen von dem Vorwurf freisprechen muss, „Klimakiller“ zu sein.

Jeder Autofahrer kennt den Treibhauseffekt, dass nämlich die Luft in einem in der Sonne parkenden Auto im Innenraum deutlich wärmer ist als die Luft außerhalb des Autos. Entsprechendes gilt für ein Gewächshaus oder Treibhaus, wenn die Sonne scheint. Bei dem atmosphärischen Treibhauseffekt geht es aber gar nicht um diesen Effekt, obwohl bewusst wahrheitswidrig von vielen Treibhauseffekt-Funktionären behauptet wird, der Erwärmungsmechanismus sei beim atmosphärischen Treibhauseffekt der gleiche. Die erhöhte Temperatur im Innenraum des Gewächshauses entsteht primär durch die durch die Wände und Decke eingesperrte erwärmte Luft. Dieser „Effekt“ wird dauernd von den Menschen im täglichen Leben benutzt, z. B. bei der Kleidung, beim Einhüllen mit Wolldecken, oder bei einem beheizten Raum: Wenn man alle Türen und Fenster und möglichst noch ein Deckenfenster öffnet, hat man Schwierigkeiten, im Winter im beheizten Innenraum die Außentemperatur ausreichend zu übertreffen. Deshalb hat dieser selbstverständliche Effekt auch keinen Namen als physikalischer Effekt.

Beim atmosphärischen Treibhauseffekt handelt es sich nicht um zwei verschiedene, objektiv messbare Temperaturen, sondern um zwei angeblich berechenbare bzw. angeblich berechnete Temperaturen. Die eine Temperatur von 15 °C will man angeblich durch Mitteln der bodennahen Lufttemperaturen über die gesamte Erde erhalten haben. Dies geht schon deshalb nicht, weil 70 % der Erdoberfläche Ozeane sind, für die praktisch keine Messwerte vorliegen. Die andere Temperatur wird über das Boltzmann'sche Strahlungsgesetz aus der Strahlungsintensität der Sonne berechnet. Man berechnet dazu die vierte Wurzel aus dem Mittelwert der vierten Potenz der absoluten Temperatur (in Kelvin). Dies ergibt angeblich – 18 °C. Die Differenz von 33 °C dieser Zahlen nennt man den „natürlichen" (atmosphärischen) Treibhauseffekt (der Erde). An anderer Stelle bin ich ausführlich auf diese Rechnungen eingegangen („Die physikalischen Grundlagen der Treibhauseffekte und fiktiver Treibhauseffekte", in: „Treibhaus-Kontroverse und Ozon-Problem", Europäische Akademie für Umweltfragen (1996), S. 115-147) und habe dort gezeigt, dass man diese Mittelwerte nicht vergleichen darf, dass die vergleichbaren Mittelwerte eine Differenz von über hundert Grad liefern würden und dass es auch den Kohlendioxid-Treibhauseffekt nicht gibt. Hier soll nur eine Beobachtung reichen: Es gibt kein Lehrbuch der Physik, in dem der atmosphärische Treibhauseffekt erklärt wird. Ich kenne nur ein extrem schlechtes Experimentalphysikbuch, in dem keine Experimente richtig beschrieben werden, und einen Einführungstext in die Meteorologie, in denen der atmosphärische Treibhauseffekt zwar behauptet und seine angeblichen Folgen diskutiert werden, aber nicht einmal der Treibhauseffekt des Gewächshauses richtig beschrieben wird.

Bei diesem Kenntnisstand stellt sich sofort die Frage: Wieso kann ein nicht existierender physikalischer Effekt dazu führen, dass mit ihm sogar wirtschaftspolitische Maßnahmen begründet werden können, dass nämlich durch diese „Hintertür" plötzlich weltweit eine globale Planwirtschaft eingeführt werden soll. Denn ebenso wenig wie in den Planwirtschaften die Parteifunktionäre das Plansoll garantieren konnten, können dies nun die Regierungen und Industriefunktionäre bei den Kohlendioxid-Quoten. Eines ist aber so sicher wie das Amen in der Kirche: Jede künstliche Verteuerung der Primärenergienutzung ist für jedes Wirtschaftssystem eine todsicher wirkende Wirtschaftsbremse.

Die „68er“ bescherten uns eine neue „Wissenschaft“, die neomarxistische „Kritische Theorie“, in der sich all die tummeln konnten, die in den klassischen Disziplinen nichts zustande gebracht hatten. Auf diese Weise bekamen die marxistischen Prognosen, die insbesondere den Untergang des Kapitalismus und das Arbeiterparadies auf Erden versprachen, den Anstrich wissenschaftlicher Aussagen. Jeder Ignorant, Betrüger oder Dummkopf konnte so plötzlich zu einem Wissenschaftler werden. Auch wurde der Begriff der „gesellschaftlich relevanten Wissenschaften“ geboren und den meisten klassischen Disziplinen aufgezwungen. Dies ersetzte die aus der wissenschaftlichen Tätigkeit gewachsenen eigenen Ziele, die für die meisten Laien unverständlich sind. Die „zweckfreie“ Wissenschaft wurde durch die „gesellschaftlich relevante“ Wissenschaft ersetzt. Die nur auf ihre eigenen wissenschaftlichen Ziele ausgerichteten Wissenschaften hatten ausgedient zugunsten einer von der öffentlichen Meinung verstandenen. Da der Marxismus mit seinen Weltuntergangsprognosen offensichtlich „gesellschaftlich relevant“ war, wurde dies zunehmend von allen anderen Wissenschaften verlangt.

Die militärische und zivile Nutzung der Kernspaltung sind offensichtlich „gesellschaftlich relevant“. Bei der militärischen Nutzung der Kerntechnik, auf die Deutschland nach dem zweiten Weltkrieg verzichtet hat, ist die „gesellschaftliche Relevanz“ unbestreitbar. Etwas schwieriger ist es mit der zivilen Nutzung. Die Entwicklung der zivilen Kerntechnik konnte wegen der Größe und des Risikos nicht mehr die Aufgabe der Entwicklungsabteilungen selbst großer Betriebe sein. Es handelte sich um nationale und internationale Projekte, die die staatlich aufgebauten Großforschungsinstitute übernehmen mussten (Kernforschungszentren). Für diese Institute war es sofort vorbei mit einer „zweckfreien“ Forschung. Es musste die „gesellschaftliche Relevanz“ mit jedem Forschungsbericht nachgewiesen werden, was inzwischen durch die staatlichen Behörden auch auf die Universitäten ausgedehnt wurde (Forschungsevaluation).

Die Begründung für die „gesellschaftliche Relevanz“ der zivilen Entwicklung der Kerntechnik war in der Zeit der Atombombenversuche in Deutschland relativ einfach: Deutschland wollte von der Kernforschung nicht vollständig abgekoppelt sein. Außerdem konnte jedem Laien überzeugend klar gemacht werden, dass die Vorräte an fossilen Brennstoffen endlich waren. Man musste sich aber genauer fragen, wie endlich diese Vorräte waren. Es wurde mit falsch geschätzten globalen Zahlen gearbeitet, die sich kein Laie vorstellen konnte. Der Club of Rome berechnete für das Jahr 1990 das Verhungern der Menschheit mit lächerlichen hydrodynamischen „Weltvolkswirtschaftsmodellen". Damit konnten Mechanikprofessoren die Anschaffung der größten und teuersten Computer begründen, um diese „gesellschaftlich relevanten" Rechnungen durchführen zu können. Zwar wurden diese lächerlichen Modellrechnungen von den ernsthaften Volkswirtschaftsprofessoren sofort als falsch, albern und überflüssig entlarvt, aber diese Professoren, die sich an die Regeln ihrer eigenen Wissenschaft hielten, benutzten keine Großcomputer und waren deshalb in der öffentlichen Meinung nicht ernst zu nehmen. Die damaligen Großrechner werden heute von jedem PC um Größenordnungen übertroffen. Inzwischen behaupten manche Club of Rome-Leute, der Weltuntergang wäre nur durch ihre Weltuntergangsprognosen ausgeblieben. Dass die Prognosen völliger Unsinn waren, wusste damals aber jeder, der die Realitätsnähe der hydrodynamischen Weltvolkswirtschaftsmodelle kannte. Inzwischen versucht sich niemand mehr an diesen Modellrechnungen. Denn selbst größere oder die größten Rechner versprechen keinerlei sinnvolle Ergebnisse. Die Parallele zu den heutigen Prognosen der Klimarechenzentren ist nicht zu übersehen.

Ich komme zurück auf das Argumentieren mit „globalen Zahlen". Wenn ich es richtig in Erinnerung habe, wurde damals eine Jahreszahl um 2050 oder 2100 gehandelt, die mit Sicherheit kein damals erwachsener Zeitgenosse erleben konnte und bis zu der die fossilen Brennstoffe aufgebraucht sein sollten. Relativ früh bemerkte man dann aber, dass die verfügbaren Mengen fossiler Brennstoffe durch die neu entdeckten Lager schneller wuchsen als der geschätzte wachsende globale Verbrauch, was mit Sicherheit jede Prognose wertlos machte. Deshalb kam als neues Argument für die gesellschaftliche Relevanz der Entwicklung der Kerntechnik auf, die fossilen Brennstoffe seien zu schade zum Verbrennen. Man hatte nämlich Kernkraftwerke in der Planung, mit deren Hilfe man diese Brennstoffe zu wertvollen Kunststoffen verarbeiten konnte.

Die zivile deutsche Kerntechnik war damals führend in der Welt (Leichtwasserreaktoren, Hochtemperaturreaktoren, Schnelle Brüter; die Lösung des Entsorgungsproblems), weil sich die deutschen Kerntechniker nicht mit der Weiterentwicklung der Wasserstoffbomben beschäftigen mussten und konnten. Dieser Vorsprung konnte inzwischen abgebaut werden, was relativ leicht durch die Finanzierung der Kernkraftgegner zu organisieren war, wobei das Geld vermutlich sowohl aus östlichen als auch aus westlichen Quellen stammte. Nachdem der Verbrauch der fossilen Brennstoffe nicht mehr so leicht in die nahe Zukunft gelegt werden konnte und der technische Vorsprung nicht leichtfertig durch die Politik verspielt werden sollte, verfiel der damalige Bundeskanzler Helmut Schmidt zur Verteidigung der Weiterentwicklung der Kerntechnik bzw. der Entwicklung der neuen Reaktoren auf eine „gesellschaftlich relevante" Begründung: Er möchte nicht, dass unsere Enkelkinder am Kohlendioxid erstickten. Es ist ja für jeden Laien sofort einsichtig, dass im Unterschied zu den Kohlekraftwerken die Kernkraftwerke beim Betrieb kein Kohlendioxid produzieren.

Kohlendioxid ist mit einem Volumenanteil von ungefähr 0,03 Prozent in der Erdatmosphäre vorhanden, das sind also 0,3 Promille. Es ist lebensnotwendig für das Pflanzenwachstum und damit auch lebensnotwendig für die tierischen Lebewesen. Die thermodynamischen Eigenschaften des Gasgemisches Luft erhält man durch das anteilige Mitteln der Eigenschaften seiner Anteile (Gibbs'sche Thermodynamik). Die thermodynamischen Eigenschaften der Luft der Erdatmosphäre (Wärmeleitfähigkeit, spezifische Wärme) werden also durch diesen kleinen Anteil des Kohlendioxids nicht im Bereich der messbaren Dezimalstellen beeinflusst. Also benötigte man andere Eigenschaften des Kohlendioxids, wobei das Ersticken als erstes ins Auge fällt. Da stellte man aber schnell fest, dass die Gefahr des Erstickens selbst beim Verdreifachen des Kohlendioxidanteils nicht gegeben ist. Auf diesen Anteil bringen es in der freien Atmosphäre keine menschlichen Aktivitäten. Damit entfiel als Begründung für die „gesellschaftliche Relevanz" der Weiterentwicklung der Kerntechnik das Argument mit dem Ersticken, und man musste eine andere Begründung suchen, und die fand man angeblich in einer anderen Eigenschaft des Kohlendioxids, nämlich, die ultrarote bzw. infrarote elektromagnetische Strahlung zu absorbieren.

Zwar wurde die Quantentheorie „erfunden“, um die Absorption und Emission der Strahlung durch Materie zu beschreiben, trotzdem leistet sie nicht die Beschreibung des Vorgangs der Absorption und Emission. Auch versagt die Strahlungstransporttheorie in der Astrophysik bei den kalten Sternen und den Molekülspektren der Planeten. Für die Begründung der gesellschaftlichen Relevanz eines Gebietes eignen sich natürlich besonders gut solche physikalischen Bereiche, in denen die Theorien versagen, weil man dann die verkehrtesten Behauptungen nicht einfach widerlegen kann. Aber es bleibt noch das Problem, wie man diesen Absorptionseigenschaften für das ultrarote Licht eine „gesellschaftliche Relevanz“ verpassen konnte.

In der Mitte der siebziger Jahre des vorigen Jahrhunderts begründeten gewisse Geophysiker ihre „gesellschaftliche Relevanz“ mit der Warnung vor einer beginnenden Eiszeit. Vielleicht hat das die für die Kerntechnik Argumente Suchenden auf den Gedanken gebracht, die sofort nach ihrer Veröffentlichung widerlegte Eiszeithypothese des S. Arrhenius („On the influence of carbonic acid in the air upon the temperature of the ground“, Phil. Magazine 41, 5 (1896)) auszugraben, die Arrhenius nicht mit der Quantentheorie behandeln konnte, da es die Quantentheorie damals noch gar nicht gab. Er wendete das Stefan-Boltzmannsche Strahlungsgesetz falsch an, indem er die Ursache mit der Wirkung verwechselte. Nach Arrhenius entstanden die Eiszeiten durch einen unterschiedlichen Kohlendioxidanteil in der Erdatmosphäre. Der erhöhte Kohlendioxidanteil in der Atmosphäre war für die Warmzeiten verantwortlich und der niedrigere für die Eiszeiten. Die Begründung dafür, dass am Ende der Warmzeiten weniger Kohlendioxid in der Atmosphäre sein soll und den Übergang in die Eiszeit auslöste, ist noch relativ einfach: Die Pflanzen haben das Kohlendioxid gebunden. Das Ende der Eiszeiten auf einen erhöhten Kohlendioxidanteil der Luft zurückzuführen, ist aber deutlich schwieriger: Man hatte keine Lebewesen oder Industriebetriebe, die angeblich den Kohlendioxidanteil erhöhen könnten. Wie schon gesagt: die von Arrhenius zusammengebastelte Eiszeithypothese löste sofort Widerspruch aus und wurde von allen Wissenschaftlern verworfen.

Um mit der Arrhenius-Hypothese „gesellschaftlich relevante“ Argumente für die Kerntechnik zu haben, musste man eine schwierige

Propagandaleistung bringen: die Warmzeiten waren mit Sicherheit für die tierischen und pflanzlichen Lebewesen (und die Menschen) die angenehmeren, verglichen mit den Eiszeiten. Auch wird es von den meisten Menschen begrüßt, wenn man im Jahresmittel weniger heizen muss. Als es im Mittelalter in Europa so warm war, dass in England Wein angebaut wurde, war es mit Sicherheit im Mittel wärmer als in den letzten Jahrhunderten. Darüber hinaus wurde diese Zeit das Klimaoptimum des Mittelalters genannt, also das beste Klima. Man musste sich also Nachteile der Warmzeiten ausdenken, die niemand überprüfen kann, um der Bevölkerung das bessere Klima als das schlechtere einzureden. Dies reichte aber nicht aus, man musste den Leuten auch noch einreden, dass ein erhöhter Kohlendioxidanteil in der Atmosphäre zu einer Erhöhung der mittleren bodennahen Lufttemperaturen führen würde. Ein erster Schritt in die „richtige“ Richtung war die Benennung dieses Mechanismus als „Treibhauseffekt“. Bei diesem Wort denkt jeder zuerst an die unangenehme feuchte Schwüle in einem Gewächshaus; natürlich muss man dabei vergessen, dass diese feuchte Wärme für das Pflanzenwachstum günstig ist, was wiederum im Endeffekt dem Menschen Vorteile bringt.

Auch das zweite Buch von Wolfgang Thüne behandelt eine Menge von logischen Purzelbäumen, welche die Verfechter des Treibhausunsinns schlagen mussten, um eine eventuelle Klimaverbesserung in eine Katastrophe umzuwandeln. Der Unsinn beginnt schon mit dem Zitat, wie die Deutsche Physikalische Gesellschaft und die Deutsche Meteorologische Gesellschaft den Treibhauseffekt definierten: Es ist die Behauptung, dass gewisse Gase (wie das Kohlendioxid) das Sonnenlicht ungehindert durchlassen, aber die Abstrahlung des infraroten Lichts des Bodens behindern. Schon die erste Behauptung ist bewusst falsch. Es wird wider besseren Wissens verschwiegen, dass über dreißig Prozent der Intensität des Sonnenlichts im ultraroten Bereich liegt. Das ist so viel, wie der Boden strahlt, also wird auch ein großer Teil der direkten Sonnenstrahlung absorbiert (übrigens erst recht im UV-Bereich). Das ist aber nicht das einzige Problem. Denn ähnliche Eigenschaften für die elektromagnetische Strahlung wie das Kohlendioxid hat der Wasserdampf, der ohne menschliche Einflussnahme in einer ganz anderen Größenordnung in der Atmosphäre vorkommt und dessen klimabestimmende Wirkung von niemandem bestritten werden kann: Mittelmeerklima, gemäßigtes Klima, Kontinentalklima usw.

Aber der Weg ist noch weit, wie hiermit gewisse Leute glauben ableiten zu können, dass diese Absorptionseigenschaften von Gasen z. B. Unwetterkatastrophen und so etwas Ähnliches wie eine neue Sintflut auslösen können. Wie sich die „gesellschaftlich relevanten Wissenschaftler" mit dem Ausmalen unbegründeter Katastrophenprognosen tummeln und gegenseitig an Dummheit übertreffen können, wird von Wolfgang Thüne mit vielen unvorstellbaren Aussagen belegt. Es ist wie beim Märchen von des Kaisers neuen Kleidern und Wolfgang Thüne ist das „Kind", das auch mit diesem Buch auszusprechen und zu belegen wagt, dass der Kaiser doch gar nichts anhat.

Ich glaube, der Frankfurter Allgemeinen Zeitung gebührt das Verdienst, dass sie als erste überregionale deutsche Tageszeitung einen Artikel publiziert hat, der mit dem Unsinn des Kohlendioxid-Treibhauseffekts (leider ohne Wirkung) aufgeräumt hat. Von dem damaligen FAZ-Wissenschaftsredakteur K. Rudzinski erschien in der FAZ vom 15.9.1976 ein Beitrag mit dem Titel „Kein Treibhauseffekt durch Kohlensäure", der sich auf einen Artikel von Prof. A. Schack in den Physikalischen Blättern 1, 26 (1972) stützte. Die Physikalischen Blätter sind das offizielle Publikationsorgan der o. g. Deutschen Physikalischen Gesellschaft. Bei Prof. A. Schack muss man ergänzen, dass er der Autor des Standardlehrbuchs „Der industrielle Wärmeübergang" ist, das 1983 in der 8. Auflage erschienen ist. Er hat als erster erkannt, dass die Emission der Kohlensäure und des Wasserdampfes für den hohen Wärmeübergang in den Brennkammern verantwortlich ist. Dieses Emissionsverhalten wird von den Treibhaushysterikern zu einem Reemissionsverhalten (zwei Vorsilben!) umfunktioniert, das bei den Atmosphärentemperaturen der Erde aber vollständig zu vernachlässigen ist. Mit seinen guten Kenntnissen des Strahlungsverhaltens dieser Gase kam Prof. Schack sehr schnell zu dem Ergebnis, dass ein unterschiedlicher Gehalt an Kohlendioxid nur den Höhenbereich beeinflusst, in dem die Kohlendioxidlinien absorbieren, was aber keine Auswirkungen auf die bodennahen Lufttemperaturen hat. Etwas vereinfacht kann man sich vorstellen, dass die Gesamtmenge einer vom Licht durchlaufenen Substanz angibt, wie groß der Anteil des absorbierten Lichts ist. Wenn der Anteil klein ist, ist der Weg lang, bis die Intensität auf einen kleinen Bruchteil abgefallen ist. Wenn die Konzentration groß ist, ist der Weg kurz. Da Wasserdampf meist in einem wesentlich höheren Anteil in der Atmosphäre vorhanden ist, ist dessen Absorption auch wesentlich stärker in den bodennahen Luftbereichen.

Der Artikel von Prof. Schack ist in der Zeit erschienen, als noch die Meinung eines kompetenten Wissenschaftlers ausreichte und diese Leute noch nicht die „gesellschaftliche Relevanz" ihrer Aussagen nachweisen mussten. Bezeichnenderweise wurde Prof. Schack auch nicht in einer wissenschaftlichen Zeitschrift „widerlegt", sondern dies versuchte Prof. H. Oeschger in einer Tageszeitung (Neue Zürcher Zeitung vom 9.11.1976), der offenbar die erwartete Klimakatastrophe als gesellschaftlich relevantes Argument zur Finanzierung seiner teuren Eiskern-Bohrungen brauchte. Sein wesentliches Argument war so einfach wie falsch: Herr Prof. Schack müsse sich mit seiner Darstellung geirrt haben, da der Kohlendioxid-Treibhauseffekt mit den damals größten Computern berechnet worden sei. Diese Rechner werden heute von jedem PC übertroffen, was eigentlich alles über solche „Rechnungen" aussagt.

Natürlich muss man sich fragen, wer eigentlich diese „Rechnungen" durchgeführt hat. Wenn man mit einem Computer mit Simulationsrechnungen Strömungen der Atmosphäre oder der Meere nachzubilden versucht, stellt sich sofort die Frage der „gesellschaftlichen Relevanz"; denn außer der Aussage, dass es nicht gelingt, diese Strömungen realitätsnah nachzubilden, bekommt man kein ehrliches Ergebnis. Natürlich kann man beim Beantragen des Großrechners versprechen und vermuten, dass man mit dem neuen Rechner z. B. die Wettervorhersage verbessern kann. Diese Begründung findet man immer in der Zeitung, wenn gemeldet wird, dass in den USA die Entwicklung eines neuen Großrechners staatlich gefördert wird. Wenn er erst gebaut wurde, kann man weiterhin mit den Wettersatellitenbildern arbeiten. Als neuer Beantragungsgrund für größere Computer diente nun der angebliche Treibhauseffekt und erfunden wurde eine neue „Wissenschaft", die Globalklimatologie. Es sollte durch globale Simulationsrechnungen festgestellt werden, um wie viel sich die mittlere bodennahe Lufttemperatur erhöht, wenn der Kohlendioxidanteil in der Atmosphäre verdoppelt wird. Die Ergebnisse sagten alles über die eingesetzten Programme und mathematischen Konzepte: Die Ergebnisse unterschieden sich um den Faktor Zehn. Inzwischen sind sie von Politikern und politischen Beamten (IPCC) „demokratisch“ um einen Faktor Zehn reduziert worden, damit man sie bei den nächsten Konferenzen wieder erhöhen kann.

Die Globalklimatologen konnten ohne größeren geistigen Einsatz die (schlechten) Simulationsrechnungen für die atmosphärischen Strömungen mit den realitätsfernen Simulationsprogrammen für die Meeresströmungen koppeln. Außerdem konnte man die Strahlungstransportrechnungen der Astrophysiker einbauen, obwohl diese mathematisch überhaupt nicht zu den aus den hydrodynamischen Gleichungen abgeleiteten Differenzengleichungen der Strömungsmodelle passen. Wenn man diese Programme monatelang laufen ließ, mussten während des Programmlaufs die Programme verändert werden (Flusssteuerung), damit das System nicht in „unphysikalische Zustände“ gelangte, was ja ein mehr als deutlicher Hinweis darauf ist, dass die Modellrechnungen grundsätzlich falsch sind und keinerlei Aussagewert haben. Eine kleine Anmerkung für Mathematiker: Die infinitesimal kleinen Flächenelemente sind bei diesen Programmen eine Million, eventuell heute eine Viertelmillion Quadratkilometer groß.

Da jetzt die Zeit anbricht, in der die Groß- und Superrechner – wie die Mammuts – auszusterben beginnen und jeder Laie mit seinem PC die früheren schlechten Simulationsrechnungen der Klimarechenzentren selbst durchführen kann, könnte man die Hoffnung haben, dass diese Rechenzentren geschlossen werden und diese Leute nicht mehr wider besseres Wissen zum Nachweis ihrer „gesellschaftlichen Relevanz“ den Weltuntergang voraussagen, der angeblich nur mit neomarxistischen planwirtschaftlichen Maßnahmen abzuwenden ist. Das bedruckte Papier, mit dem die Globalklimatologen oder Klimarechenzentren die Umwelt verschmutzen, hat nichts mit ehrlicher Wissenschaft und Forschung zu tun. Die Globalklimatologen benutzen weniger physikalische Gesetzmäßigkeiten als die Astrologen (Sterndeuter).

Es ist modern geworden, immer „Szenarien“ abzuhandeln, damit man nicht seine unplausiblen Hypothesen begründen muss. Deshalb möchte ich nun zum Schluss meines Vorworts als Szenario ein logisch konsequentes „Klimarettungskonzept“ entwickeln und vorstellen.

Angeblich „blasen“ die Industriestaaten, an der Spitze die USA, das „schädliche“ Kohlendioxid unüberlegt in die Luft. Den Hauptanteil „blasen“ aber im echten Sinn des Wortes die menschlichen und tierischen Lebewesen in die Atmosphäre. Pro Person ist diese Menge aber nicht davon abhängig, ob der Mensch aus einer Industrienation kommt oder nicht. Der Mensch aus der Industrienation bläst vermutlich im Mittel weniger Kohlendioxid in die Luft, weil er im Mittel weniger hart körperlich arbeiten muss. Bei ihm sind natürlich dann wieder seine Freizeitaktivitäten zu beachten: je mehr Sport, desto schlimmer. Deshalb kamen vor mir auch andere Leute auf den Gedanken, dass die Menschen zur „Rettung“ des Klimas das Atmen einstellen sollten.

Mit Sicherheit „bläst“ ein körperlich hart arbeitender Mensch viel mehr Kohlendioxid in die Luft als ein „Schreibtischtäter“. Also sollte man die wenig verdienenden Arbeiter mit einer Zusatzökosteuer belasten, die man den Kontrolleuren und anderen „Schreibtischtätern“ erlassen könnte. Da die Menschen nur die Fette und Kohlenhydrate verbrennen können, die sie essen, wäre auch eine massiv erhöhte Lebensmittelumsatzökosteuer eine geeignete Maßnahme. Da beim Ackerbau die Landwirte durch den Pflanzenanbau der Atmosphäre Kohlendioxid entziehen, während die Tiere Kohlendioxid in die Atmosphäre „blasen“, könnte der Ackerbau von einer Ökoumsatzsteuer entlastet werden, während die Viehzucht mit einer Ökosteuer zu belasten ist.

Da inzwischen bei allen Verbrauchsgütern durch die EU ein stark vergrößerter Transport üblich ist, durch den direkt und indirekt Kohlendioxid in die Atmosphäre „geblasen“ wird, liegt als einzige Maßnahme nur die Abschaffung des gemeinsamen Marktes der EU und die Abschaffung des Weltmarktes auf der Hand. Die Größenordnung des indirekt „Kohlendioxid in die Atmosphäre Blasens“ ist schwer abzuschätzen, und man benötigt deshalb selbstverständlich den Einsatz einer wissenschaftlichen Kommission, die das untersucht. Ich erläutere es hier nur mit einem Beispiel: Wenn man in einem Haushalt nur elektrischen Strom benutzt, der inzwischen lebendig und gelb ist und aus der Steckdose kommt, gibt es außer dem menschlichen und tierischen

Atmen kein „Blasen“ von Kohlendioxid in die Luft. Aber aus der Steckdose kommt der Strom nur, weil es Generatoren gibt, bei deren Herstellung Kohlendioxid in die Atmosphäre „geblasen“ wird und die während des Betriebs unterschiedliche Mengen Kohlendioxid in die Atmosphäre „blasen“. Die Kernkraftwerke, Wasserkraftwerke, Solaranlagen und Windkraftanlagen „blasen“ deshalb insgesamt nur durch ihren Bau und nicht mehr beim Betrieb Kohlendioxid in die Atmosphäre. Als politische Lösung für die Zukunft bliebe also die Empfehlung, keine Kraftwerke zu bauen und die vorhandenen möglichst lange zu betreiben. Ähnlich ist es bei den Häusern, Autos usw., womit wir bei den angeblich schlimmsten Umweltverschmutzern angelangt sind.

Die Häuser und Autos müssen nicht nur gebaut werden, sondern die Häuser müssen in den gemäßigten Breiten im Winter beheizt werden und die Automobile „blasen“ bei dem üblichen Kraftstoff Kohlendioxid in die Luft, womit wir zur Kraftstoffalternative Wasserstoff geführt wurden. Wasserstoff wird bekanntlich zu Wasser verbrannt. Aber, oh Schreck, Wasserdampf soll ja ein noch viel schlimmeres „Treibhausgas“ sein als Kohlendioxid. Der meiste Wasserdampf wird aber unbestritten über den Ozeanen produziert. Also bleibt als einzige globalpolitische Lösung das Stilllegen der Ozeane und das Einstellen der Atmung der menschlichen und tierischen Lebewesen. Wesentliche sekundäre angebliche Folgen des Treibhauseffekts hätte man damit automatisch im Griff: Überschwemmungen, Wirbelstürme, Versinken von Inseln. Natürlich bliebe noch das Zurückgehen der Gletscher zu bekämpfen: Man transportiert dazu alles Wasser der Ozeane als Eis auf die Kontinente. Von den Kontinenten wird dadurch wesentlich mehr Sonnenstrahlung reflektiert und wesentlich weniger absorbiert und von den „Treibhausgasen“ re-emittiert. Als elegante Lösung bietet sich an, die Erde in einen größeren Abstand zur Sonne zu bringen. Dann gefriert alles Wasser und die menschlichen und tierischen Lebewesen stellen von allein das Atmen ein. Das Pflanzenwachstum würde schwieriger, aber die angebliche „Klimakatastrophe“ wäre vermieden.

Wenn man diese konsequent durchgeführten angeblichen Klimaschutzmaßnahmen sieht, die alle nur auf die Vernichtung des menschlichen, tierischen und pflanzlichen Lebens aus sind, sollte man froh sein, dass es Leute wie Wolfgang Thüne gibt, die unermüdlich ihre

Freizeit opfern, um den Menschen vom Vorwurf des Klimakillers freizusprechen. Ich hoffe, dass der „Freispruch" einen Beitrag dafür leistet, dass die beschriebenen Zukunftsvisionen nicht eintreffen, dass also die Menschen lieber ökonomisch freier leben sollen, statt ökologisch zu sterben. Denn eines ist sicher: Die angeblichen Treibhausgase Wasserdampf und Kohlendioxid sind für die Lebewesen auf der Erde lebensnotwendig. Die Lebewesen kann man „killen", das Klima nicht. Der Mensch kann das Wetter nicht beeinflussen und deshalb auch nicht das aus den Wetterparametern berechnete Klima. Dies ist simple Logik. Genauso ist es simple Logik, dass aus etwas Falschem alles folgen kann, dass also keine falsche Hypothese durch eine richtige Folgerung nachträglich bewiesen werden kann. Diese Regeln kann kein angeblicher „Wissenschaftler" außer Kraft setzen. Aber auf die Anklagebank wurde der Mensch nicht von freien Wissenschaftlern gesetzt, die sich der zweckfreien Wissenschaft verschrieben haben, sondern es sind die „gesellschaftlich relevanten" Pseudowissenschaftler aus den modernen „gesellschaftlich relevanten" Pseudowissenschaften.

Es sind plötzlich merkwürdige neue „Wissenschaften" entstanden, wie Umweltpolitik, Umweltphysik, Umweltbiologie, Umweltchemie, Umweltmedizin, Umweltmeteorologie, etc., denen das aussagelose Wort „Umwelt" die „gesellschaftliche Relevanz" verliehen hat. Die früher nützlichen Kernforschungszentren wurden zu überflüssigen, wissenschaftlich wertlosen Umweltinstituten. Deshalb möchte ich den Lesern dieses Buches empfehlen, sich in dem Text von Wolfgang Thüne vor jedem Wort „Wissenschaft" oder „Wissenschaftler" das Attribut „gesellschaftlich relevant" eingefügt zu denken und dabei aber nicht zu vergessen, dass es früher einmal wertfreie, freie, nicht korrupte, ehrliche Wissenschaften in Deutschland gegeben hat und hoffentlich bald wieder geben wird.

Braunschweig, im Oktober 2001

Gerhard Gerlich

Einleitung des Autors

Die Augen sind unser wichtigstes Organ. Mit ihnen nehmen wir die „Welt" optisch wahr, sehen wir nah und fern. In ihnen werden elektromagnetische Informationen in Bilder umgewandelt. Bilder sind ein zentraler Bestandteil unseres Lebens, sie bestimmen nicht nur weitgehend unser Gefühlsleben und Urteilsvermögen, sie haben auch Macht über uns. Zur optischen kommt auch die akustische Wahrnehmung der „Welt". Sie ist Voraussetzung zur Entwicklung der Fähigkeit zu sprechen. Bild und Wort, beide sind unverzichtbare Voraussetzungen zur Entwicklung von Verstand und Vernunft. Die Lehr- und Lernfähigkeit, jeder zwischenmenschliche Kontakt beruhen auf dem Austausch von Bildern, die in Worte umgesetzt werden, und von Worten, die zu Bildern werden.

Mit Wort und Bild teilen wir uns der Umwelt mit, mit Wort und Bild teilt sich die Umwelt uns mit, wirkt sie auf uns ein. Dieser wechselseitige Austausch von Bildern und Worten hat im vergangenen Jahrhundert globale Dimensionen angenommen. Der Anteil nicht mehr selbst gesehener, sondern über die Medien „fremd" vermittelter und damit permanenter Manipulation ausgesetzter Bilder nimmt dabei in dramatischer Weise zu. Dieser einseitige Informationsfluss hat in unserer Medienkonsumgesellschaft ein Ausmaß angenommen, das einer „Informationsüberlastung" und damit „Reizüberflutung" gleicht. Hinzu kommt, dass ob der Digitaltechnik neben die reale Welt eine „virtuelle Welt" tritt, die geschickt miteinander verflochten kaum mehr voneinander getrennt werden können. Insofern haben die Medien in einer Massengesellschaft eine ungeheure Machtposition gewonnen. Sie informieren, desinformieren und manipulieren, alles unter dem Aspekt der Meinungs- und Pressefreiheit! Wer die Medien für sich gewinnt und für seine Zwecke zu nutzen weiß, der ist „Herr" über die Meinungen, übt Macht über uns aus.

Über die unbestreitbare Tatsache „Wissen ist Macht" ist die Wissenschaft bis in die Machtzentren der Herrschaft vorgedrungen. Sie operiert sozusagen aus dem Olymp heraus und verbreitet Wissen als Information, von der verlangt wird, dass sie akzeptiert und in den Kanon des

Grundlagenwissens aufgenommen wird. Doch nicht nur die Wahrheit, sondern auch die Lüge ist Information! Beide zu unterscheiden wird für den Einzelnen immer schwieriger. Nach Professor Dr. Claus Meier ist auf „Eliten kein Verlass“ mehr: „Die reale Welt des Seins wird ersetzt durch die virtuelle Welt des Scheins. ·Wissenschaft baut eine pseudowissenschaftliche Märchenwelt auf, die gläubig akzeptiert werden soll. Eloquente Rhetorik vernebelt die Wirklichkeit. Das Geschäft steht im Vordergrund. Die Tyrannei der Meinungsbildung nimmt immer schlimmere Formen an. Nicht Wissen, ideologische Bekenntnisse sind gefragt. Werden Aussagen widerlegt, erfährt der Kritisierende Beleidigungen und Schmähungen, zumindest aber ignorante Verachtung.“ Auch für Professor Dr. Wolfgang Wild gilt die etablierte Wissenschaft „nicht länger als eine Institution, die objektiv gültige Erkenntnis zutage fördert, sondern als ein Instrument zur Durchsetzung von Interessen der herrschenden Klasse, sie ist in den Streit der Parteien hineingezogen worden.“ Sogar das Nachrichtenmagazin DER SPIEGEL kommt am 23. Februar 2001 zu der Erkenntnis: „Der akademische Anstand steht an vielen deutschen Unis nicht mehr sehr hoch im Kurs. Republikweit wird gelogen, betrogen, geschlu-dert und getrickst“.

Ein besonders fruchtbares Feld für optischen Betrug sind die Naturwissenschaften. Dies gilt insbesondere für die mit dem Computer aufgekommene Pseudowissenschaft „Klimaforschung“. Im Gegensatz zu den mehr abstrakten und vornehmlich mit Worten operierenden Geisteswissenschaften, spielen in den Naturwissenschaften Bilder oder „Modelle“ eine immer größere Rolle. Modelle werden genutzt, um analytisch komplexe Zusammenhänge zu zerlegen und zu vereinfachen. Sie dienen dazu, um Ist-Zustände in die Zukunft zu projizieren, Trends zu errechnen, Prognosen zu erstellen. Dabei bilden sie nicht einmal die Ist-Welt ab! Solch ein ebenso einfaches wie unnatürliches Bild ist das Bild von der Erde als „Treibhaus“. Ist einmal solch ein Bild von einem Menschen verinnerlicht und in den Rang eines „kanonischen Bildes“ erhoben worden, ist also der Bildinhalt allgemein akzeptiert und zur generellen „Norm“ geworden, dann ist solch ein Bild nahezu unauslöschbar, mag ihm auch die Wirklichkeit noch so widersprechen. Besonders in unserer modernen Informations-, Kommunikations- und Wissensgesellschaft sind Bilder und Worte zu gefährlichen, ja heimtückischen „Waffen“ geworden im allgegenwärtigen gesellschaftspolitischen Ringen um Einfluss-, Herrschafts- und Machtpositionen, um Geld und Märkte.

Was ist das Faszinierende an Bildern? Man kann mit ihnen herrlich „blenden“! Man kann mit ihnen Illusionen wecken und Wahrnehmungen manipulieren. Ist eine „Illusion“ einmal zu einem „Leitbild“ geworden, hat dieses sich als „Meinung“ im Unterbewusstsein verewigt, dann ist nur noch schwer davon loszukommen. Was „Illusionen“ betrifft, so sagte der Schweizer Philosoph Walther Ch. Zimmerli am 6. Juli 2001 in den VDI Nachrichten Nr. 27 des Verbandes Deutscher Ingenieure unter der Überschrift „Auch die Naturwissenschaften haben ihre Unschuld längst verloren: Zum einen halten sie uns in falschen Meinungen gefangen, zum anderen können sie durchaus hilfreiche Funktionen haben. Die Desillusionierung allerdings tut zunächst einmal weh und zwingt uns dazu, mit lieb gewordenen alten Vorstellungen zu brechen.“

Dieses Buch will bewusst desillusionieren, einen Tabubruch begehen und damit versuchen, den Blick für die Wirklichkeit wieder zu schärfen. Die raue Wirklichkeit ist, dass die Erde eben kein „Treibhaus“ ist, das der Mensch nach Belieben „klimatisieren“ könnte. Dies gelingt ihm nur, wenn er ein „Haus“, ein Gewächshaus baut und damit das Wetter „ausschaltet“. Ganz im Gegensatz zum „Garten“, in dem die Natur schaltet und waltet, ist das „Haus“ Metapher für ein Gebilde, in dem der Mensch sich als „Herr“ fühlen und nach Gutdünken „schalten und walten“ kann. Kein Wunder, dass in Zeiten, in denen der Fortschritt zum Geschichtsgesetz erhoben wurde, wo der Glaube an die „Machbarkeit“ wie auch die „Zerstörbarkeit“ grenzenlos geworden scheint, das Bild von der Erde als „Treibhaus“ einen geradezu globalen Siegeszug antreten konnte. Da Häuser in der Regel bei Kälte aufgesucht werden und ihr Hauptzweck die „Beheizbarkeit“ ist, ließ sich relativ rasch die Illusion verbreiten, die Erde sei ein beheizbares „Treibhaus“. Jeder weiß, dass dies nicht stimmt, dass er in seinem „Treibhausauto“ jämmerlich erfriert, wenn dies im Schnee stecken bleibt und der Sprit ausgeht, aber dennoch glaubt er der „Medienmeinung“. Alle „Bauernregeln“, ob sie die „Eisheiligen“, die „Hundstage“, die „Schafskälte“ oder den „Altweibersommer“ beschreiben, lehren uns eines: Der Mensch ist nicht „Herr“

des Wetters, sondern stets „Opfer“. Er ist der Willkür des Wetters ausgesetzt und muss es so nehmen, wie es kommtl Um so schmeichelhafter ist für ihn die Illusion, sich als „Herr über das Klima“ dünken zu können, wenn er auch zu dessen Regulierung über die „Ökosteuern“ zur Kasse gebeten wird.

Doch mag man auch die „Ökosteuern“ in astronomische Höhen treiben, mag man sie mit den Worten des „Klimaexperten“ Hartmut Graßl als staatliche „Daumenschraube“ unendlich fest anziehen, am Wetter ändert sich nichts. Das liegt schlicht an der bekannten Tatsache, dass „Klima“ vom Wetter abgeleitet wird. Als „Klima“ bezeichnet man das „mittlere Wettergeschehen“ über eine längere Zeit an einem bestimmten Ort. Haben Sie noch Angst vor der „Klimakatastrophe“? Ich nicht, denn diese ist Fiktion! In der Natur gibt es nur „Wetterkatastrophen“, gleichgültig, ob sie als Sturmtiefs „Wiebke“ oder „Lothar“ heißen. Das Wetter bestimmt die erdgeschichtlichen „Klimarhythmen“, den „Klimawandel“, und nicht der Mensch. Es ist das unverantwortliche Verbreiten einer Illusion, wenn die Europäische Kommission in einer mehrsprachigen Broschüre in Millionenauflage verbreiten lässt „Umwelt 2010: Unsere Zukunft liegt in unserer Hand“ – „Medio ambiente 2010: El Futuro Está En Nuestras Manos“ – „O Nosso Futuro, A Nossa Escolha“! Darin heißt es unter „Klimaschutz“: „Alles deutet darauf hin, dass der Klimawandel bereits eingesetzt hat.“ Dabei hat das EU-Mitglied Deutschland gerade erst zum x-ten Male in einer achtzehn Millionen Mark teuren Studie „wissenschaftlich“ feststellen lassen: „Abrupte Klimaänderungen und ausgeprägte Klimaschwankungen haben die letzten 15 000 Jahre mehr bestimmt, als man bisher dachte.“ Dies ließ die Deutsche Forschungsgemeinschaft offiziell verlauten. Nur Bornierte mit ideologischen Scheuklappen träumen von der „Klimakonstanz“, die man notfalls über „Ökosteuern“ herbeizaubern könnte.

Diese Illusion hat sich insbesondere in den Gehirnen von Politikern als „Wissen“ festgesetzt. Dagegen anzugehen ist unendlich mühsam und kräftezehrend. Schon Albert Einstein meinte resignierend, dass es leichter sei, ein Atom zu spalten, als eine vorgefasste „Meinung“ zu verändern. Tatsache ist, dass das, was wir „Klima“ nennen, sich seit Urzeiten verändert hat und wetterbedingt zukünftig verändern wird. Über die Ursachen werden die „Klimaexperten“ solange spekulieren können, solange kein Mensch weiß, warum sich das Wetter verändert, von Woche zu Woche, Monat zu Monat, Jahr zu Jahr, Jahrzehnt zu Jahrzehnt, Jahrhundert zu Jahrhundert! Ob seiner sprichwörtlichen Veränderlichkeit und Unvorhersehbarkeit hat das Wetter die mediale Eigenschaft, täglich eine berichtenswerte „Neuigkeit" zu sein. Die „Klimastrategen" wissen, dass das „Klima" in unserer Sensations- und Spaßgesellschaft allein deswegen nicht an Unterhaltungswert verliert, weil man mit Wetterkatastrophen ständig neu Aufmerksamkeit erzielen und „Ängste" schüren kann. An diesem Gruselspiel beteiligen sich insbesondere die Versicherungen. Die „Statistik" ist ihr Metier, damit verdienen sie Geld. Besondere „Klimaphantasien" offenbart der „Klimaforscher" Gerhard Berz. In der Wirtschaftswoche vom 12. Juli 2001 warnt er eloquent vor einer „weltweiten Völkerwanderung", „denn die Häufigkeit von extremen Temperaturen nimmt nicht proportional zu Klimaänderungen zu, sondern exponential. Auf derartige Hitzewellen sind wir überhaupt nicht vorbereitet."

Doch am wenigsten vorbereitet ist der Laie auf die Tatsache, dass uns über die Medien „Wissenschaftler" nach Strich und Faden belügen, hemmungslos und profitorientiert! Um bei der Lüge nicht ertappt zu werden, gehen die „Klimaexperten" ganz bewusst auf keinen Einwand ein, sondern wiederholen über die Medien geradezu gebetsmühlenartig ihre wohlbekannten Phrasen nach dem uralt bewährten Motto: „Steter Tropfen höhlt den Stein" und „Irgend etwas bleibt hängen"! Ist Lügen eine Schande? Im Prinzip nicht, meint Arno Baruzzi in seinem Buch „Philosophie der Lüge" Er sieht in der Lüge kein ethisches, vielmehr ein biologisches Problem. Sein Fazit: „Je mehr und je besser gelogen wird, um so mehr und besser kann gelebt werden." Die Lüge vom „Treibhauseffekt" ist eine gekonnte Lüge, die Jahr für Jahr einen gigantischen „Klimazirkus" in Bewegung setzt. Premiere war 1988 in Toronto. Bisher folgten Rio de Janeiro (1992), Berlin (1995), Kioto (1997), Buenos Aires (1998), Bonn (1999), Den Haag (2000), vom 16. bis 27. Juli 2001 fortgesetzt in Bonn. Dieser über die Vereinten Nationen von den Bürgern dieser Welt finanzierte Zirkus fordert kein Eintrittsgeld! Im Gegenteil: Jeder Teilnehmer des 6. Klimagipfels in Bonn bekam bar eine Amüsierprämie von 3000 DM! Das muss uns der „Klimaschutz" doch wohl noch wert sein!?

Parallel zur Fortsetzung des „Klimagipfels“ in Bonn hatte der niederländische Umweltminister Jan Pronk auch eine „Jugendkonferenz“ ins Leben gerufen. Die VDI-Nachrichten schrieben am 20. Juli 2001 hierzu: „Im politischen Klimazirkus erhält erstmals auch die Jugend eine Rolle: Bei den Verhandlungen in Den Haag und auch in Bonn gibt es eine offizielle „Jugendkonferenz“. Die 18-jährige Henny Schmid vertritt dabei die deutsche Jugend.“ Auf die Frage „Warum scheiterten die Klimaverhandlungen in Den Haag Ende vergangenen Jahres?“, antwortete Henny Schmid ebenso professionell wie zeitgeistkonform: „Die deutsche Delegation hat in Den Haag Tag und Nacht knallhart für den Klimaschutz gearbeitet, ich hätte nicht erwartet, dass die so kompetent sind. Aber die USA haben sich quer gestellt, man könnte echt meinen, dass die Vertreter alle gekaufte Öl-Lobbyisten sind. Es ist ein Unding, wie egal denen die Kinder sind, denen sie die kaputte Welt hinterlassen.“ Das Unverantwortliche liegt darin, dass Kinder für rein ideologische Zwecke missbraucht und zu billigen Stimmungsmachern herabgewürdigt werden. Derart „erzogen“ werden sie nie lernen, den Mut aufzubringen, den eigenen Verstand zu gebrauchen.

So normal auch im Leben die Lüge sein mag, sie genießt keinen rechtlichen Schutz! Dies gilt insbesondere für die Lügen, die im hehren Gewand wissenschaftlicher Redlichkeit auftreten. Wissenschaft muss auf dem Boden der Tatsachen stehen, zumindest sie müssen stimmen und nachprüfbar sein. So gesehen gibt es keine „Klimawissenschaft“, denn „Klima“ ist keine Tatsache sondern eine „Vorstellung“, die von der Tatsache WETTER abgeleitet ist. Die „Klimawissenschaft“ ist ein Kind des progressiven „Zeitgeistes“ und der Kunst der Medien, mehr und mehr die reale Welt durch „virtuelle Welten“ zu ersetzen. Das „Treibhaus“ ist nichts anderes als ein Lügengebäude, das mit dem „Gewächshaus“ dennoch eine Gemeinsamkeit aufweist. Im Gewächshaus werden vom Gärtner Pflanzen gezüchtet. Wie spannend das ist, schildert Karl Heinz Hanisch in seinem 1971 erschienenen Buch „Sonntagsgärtner unter Glas“. Darin lesen wir: „Der Sonntagsgärtner ist wirklich ein Wettermacher, und wenn auch nicht draußen im Garten, so doch in seinem Treibhaus. Seine Aufgabe ist es, alles genau aufeinander abzustimmen: das Licht, die Wärme, den Wind, das Wasser und die Salze im Boden, all das gehört irgendwie dazu.“

Das Gewächshaus verliert seine Funktion als „Wetterschutz“, wenn böse Buben seine Scheiben einschmeißen. Dies braucht man beim irdischen „Treibhaus“ nicht zu tun. Dieses hat von Natur aus keine Scheiben, steckt in keiner Glashülle. Gerade die viel fliegenden Teilnehmer an dem globalen „Klimazirkus“ müssten dies am besten wissen. Die moderne bildhafte Metapher von der Erde als „Haus“ oder „oikos“ ist bewusst irreführend. Wenn, dann ist die Erde ein „Garten“, der wider die Gewalten der Natur im biblischen Sinne „gehegt und gepflegt“ werden muss. Die Oberfläche der Erde bietet nur eine Lebensplattform für Pflanze, Tier und Mensch. Sie ist ein Fundament, auf dem wir Häuser errichten können, wenn es manchmal auch nur ideologische Wolkenkuckucksheime sind, die wie Seifenblasen zerplatzen, wenn ein Windhauch sie trifft.

Mein Buch bezweckt, den glitzernden Heiligenschein der „Wertfreiheit der Wissenschaft“ durchsichtig zu machen und auf ihre politischen Verstrickungen hinzuweisen. Wenn nach Francis Bacon Wissen Macht bedeutet, warum sollte nicht auch von den „Wissenden“ das Wissen zu „Lüge und Betrug“ eingesetzt werden, um zu Geld und Macht zu kommen? Eine besondere Affinität zur Macht hat der ehemalige UN-Klimaschutzbeauftragte und spätere Direktor des Max-Planck-Institutes für Meteorologie in Hamburg, Hartmut Graßl. Er bezeichnete sich am 6. Januar 1998 im Magazin FOCUS als „Forscher, Priester und Politiker“! Und sein „Chef“, der Präsident der Max-Planck-Gesellschaft e. V., Hubert Markl, bestätigte anlässlich der EXPO 2000 am 13. Juli 2000 in Hannover, dass „Lüge und Betrug integrale Bestandteile des Forschens“ seien.

Mit meinem „Freispruch“ möchte ich Sie, verehrter Leser, von der Angst vor der „Klimakatastrophe“ befreien und Sie von dem Schuldvorwurf freisprechen, ein „Klimakiller“ zu sein. Doch nun setzt der eigentliche Kampf ein, der Kampf gegen verinnerlichte Illusionen und gegen Lügen. Von Mark Twain stammt das Bonmot, dass sich die Wahrheit erst dann die Schuhe anziehe, wenn die Lüge bereits dreimal um die Welt gelaufen sei. In seinem Buch „Sechs furchtbare Jahre. Auf den Spuren Carl J. Burckhardts durch den Zweiten Weltkrieg“ (1998) kommt Paul Schaufler zu dem Schluss: „Lügen haben kurze Beine, meint der Volksmund, aber sie müssen sagenhaft flink sein, denn sonst hätte es die Wahrheit nicht so schwer, die Lügen einzuholen." Meine Empfehlung? Verzichten wir auf unsere Beine, verleihen wir der physikalischen Wahrheit wieder Flügel!

Oppenheim am Rhein, im Dezember 2001

Wolfgang Thüne

Klimagipfel in Den Haag 2000 – Zwietracht im Treibhaus

Der 6. Klimaschutzkonferenz vom 13. bis 24. November 2000 in der niederländischen Hauptstadt Den Haag ging ein heftiges publizistisches Trommelfeuer voraus. Jede nur geeignete Wetterkapriole, jede Sturmböe, jeder Wolkenbruch diente dazu, der Weltöffentlichkeit zu zeigen, dass die Apokalypse, die treibhausbedingte Klimakatastrophe, wie seit Jahren behauptet, angebrochen sei. Höhepunkt der künstlich angeheizten Medienkampagne bildete die Meldung in der Bild-Zeitung vom 10. August 2000: „Nordpol schmilzt"! Dieser Warnruf kam von James McCarthy, Abteilungsleiter des UN-Klimaschiedsgerichts IPCC. Er hatte an Bord eines russischen Eisbrechers eine Gruppe betuchter Touristen zum geographischen Nordpol begleitet. Als besonderes „Event" war vorgesehen, direkt am Nordpol auf dem schwimmenden Eis die Champagnerkorken knallen zu lassen. Doch daraus wurde nichts. Wind und Wetter spielten nicht mit und stellten sich quer. Das Schiff brauchte sich keinen Weg durchs Eis zu brechen, der Wind hatte eine 1,6 Kilometer breite Wasser-Rinne freigeblasen. Bei driftenden Eisschollen sind offene Flächen völlig normal. Den Geruch des Sensationellen erhielt diese bekannte Tatsache durch die Behauptung McCarthys, einen eisfreien Nordpol habe es zuletzt vor „exakt" 50 Millionen Jahren gegeben. Das war eine wissenschaftliche Lüge! Hieran könne nur der Mensch schuld sein, der mit seinen „Treibhausgasen" in unverantwortlicher Weise seit über 100 Jahren die Erdatmosphäre aufheize und die Pole zum Abschmelzen bringe.

Diese frei erfundene Behauptung schlug bei den Medien wie eine Bombe ein, bot sie doch eine willkommene Gelegenheit, beim Ausmalen der „Klimakatastrophe" alle Register der Formulierungskunst spielen zu lassen und dafür gutes Zeilenhonorar einzustreichen. Nach Beweisen wurde nicht gefragt, kritische Fragen nicht gestellt, denn das Geschäft sollte nicht gestört werden. Doch McCarthy hatte überzogen, er musste widerrufen. Aber das peinliche Dementi war natürlich keine Meldung wert, der Zweck der Panikmache erfüllt! Nach kurzer Verschnaufpause legte der World Wide Fund for Nature (WWF) am 4. September 2000 nach. Im kanadischen Ottawa präsentierte er eine Studie über die Folgen der Erderwärmung bis zum Jahr 2100. Die Erderwärmung – wird dort behauptet – könnte bis zum Ende dieses Jahrhunderts ein Drittel der natürlichen Lebensräume von Tieren und Pflanzen so stark und so schnell verändern, dass vielen Arten die Ausrottung drohe. Besonders betroffen seien die nördlichen Klimaregionen Europas, Asiens, Amerikas und die Arktis. Diese Meldung versah die Frankfurter Rundschau vom 5. September 2000 mit der Überschrift: „Umweltszenario zeigt Polarregion, in der es keine Eisbären mehr gibt." Eines übersahen die Journalisten in ihrem Übereifer, den Konjunktiv! Im Konjunktiv ist nämlich alles möglich!

Am 18. Oktober 2000, noch kurz vor Den Haag, verabschiedete das Bundeskabinett das Nationale Klimaschutzprogramm der Bundesregierung. Darin heißt es: „Wirksamer Klimaschutz erfordert weltweit abgestimmte Anstrengungen. Mit der 1994 in Kraft getretenen Klimarahmenkonvention und dem 1997 angenommenen Kyoto-Protokoll existieren belastbare Grundlagen für ein weltweit koordiniertes Vorgehen." Ferner betont die Bundesregierung, dass sie an der „Minderung der Emission von Kohlendioxid bis 2005 gegenüber 1990 um 25 %" ebenso festhält wie an der „Minderung der Emission der sechs Treibhausgase des Kyoto-Protokolls im Zeitraum 2008 bis 2012 im Rahmen der EU-Lastenverteilung um 21 %". Den Ernst ihres Bemühens unterstreichend erklärte die Bundesregierung, nicht ohne den Blick auf ihre Wiederwahl aus dem Auge zu verlieren: „Nationale und internationale Klimaschutzpolitik darf nicht im Jahre 2005 oder 2012 enden. Die Bundesregierung hält es für erforderlich, dass die im Kyoto-Protokoll ... enthaltenen Verpflichtungen der Industriestaaten in den darauffolgenden Verpflichtungsperioden drastisch verschärft werden..."

Der Wunsch der Bundesregierung, das Kioto-Protokoll spätestens 2002 (Rio + 10) in Kraft treten zu lassen, wird wohl ein Wunschtraum bleiben. Die Vereinigten Staaten von Amerika hatten noch unter Präsident Bill Clinton in Den Haag dieses Vorhaben scheitern lassen. Schon damals war die Enttäuschung über das Misslingen in der Glaubensgemeinde der „Klimaschützer" sehr groß.

Sie wollten die Panne nicht wahrhaben und spielten sie zu einem etwas peinlichen „Betriebsunfall“ herunter, der in Bonn behoben werden könne. Deswegen beendete man die Klimakonferenz in Den Haag nicht formell und unterbrach sie nur, um sie in Bonn einfach fortzusetzen.

Auch die Europäische Union war zutiefst betroffen. Sie hatte eine Studie über den Klimawandel in Europa und seine Folgen sowie die Anpassungsmöglichkeiten für die Europäische Union bestellt, beim Jackson Environment Institute der University of East Anglia in Großbritannien. Die Studie wurde rechtzeitig vor Den Haag am 2. November 2000 publiziert. Die Öffentlichkeitsarbeit war bestens organisiert und auch der Zeitplan wurde perfekt eingehalten. Ihren Zweck beschrieb A. Ghazi, Leiter der „Biodiversity and Global Change Unit“ der Europäischen Kommission in Brüssel wie folgt: „I am confident that this report will be useful both for the scientific community and policy makers.“ Der Bericht, der sowohl für die Wissenschaftler wie die Politikmacher nützlich sein sollte, stärkte zwar das Herdenverhalten der „Klimaschützer“ und lieferte den Medien „neuen Stoff“, doch konnte er weder Bill Clinton noch seinen grünen Vize Al Gore umstimmen. Beide waren nämlich an das eindeutige 95:0-Votum des US-Senats gebunden. Sie hätten sich einer Verletzung der Lebensinteressen der USA schuldig gemacht.

Nach der Schlappe der „Kyoto-Anhänger“ in Den Haag ging der propagandistische „Klimakrieg“ unvermindert weiter. Das „Ende“ in Bonn musste den Sieg bringen. Entgegen ihren Gepflogenheiten veröffentlichte das UN-Klimaschiedsgericht IPPC im Februar 2001 in Shanghai Teile seines 3. Klimaberichts, bevor die beteiligten Wissenschaftler ihn diskutiert und „abgesegnet“ hatten. Man stand offensichtlich unter Zeit- und Erfolgsdruck. Das IPCC behauptete, die von ihm beauftragten und die Weltelite repräsentierenden „Klimaforscher“ gingen davon aus, dass sich die durchschnittliche Lufttemperatur bis 2100 um 1,4 bis 5,8 Grad Celsius erhöhen dürfte. Durch das Schmelzen der Polargletscher könnte der Meeresspiegel um bis zu 88 cm ansteigen. Wieder macht der Konjunktiv alles möglich und vertretbar. Der IPCC hoffte, durch die Veröffentlichung solch „exakter“ Zahlen die Politiker am Verhandlungstisch umstimmen und auf Linie bringen zu können.

Das Medienecho ließ nicht lange auf sich warten, gelten „Hiobsbotschaften“ doch besonders phantasienanregend. Sie sind das berühmte Salz in der sonst so faden journalistischen Alltagssuppe. In der Ausgabe 9 vom 2. März 2001 meldete der sonst eher zurückhaltende Rheinische Merkur: „Die Erderwärmung kommt früher und stärker als erwartet.“ Unter der reißerischen und mitleiderregenden Überschrift „Pinguine in der Wärmefalle“ liest man: „In den Forschungsexpertisen zur Politikberatung waren diese Annahmen immer schon enthalten, aber mit den verbesserten Berechnungen dieser Größen scheint sich nun zu bestätigen, dass die eigentlichen Wärmebomben gerade erst scharf gemacht werden.“ Die Phantasie des Autors Wolfgang Wiedlich gerät geradezu ins Schwärmen, wenn er sich vorstellt: „Sibirien gilt als möglicher Wärmeriese, der sich gleichsam mit wenigen Streichhölzern entflammen lässt.“

Entflammt, weil leicht entflamm- und verführbar, wurde stattdessen die Jugend, für die man eigens eine „Jugendklimakonferenz“ arrangierte. Für die „Jugend“ wurde vom 15. bis 19. März 2001 in Heuersdorf und Leipzig die „Dritte Klimakonferenz der Jugend“ veranstaltet. Hier sollten sich Schüler und Studenten mit den halbherzigen Beschlüssen der UN-Klimakonferenzen auseinandersetzen und diesen ihre Forderungen entgegenstellen. Organisiert hat die Veranstaltung das „Bündnis Jugend pro Klimaschutz“ bei der Umweltbehörde der Hansestadt Hamburg. Fast zeitgleich stellte die Europäische Kommission das „6. Aktionsprogramm der EG für die Umwelt 2001 – 2010“ vor. Darin heißt es vielsagend: „Alles deutet darauf hin, dass der Klimawandel bereits eingesetzt hat... Der Straßenverkehr und die Elektrizitätserzeugung sind die größten Verursacher der zum Temperaturanstieg führenden und klimaschädigenden Treibhausgase.“ Die Zahnräder der Propagandamaschinerie griffen perfekt ineinander, und die Medien lenkten gehorsam die Blicke der „Masse“ geschickt von der realen Wetterwelt ab, um phantasievoll eine virtuelle Klimawelt voller Grausen und Schrecken in Szene zu setzen. Herrscht überall „Weltuntergangsstimmung“, dann darf sich niemand, will er nicht den Unmut der Zeitgenossen erregen und auf sich ziehen, in fröhlicher Gelassenheit „abseits“ stehen. Da muß zumindest Betroffenheit gezeigt, am besten im Büßerhemd mitmarschiert werden. Dies gebietet der „Zeitgeist“.

An dieser Stimmungsmache sind „anerkannte“ Wissenschaftler nicht unbeteiligt. Im Gegenteil, sie haben ein unmittelbares Interesse daran, dass die „Klimaforschung“ im Gespräch bleibt, weil das ihre Finanzierung durch die Politik aus dem Steueraufkommen sichert. Ganz in diesem Sinne behauptet der Hamburger Klimaforscher Professor Dr. Guy Brasseur in der Wochenzeitung DIE ZEIT vom 8. März 2001 unter der Überschrift „Baut Dämme auf!“: „Wir wissen aus Eisbohrungen an den Polen oder aus Meeressedimenten, dass unser Klima in den vergangenen 400 000 Jahren recht stabil war. Aber zwischendurch kam es in den Eis- und Zwischeneiszeiten immer wieder zu heftigen Temperatursprüngen. Wahrscheinlich war eine relativ kleine Änderung der Sonneneinstrahlung der Auslöser.“ Doch die „Klimageschichte“ weiß von solcher „Stabilität“ nichts. In ihr dominieren Eiszeiten, die von recht kurzen Zwischeneis- oder Warmzeiten unterbrochen wurden. In solch einer „Warmzeit“ leben wir. Erstaunen sollte den Leser, dass hierfür Brasseur nicht die „Treibhausgase“ verantwortlich macht, sondern „eine relativ kleine Änderung der Sonneneinstrahlung“. Dieses wissenschaftliche Eigentor wäre von der Zunft der „Klimaexperten“ sehr übel aufgenommen worden. Doch zum Glück haben die Journalisten Hans Schuh und Andreas Sentker, die Brasseur interviewt haben, das Eigentor bewusst übersehen oder geschlafen.

Peter Doerell fasst in seinem „International Goal Letter“ vom 15. Juni 2001 zusammen: „Alle IPCC-Behauptungen wie ‚Schmelzen des Poleises’,Anstieg des Meeresspiegels’ und ‚Überflutung von Inseln’, ‚Häufung von Naturkatastrophen’ usw. usw. sind alle längst wissenschaftlich überzeugend widerlegt. Der einzige ‚Beweis’ der Panikmacher ist der von ihnen immer wieder zitierte Satz „The Balance of evidence suggests a discernible human influence on climate“. Und selbst diese schwammige Behauptung ist eine Lüge. Unter dem Druck der Wissenschaft musste der damalige IPCC-Präsident Prof. Bert Bolin nämlich auf dem Weltenergiekongress 1996 in Tokio zugeben, keinerlei wissenschaftliche Beweise für die behauptete Erwärmung zu haben. Bolin fügte den damals wissenschaftlich sehr bemerkenswerten’ Satz hinzu, „IPCC würde aber weiter daran glauben...“ Die jahrelange, ständige Überflutung der „Öffentlichen Meinung“ mit Horrorszenarien hat ein derart „induziertes kollektives Irresein“ geschaffen, dass jeder Zweifel an der von den „reichen“ Industrienationen verursachten „Erderwärmung“ als umweltfeindliche Einstellung gewertet wird. Die geballte Feindseligkeit sollte bald der US-Präsident als „mächtigster Mann der Erde“ zu spüren bekommen.

13. März 2001 – George W. Bush: „I oppose the Kyoto Protocol“

Am 13. März 2001 schrieb US-Präsident George W. Bush an die Senatoren Craig, Hagel, Helms und Roberts einen Brief, der für Aufruhr und Unruhe im „Treibhaus“ sorgen sollte. Er stellte darin klar: „Meine Regierung nimmt die Probleme des Klimawandels sehr ernst. Wie Sie aber wissen, bin ich gegen das Kyoto-Protokoll, weil es rund 80 % der Welt, einschließlich der bevölkerungsreichsten Staaten China und Indien, von der Verantwortung ausnimmt und weil es der US-Wirtschaft ernsthaft schaden würde.“ Zudem erwähnte er, dass CO_2 nach dem Luftreinhaltegesetz nicht zu den „Luftschadstoffen“ gehört. Wie sollte es auch, ist es doch für alles Leben auf der Erde das wichtigste Gas in der Atmosphäre. Ohne Kohlendioxyd in der Luft würden keine Pflanzen wachsen und damit auch keine Tiere und Menschen leben können. Man nennt die Pflanzen „Primärproduzenten“, denn sie stehen am Anfang der Nahrungskette. Ein Vers über dem Eingang zum Botanischen Garten in Berlin weist darauf hin: „Hab’ Ehrfurcht vor der Pflanze, alles lebt durch sie!“ Nur Pflanzen sind zur Photosynthese fähig, wobei sie mit Hilfe von Sonnenenergie aus dem Kohlendioxyd der Luft und dem Wasser des Bodens „Nahrung“ und Sauerstoff produzieren. Ohne Pflanzen wäre die Erde nicht „grün“, sondern öd und leer!

Bundeskanzler Gerhard Schröder nutzte bei seinem Besuch am 30. März 2001 bei US-Präsident George W. Bush der publizistische Rückenwind aus der „Treibhausküche“ nichts. Es wollte keine „Wärme“ zwischen beiden aufkommen. Bush blieb pragmatisch „kühl“ und bei seiner Entscheidung: „I oppose the Kyoto Protocol“! Stattdessen machte sich die Wut über die Medien Luft. Am 19. März 2001 veröffentlichte die Frankfurter Rundschau einen Artikel mit der Überschrift „Ärger über Bushs Geschwätz“! Darin warf der extrem „grüne“ stellvertretende SPD-Fraktionsvorsitzende Michael Müller dem US-Präsident „ökologischen Kolonialismus“ vor. Er schrieb: „Sein Geschwätz von gestern scheint ihn ebenso wenig zu scheren wie die Naturkatastrophen von morgen“. Das als Organ der deutschen Wirtschaft geltende Handelsblatt aus

Düsseldorf schrieb am 27. März 2001: „Bush dreht die Uhr beim Klimaschutz zurück". Dagegen freut sich die Börsenzeitung Der Aktionär in seiner Thomas-Gebert-Kolumne: „Der Irrsinn hat ein Ende... Jedenfalls hat George Bush, der in einer Unterschriftenaktion von 17.000 Wissenschaftlern genau dazu aufgefordert worden ist, uns vor einer Riesendummheit bewahrt und uns allen viele hundert Milliarden Dollar eingespart. Bravo, George!"

Zur Schadensbegrenzung forderte auch der Chef der UN-Umweltbehörde UNEP und frühere deutsche Umweltminister Klaus Töpfer (CDU) im GREENPEACE-Magazin vom März 2001 auf: „Beim Klimaschutz muss Deutschland Vorreiter bleiben". Auf die Frage, ob die Bush-Entscheidung nicht ein klarer Rückschritt für den Klimaschutz sei, antwortete Töpfer: „Ganz klar. Es wurde ja nicht mehr in Frage gestellt, dass der Klimawandel im Gange ist und wir genug wissen, um zu handeln – auch von der amerikanischen Regierung nicht. Ich verstehe die neue Haltung nicht. Es gibt nun mal keine 100-prozentige Sicherheit, weder in der Wissenschaft noch an der Börse, wo täglich riskante Entscheidungen getroffen werden. Im Vergleich zur Börse aber ist das Wissen in der Klimaforschung extrem gut." Dabei weiß Klaus Töpfer sehr wohl, dass „Klimaforschung" reine Glaubensforschung ist. Töpfer hatte, stets auf Popularität bedacht und um Medienaufmerksamkeit buhlend, schon als Umweltminister auf der UN-Konferenz „Umwelt und Entwicklung" im Juni 1992 in Rio de Janeiro Bundeskanzler Helmut Kohl zum „Vorreiter" in Sachen „Klimaschutz" gemacht.

Am 30. März 2001 rauschte ein Orkan durch den deutschen Blätterwald und sorgte für „öffentliche" Entrüstung. Die Mainzer Rhein Zeitung titelte: „Kein prima Klima für Schröder und Bush"; das Handelsblatt: „Bush stellt das Interesse der US-Wirtschaft über den Klimaschutz"; die Frankfurter Allgemeine Zeitung: „Sorge in aller Welt über die Wende in der amerikanischen Klimapolitik"; die Rheinpfalz: „Bush gerät weltweit unter Beschuss"; die Frankfurter Rundschau: „Weltweite Kritik an Klima-Blockade der USA"; die Welt: „Klima-Wechsel der USA empört die Welt – EU diskutiert Sanktionen"; die Allgemeine Zeitung Mainz: „Kyoto war falscher Weg"; noch einmal die Frankfurter Rundschau: „Klimagespräche gipfeln in Tiefpunkt"; die Berliner

Zeitung: „Bundeskanzler rügt Klimaschutz-Politik der USA“; das Darmstädter Echo: „Die Welt ist empört über Bushs Abkehr vom Klimaschutz“. Dies ist nur ein kleiner Überblick aus den mir zugänglichen Zeitungen.

Am nächsten Tag ließ der Druck etwas nach, schwächten sich die Orkan- zu Sturmböen ab, setzte eine leichte Beruhigung der erhitzten Gemüter ein. Unter der Überschrift „Klimaschutz ohne Amerika“ schrieb am 31. März 2001 Michael Mönninger in Die Welt: „Schon auf dem Klimagipfel von Kioto 1997 gab es unter den 170 Teilnehmerstaaten so viele Meinungsverschiedenheiten über Umfang und Zeitpunkt der Erderwärmung, dass die erforderliche Mindestzahl von 55 Unterzeichnerstaaten des Abkommens bis heute fast vollständig verfehlt wurde. Bereits die Clinton-Regierung mit dem „grünen“ Vizepräsidenten Al Gore hatte es versäumt, Kongress und Senat zur Unterzeichnung des Kioto-Abkommens zu bewegen. So hat nun George W. Bush leichtes Spiel“. In einem anderen Bericht „First Date“ stellte Wulf Schmiese fest: „Beim Antrittsbesuch von Bundeskanzler Schröder bei US-Präsident Bush wollten Wärme und Vertrautheit nicht recht aufkommen. Streng hielten sich beide ans Protokoll und sprachen offen über die Verstimmungen wegen Amerikas Ausstieg aus der Klimaschutzkonvention“. Am 2. April 2001 schwenkte das Handelsblatt merklich um: „Ein Alleingang beim Klimaschutz gefährdet den Standort Deutschland“ hieß es dort auf einmal.

Das diplomatische und politische Gezänk fasste das Nachrichtenmagazin Der Spiegel in der Ausgabe Nr. 16 vom 16. April 2001 wie folgt zusammen: „Der neue Chef im Weißen Haus belastet das Klima – in der diplomatischen wie in der realen Welt. Seit US-Präsident George W. Bush, kaum im Amt, in einem Schreiben an vier republikanische Senatoren den folgenschweren Satz „I oppose the Kyoto Protocol“ („Ich lehne das Kioto-Protokoll ab“) formulierte, befindet sich die internationale Klimaschutzgemeinde im Ausnahmezustand – und dabei meistens in der Luft. Ende März schwebten die EU-Umweltminister im nordschwedischen Kiruna ein, um die größte Krise der Weltumweltpolitik seit dem Erdgipfel von Rio de Janeiro im Jahr 1992 zu debattieren. Anfang April berieten die Wissenschaftler des Uno-Klimabeirats IPCC in Nairobi die prekäre Lage. Delegationen aus der Europäischen Union und Japan sprachen in Washington vor, um zu retten, was nicht mehr zu retten war. In der vorvergangenen Woche schließlich hob auf der Suche nach neuen Partnern im globalen Treibhaus eine EU-Abordnung mit Umweltkommissarin Margot Wallström an der Spitze zu einer Rundreise nach Moskau, Teheran, Peking und Tokio ab. Zwischendurch telefonieren alle mit allen. Ob der diplomatische Aktionismus mehr bewirkt als eine zusätzliche Belastung der Erdhülle mit Kohlendioxid aus den Triebwerken der Jets, bleibt fraglich.“

Wenn auch der Spiegel prophezeite, dass eigentlich nichts mehr zu retten war, so ging doch das Fingerhakeln und Kräftemessen weiter. Besonders wütend gebärdete sich der Direktor des Max-Planck-Institutes für Meteorologie, Professor Dr. Hartmut Graßl. Graßl war mehrere Jahre zuständiger Koordinator des Klimaschutzprogramms der Vereinten Nationen. Im Magazin FOCUS vom 9. April 2001 wetterte er gegen die Klimaschutz-Blockade der USA und bezeichnete die US-Energiekrise als bloße Legende. Er empfiehlt als Strategie: Um die „Amerikaner doch noch ins Boot“ zu holen, bleibe nur „öffentlicher Druck im eigenen Land sowie eine klimapolitische Isolation, das heißt, die USA müssen bei Klimakonferenzen an den Pranger gestellt werden. Hinzu kommen wirtschaftliche Erfolge der Klimaschützer sowie natürlich die Abwahl Präsident Bushs in knapp vier Jahren“. Auf die „Klimaskeptiker“ angesprochen, betont Graßl selbstherrlich: „Wer bestreitet, dass CO_2 klimarelevant ist, negiert physikalische Fakten“. Graßl kennt demnach ganz offensichtlich nicht den Unterschied zwischen statistisch errechneten „Klimafeldern“ und den wirklich gemessenen „Wetterfeldern“. Nur das Wetter kann physikalische Messwerte liefern, doch diese sagen absolut nichts über die „Klimarelevanz von CO_2“ aus. Der Professor machte nur, des Medienbeifalls sicher, seine ideologische Verbohrtheit öffentlich. Er verhielt sich „politisch korrekt“, denn wenn es um „Ökosteuern“ und „Drittmittel“ geht, scheint jede Lüge „ehrenhaft“ und wird daher staatsanwaltschaftlich auch nicht verfolgt.

An allen Fronten wurde gegen Bush geschossen. Am 3. April 2001 berichtete die Welt von einem offenen Brief im US-Magazin „Time“. Zehn Prominente aus Politik, Wissenschaft und Unterhaltung schreiben: „Keine Herausforderung, der wir uns stellen müssen, ist von größerer Tragweite als die Bedrohung eines weltweiten Klimawandels". Unterzeichner sind der frühere sowjetische Präsident Michail Gorbatschow, der ehemalige US-Präsident Jimmy Carter, die Affenforscherin Jane Goodall, der Hollywood-Star Harrison Ford und der Physiker Stephen Hawking. Beim „Klima" fühlt sich offensichtlich jeder als „Experte".

Dagegen arbeiten die Zeit und die nicht „gesellschaftlich relevante Wissenschaft" langsam aber sicher für George W. Bush. Während die Europäer sich mächtig für das Kioto-Protokoll ins Zeug legen, äußerte Australien Vorbehalte, zeigte sich Kanada eigenartig unentschieden, blieb Russland undurchsichtig. Am 9. Juni 2001 stellte sich auch der gewählte künftige Ministerpräsident Italiens, Silvio Berlusconi, quer. Die Rheinpfalz fragte: „Spaltet Berlusconi die Europäer beim Klimaschutz?". Die in Wien erscheinende „Die Presse" berichtete etwas ausführlicher: „Berlusconi hatte sein Nein zu Kioto damit begründet, dass die Inkraftsetzung des Abkommens geringe Auswirkungen auf das Klima, jedoch verheerende Folgen auf die Wirtschaft habe. 1994 hatte der damals zum ersten Mal an die Macht gekommene Berlusconi bereits erklärt, der Treibhauseffekt sei eine Einbildung". Ganz schlecht für das Kioto-Protokoll sah es nach der Meldung des Handelsblattes vom 20. Juni 2001 aus: „Moskau lehnt Vertrag zum Klimaschutz ab". Bislang hatte Russland, auf das 17 % des 1997 durch das Kioto-Protokoll genehmigten weltweiten Kohlendioxyd-Ausstoßes entfallen, stets im Einklang mit der EU die USA wegen ihrer Verweigerungshaltung kritisiert.

Eigenartig, dass die CDU/CSU-Opposition begann, sich öffentlich Sorgen zu machen, ob nicht die rot-grüne Bundesregierung heimlich den „Ausstieg aus Kyoto" vorbereite. Das zumindest glaubte die in Speyer erscheinende Tagespost bemerkt zu haben. Am 2. Juni 2001 berichtete Korrespondent Martin Ferber aus Berlin: „Ein Ausstieg aus dem „Kyoto-Protokoll", so spekulieren die Christdemokraten, könnte dem „Auto-Kanzler" Schröder insofern leicht fallen, als er alle eingegangenen internationalen Verpflichtungen der Bundesregierung zur Reduzierung des Kohlendioxidausstoßes um 25 Prozent seinem Vorgänger Helmut Kohl und den früheren CDU-Umweltministern Klaus Töpfer und Angela Merkel anlasten könnte". Ferber bezieht sich auf

Mutmaßungen des Karlsruher CDU-Abgeordneten Axel E. Fischer, der folgende Überlegungen angestellt haben soll: „Am 13. März erst hatte der neugewählte amerikanische Präsident George W. Bush angekündigt, aufgrund unzureichender wissenschaftlicher Grundlagen nicht dem „Kyoto-Protokoll“ beizutreten. Keine zwei Wochen später, Ende März, erschien in dem Stuttgarter Fachverlag E. Schweizerbart das 238 Seiten starke Buch „Klimafakten – Der Rückblick. Ein Schlüssel für die Zukunft“, herausgegeben von der Bundesanstalt für Geowissenschaften und Rohstoffe in Hannover, einer nachgeordneten Behörde des Bundeswirtschaftsministeriums, sowie dem ebenfalls in Hannover ansässigen Institut für Geowissenschaftliche Gemeinschaftsaufgaben und dem Niedersächsischen Landesamt für Bodenforschung.... Und im Hinblick auf den Zusammenhang zwischen der Zunahme des Treibhausgases Kohlendioxid in der Atmosphäre und der Temperaturentwicklung der letzten 150 Jahre stellen die Forscher fest: „Die beobachteten Temperaturanstiege bzw. -abnahmen erfolgten ohne Bezug zum Kohlendioxid“. Für die Geowissenschaftler ist ein anderer Zusammenhang sehr viel bedeutender: „Nur die Änderung in der Aktivität der Sonne erfolgten fast zeitgleich mit dem Gang der Temperaturen.“

Während CDU und CSU ein politisches Komplott fürchten und ihre Felle davonschwimmen sehen, dringt nun sogar etwas von dem tief schwelenden Streit in der „Wissenschaftlergemeinde“ ans Licht der Öffentlichkeit. Das Nachrichtenmagazin Der Spiegel fragte am 3. Juni 2001: „Ist die Sonne zu heiß?“ Darin stellt der Herausgeber der Buches „Klimafakten“, Ulrich Berner, fest „Wir müssen uns vom alten CO_2-Paradigma verabschieden“. Der Spiegel zitiert auch den Heidelberger Physiker Ulrich Neff, der in einer Veröffentlichung in der bekannten Zeitschrift „Nature“ der Sonne eine weit größere Bedeutung für das Klimageschehen einräumt und feststellt: „Der Alleinvertretungsanspruch des Kohlendioxids für die Klimaerwärmung bröckelt.“ Dagegen versucht die Frankfurter Rundschau am 8. Juni 2001, die „Klimaretter“ mit dem Hinweis auf ein Papier der Nationalen Akademie der Wissenschaften der USA zu beruhigen. Die elfköpfige „Expertenkommission“ gesteht zwar ein, dass das Ausmaß des menschlichen Einflusses auf das Klima unklar sei, meint aber dennoch der Politik empfehlen zu müssen, einen Zusammenhang als gegeben anzunehmen.

Gewundener und verklausulierter kann man sich nicht ausdrücken! Den US-Experten unter Ralph Cicerone sieht man das schlechte Gewissen förmlich an. Zusätzlich zu dem üblichen Konjunktiv bauen sie auf den 24 Seiten des Berichts 43 Mal Wendungen wie „unsicher“, „nicht mit Gewissheit“ ein, um dann doch wieder auf die drohende „Erderwärmung“ von 1,4 bis 5,8 Grad Celsius des IPCC-Berichtes zu verweisen.

Es bleibt weiterhin spannend im „Treibhaus“, und zwar sowohl auf der politischen als auch auf der wissenschaftlichen Bühne. Hier tobt ein erbitterter Kampf um Einfluss, Macht und Geld! Es herrscht, wie Horst Rademacher richtig am 18. Juni 2001 in der Frankfurter Allgemeine Zeitung analysierte, „Kalter Krieg im Treibhaus“. In dem lesenswerten Artikel wird George W. Bush bescheinigt, kein Umweltfeind, sondern ein Pragmatiker zu sein. Aber noch stimmt, was die Meteorologin Karin Labitzke von der Freien Universität Berlin bedauert: „Der Einfluss der Sonne ist ein Tabuthema“.

Die Klimakarawane zieht weiter nach Marrakesch

In der von den Vereinten Nationen gesteuerten internationalen Klimapolitik steckt inzwischen eine derart hartnäckige Eigendynamik, dass so schnell das globale Klimakarussell nicht anzuhalten sein wird. Es werden noch Millionen und Abermillionen in den Sand gesetzt werden, bis sich die Vernunft durchsetzen und die Einsicht wachsen wird, dass der Schuh „Schutz des Globalklimas“ für die Menschheit nicht nur eine Nummer, sondern viele Nummern zu groß ist. Kaum war in Bonn der Klimagipfel beendet, da machte sich die Klimakarawane schon wieder auf den Weg, um im marokkanischen Marrakesch vom 29. Oktober bis zum 9. November 2001 ihre Zelte aufzuschlagen.

Unter der Kopfzeile „Harte Nüsse auf dem Treibhausgas-Basar“ schreibt die Frankfurter Allgemeine Zeitung am 29. Oktober 2001: „Von diesem Montag an ist alles so wie immer: Es wird wie auf dem Basar gefeilscht, nur geht es nicht um feine Geschmeide und duftende Gewürze, sondern um ganz andere Stoffe – nämlich Treibhausgase und alles, was mit ihrer Kontrolle zusammenhängt. Dahinter steht die Erkenntnis, dass der Mensch mit hoher Wahrscheinlichkeit zur Erwärmung der Erdatmosphäre beiträgt, indem er massenhaft fossile Energieträger verbrennt. Deshalb kam das Protokoll von Kyoto zustande. In der alten japanischen Kaiserstadt hatten sich Ende 1997 mehr als 160 Länder nach nächtelangen Verhandlungen darauf verständigt, dass die Industriestaaten ihren Ausstoß von sechs Gasen um 5,2 Prozent in der Zeit von 2008 bis 2012 gegenüber 1990 senken.“

Die lokale Konkurrenz Frankfurter Rundschau schreibt am gleichen Tag unter der Überschrift „Die Klimaschutz-Bremser wollen voll in die Eisen steigen“: „Kyoto light“ nannten Umweltschützer das Ergebnis des Bonner Weltklimagipfels im Juli. Doch nun – beim Folgegipfel in Marrakesch – droht neues Ungemach: Länder wie Russland, Japan und Australien wollen das Protokoll noch weiter verwässern... Der Hintergrund dieser neuen Kapriolen: Fast alle westlichen Industrieländer liegen heute mit ihrem Kohlendioxid-Ausstoß immer noch deutlich über dem 1990er Basiswert und verzeichnen weiterhin steigende Emissionen; Russland wiederum erhofft sich durch den Verkauf von Emissionslizenzen an den Westen eine Sanierung des Staatshaushalts. Die Ex-Ostblock-Staaten stoßen heute wegen der nach der Wende zusammengebrochenen Industrie etwa ein Drittel weniger Treibhausgase aus als 1990 und können diesen „Erfolg“ beim Klimaschutz international vermarkten.“

Unterschwellig geben beide Zeitungen zu, dass der „Klimaschutz“ zu einem „Basar“ verkommen ist, bei dem es nur noch um die Lenkung von Geldströmen geht. Sie prangern dies indirekt auch an, aber die „freie Presse“ wagt es wider besseren Wissens nicht, sich „politisch unkorrekt“ zu verhalten, gegen den „wissenschaftlichen Zeitgeist“ anzugehen und als kritisches Kontrollorgan die Bürger der Industrieländer von der Bürde, „Klimakiller“ zu sein, freizusprechen. Nur sie sitzen als „Sünder“ auf der Anklagebank, während, so die FAZ, „die Entwicklungsländer bisher keine Verpflichtungen, nur Vorteile“ haben: „Sie setzten bereits in Bonn ihre Hauptanliegen durch: Sie erhielten neue Finanzzusagen. Das war schwierig, da mit den Vereinigten Staaten ein großer potentieller Geber weggefallen ist. Zahlreiche Industrieländer versprachen jedoch, die Länder des Südens mit insgesamt 450 Millionen Euro jährlich vom Jahr 2005 an zu unterstützen.“

Es sind offensichtlich nur die Kohlendioxidemissionen der reichen Industrienationen der kühlgemäßigten Breiten, die das „Treibhaus“ aufheizen, während sich die CO_2-Emissionen der Entwicklungsländer in den warmen Tropen völlig „klima-unschädlich“ verhalten. Orientieren sich die spektroskopischen Eigenschaften der CO_2-Moleküle an Mehrheitsbeschlüssen von Klimakonferenzen wie den ökonomischen und gesellschaftspolitischen Randbedingungen der jeweiligen Länder? Oder sind sie nicht doch einheitlich für alle Länder? Was auch der 7. Weltklimagipfel in Marrakesch an Beschlüssen gebracht hat, eines wird davon nirgendwo auf der Erde davon Notiz nehmen, das Wetter!

Wie schreibt nämlich der Wissenschaftliche Klimabeirat der Bundesregierung in einem 1996 vorgelegten Statusbericht zum „Stand der Klimaforschung“?: „Das Klimasystem ist eine große Wärmekraftmaschine, die von der Sonne angetrieben wird... In äquatornahen Breiten der Erde wird im Jahresmittel mehr Sonnenenergie aufgenommen als in hohen Breiten. Hierdurch werden Luft- und Meeresströmungen in Gang gesetzt, die Energie von tropischen in polare Breiten transportieren und dadurch den gesamten Wetterablauf bestimmen... Aus der Zirkulation der Atmosphäre ergibt sich die Niederschlags- und Temperaturverteilung auf der Erde und somit die Art und geographische Verteilung der auf der Erde angetroffenen natürlichen Ökosysteme... Die vielseitigen, meist nichtlinearen Wechselwirkungen zwischen den verschiedenen Komponenten des Klimasystems führen zu ständigen internen Umstellungen, wobei die stark unterschiedlichen Zeitkonstanten der in den einzelnen Untersystemen ablaufenden Prozesse eine große Rolle spielen: Wie in gekoppelten mechanischen Systemen entstehen Überlagerungen, Schwebungen und Interferenzen, die dem Erscheinungsbild einen chaotischen Charakter verleihen."

Dies bestätigt auch zum wiederholten Male die Deutsche Forschungsgemeinschaft (DFG) in ihrem Magazin Nr. 1 (2001). In insgesamt 50 Forschungsprojekten, die sich über einen Zeitraum von sechs Jahren erstreckten und mit rund 18 Millionen Mark gefördert wurden, hat die DFG im Rahmen des interdisziplinären Schwerpunktprogramms „Wandel der Geo-Biosphäre während der letzten 15.000 Jahre. Kontinentale Sedimente als Ausdruck sich verändernder Umweltbedingungen" das Klimasystem rekonstruiert. Sie kommt zu der Bilanz: „Abrupte Klimaänderungen und ausgeprägte Klimaschwankungen haben die letzten 15.000 Jahre mehr bestimmt, als man bisher dachte. ... Der Mensch allein, so lässt sich schlussfolgern, ist für den Klimawandel unserer Tage nicht verantwortlich, auch ohne den Eingriff des Menschen hat es schon früher nachhaltige Klimaänderungen und Klimaschwankungen gegeben."

Mit dieser längst bekannten aber immer wieder teuer neu erforschten „Analyse" ist jedoch nicht der geringste Erkenntnisfortschritt verbunden. Die „Ursachen" der steten Veränderungen bleiben völlig im Dunkeln. Man wird auch „nie" dahinter kommen, weil sie bei den Veränderungen des Wetters zu suchen sind, das dem daraus statistisch abgeleiteten „Klima" vorangeht. Wie viele Klimakonferenzen, so die bange Frage, werden die „Klimaexperten" noch theatralisch inszenieren, bevor man im Medienpublikum wie auf der politischen Bühne merkt, dass man sich zum Schutz eines Objektes hat überreden und verpflichten lassen, das es in Wirklichkeit nicht gibt, sondern nur Folge des „mittleren Wettergeschehens“ ist?

Blick zurück: Der 11. August 1986 – ein denkwürdiger Tag

Wer sich an diesem Tag wie gewohnt am Kiosk den SPIEGEL holte, glaubte, seinen Augen nicht zu trauen. Hier war die Apokalypse leibhaftig abgebildet wie einst die Sintflut! Auf der Titelseite erblickte er den bekannten, altehrwürdigen Kölner Dom, aber der stand in einer völlig unvertrauten Umgebung. Den Kölner Dom, Sinnbild christlich-abendländischer Baukultur, umspülten auf dem Titelbild die blauen Wellen der Nordsee. Ein derart schockierendes Bild zieht nicht nur geradezu magisch den Blick auf sich, der vom Auge stimulierte Geist sucht sogleich nach einer Erklärung. Damit ist das Kaufsignal gegeben! Die textliche Erklärung begann ebenso schockierend: „Ozon-Loch, Pol-Schmelze, Treibhaus-Effekt: Forscher warnen – DIE KLIMA-KATASTROPHE".

Diese Warnung vor der „Klimakatastrophe" schlug ein wie ein Blitz aus heiterem Himmel und fand sogleich die beabsichtigte öffentliche Aufmerksamkeit. Hier warnte nicht irgendein Sensationsblättchen oder ein unbedeutender Lokalredakteur. Publikationsorgan war das politisch äußerst einflussreiche Nachrichtenmagazin „Der Spiegel", das Lieblingsblatt der bundesdeutschen Intellektuellen. Wer das ungewöhnliche Titelbild verkraftet hatte und die Seite 122 aufschlug, um sich über die Hintergründe und Ursachen zu informieren, der stieß auf ein ähnliches Bild wie auf der Titelseite, das „Überflutete New York", das dem Sciencefiction-Film „Der jüngste Tag", der schon 1951 gedreht worden war, entstammte.

Unter der Überschrift „Das Weltklima gerät aus den Fugen" wurden ganz realitätsbezogen mögliche Folgen eines erdachten weltweiten „Klima-GAUs" geschildert. Mit dem Kürzel „GAU" sollte der Leser an den von den Atomkraftgegnern als Apokalypse befürchteten „Größten Anzunehmenden Unfall" beim Betrieb eines Kernkraftwerkes und damit an die verheerenden Wirkungen der Atombomben von Hiroshima und Nagasaki erinnert werden. Wem sollte es da nicht eiskalt über den Rücken laufen? Diese psychologische und massensuggestive Wirkung war bewusst eingeplant; sie blieb auch nicht aus! Nun der Text im Wortlaut:

„Jetzt, im Sommer 2040, ragen die Wolkenkratzer New Yorks weit vor der Küste wie Riffs aus der See. Überflutet, vom Meer verschluckt, sind längst auch Hamburg und Hongkong, London, Kairo, Kopenhagen und Rom. Das Vereinigte Königreich Großbritannien ist in einen Archipel zerfallen, in dem England, Schottland und Wales voneinander getrennte Inseln bilden. In Irland haben die steigenden Fluten des Atlantik die Nordprovinzen eingeschlossen; eine Meerenge trennt sie vom Südteil der Insel. An den Küsten aller Kontinente drängt sich das Meer in die Mündungstrichter der großen Ströme. Wo Nil und Ganges, Rhein und Amazonas in die See fließen, sind mächtige Buchten entstanden, die tief ins Binnenland reichen. Wertvolle Acker- und Weideflächen sind dabei für immer verloren gegangen. Seit die Eiskappen an den beiden Erdpolen immer rascher abschmelzen, hat die See ganze Länder verschlungen. Dänemark, die Niederlande, Belgien und Bangladesch existieren nicht mehr. Überspült wurden weite Küstenregionen der USA, aber auch Chinas und Nordeuropas."

Mit nur zwei symbolträchtigen Bildern und wenigen einprägsamen Sätzen hat „Der Spiegel" eindeutig Position bezogen und über seine Leserschaft nicht nur in das nationale, sondern auch das globale umweltpolitische Geschehen eingegriffen. Er lieferte ein Meisterwerk publizistisch-rhetorischer Kunst. Er nahm den „Flankenball" der Wissenschaft gekonnt an und schoss ihn mitten ins Herz des öffentlichen Bewusstseins. Mit Raffinesse verband er den von „Klimaexperten" prognostizierten Anstieg des Meeresspiegels mit dem menschheitsgeschichtlichen Trauma, dem in jedem von uns tief im Unterbewusstsein schlummernden Bild von der „Sintflut". Das ist seine unnachahmliche demagogische Glanzleistung. Der Spiegel hat eine frei erfundene Gefahr uns eindrucksvoll vor Augen geführt und zugleich unser „schlechtes Gewissen" aktiviert. Die „Sintflut" gilt gemeinhin als Symbol der größten anzunehmenden Strafe Gottes für ungehorsames Verhalten. Ganz ähnlich räche sich nun die Natur über das „Klima" am Menschen für sein sündhaftes Treiben im „Treibhaus", ganz nach dem alltäglichen Motto: „Wer nicht hören will, muss fühlen!"

Der „Spiegel“ hat sich das ganze Szenario jedoch keineswegs aus den Fingern gesogen. Er nahm geschickt eine Mittlerrolle zwischen Wissenschaft und Politik über das „öffentliche Bewusstsein“ ein. Er hat die „Pol-Schmelze“ beziehungsweise den „Treibhaus-Effekt“ weder erdichtet, noch hat er den reißerischen Begriff „Klimakatastrophe“ geprägt. Auch wenn er mit dieser Horror-Story direkt ins Räderwerk der Politik hineingriff, und zwar sehr nachhaltig, so war auch der SPIEGEL doch nur ein willfähriges Mittel zum Zweck im Dienste der „Klimaforschung“, die den Status „gesellschaftlich relevant“ anstrebte. Diese Privilegierung versprach dem kleinen Kreis von „Klimaexperten“ öffentliche Aufmerksamkeit und eine dauerhafte staatliche Forschungsförderung, aus Gründen der für notwendig erachteten „Klimavorsorge“. So scheinbar klug und gewissenhaft der Spiegel auch recherchierte, um die öffentliche Meinung in eine ganz bestimmte Richtung zu lenken, so war er nicht nur Täter, sondern auch Opfer. Er wurde von Wissenschaftlern angestiftet und benutzt, um deren Meinung zu verstärken und über die Medien in die Politik einfließen zu lassen. Der SPIEGEL war ein manipulierter Manipulierer!

Die eigentlichen Drahtzieher waren Wissenschaftler. Doch hinter diesen stehen wiederum mächtige Interessenverbände und Organisationen. Leider kann ich mit diesem „Freispruch“ dieses höchst komplizierte Abhängigkeits-, Beziehungs- und Nutzengeflecht nicht entwirren. Ich kann hier nur Hinweise zum eigenen Nachdenken geben. Das Studium der Entstehungsgeschichte der „Warnung vor der drohenden Klimakatastrophe“ ist jedoch ein aktuelles Fallbeispiel dafür, wie leicht sich in einer „Informationsgesellschaft“ über die Auswahl der „Informationen“ Menschenmassen und damit die „Politik“ beeinflussen und steuern lassen. Wenn der französische Naturwissenschaftler und Philosoph Michel Serres in der Frankfurter Allgemeinen Zeitung vom 19. Oktober 2000 feststellt, dass unsere Freiheit von „wahren Informationen“ abhängt und dann darüber klagt, dass diese „durch die Vermittlung der Medien karikiert“ und ideologisiert werden, dann ist das ein recht durchsichtiges Ablenkungsmanöver eines Betroffenen. Es waren eindeutig nicht die Medien, welche die „Klimakatastrophe“ erfunden haben. Dieses Geschäft betrieben Wissenschaftler, die die Klimaforschung als eine „gesellschaftlich relevante Wissenschaft“ etablieren und wegen ihrer existentiellen Zukunftsbedeutung sogleich in eine „Vorreiterrolle“ hineinzwängen wollten. Die Medien spielten dabei nur die Rolle eines Verstärkers und das tun sie – leider – mit einem ebenso unglaublichen wie ungeheuren Erfolg.

Wissenschaft und Forschung waren einmal ein Ringen um Erkenntnis und Wahrheit von Menschen, die sich dabei nicht durch Ideologien und mächtigen Interessenverbände jedweder Art korrumpieren und geistig vergewaltigen lassen wollten. Natürlich hat es die von Max Weber geforderte „Wertfreiheit“ der Wissenschaften in reiner Form nie gegeben. Dies zu glauben wäre illusionär und weltfremd! Zumindest in den Naturwissenschaften aber sollte nur die Theorie in den Rang einer „Wahrheit“ erhoben werden, die sich nach Galileo Galilei auch experimentell nachweisen ließ. Das Bemühen um Klarheit und Wahrheit hat viele technischen „Segnungen“ ermöglicht, die wir heute wie selbstverständlich nutzen. Naturwissenschaft und Technik haben aber auch unser Menschen- und Weltbild tiefgreifend verändert. Zudem hat die ungeheure Vermehrung des Wissens zu einer Parzellierung, ja „Atomisierung“ der Wissenschaften in immer feinere Spezialgebiete geführt. Professor Dr. Oskar Weggel meint, dass Erasmus von Rotterdam wahrscheinlich der letzte Mensch war, der noch über das gesamte Wissen seiner Zeit verfügte. Sein Fazit in „Future – Das Aventis Magazin 2/2001“:

„Der Universalgelehrte wurde zum Auslaufmodell. Das Gesetz der Beschleunigung siegte. Je mehr wir wissen, desto weniger weiß der Einzelne. Täglich, stündlich, minütlich wächst unser Wissen. Und das Karussell des Wissens dreht sich immer schneller. Immer kurzatmiger hecheln wie hinterher, allein wir sind auf verlorenem Posten. Um mit dieser Dynamik Schritt zu halten, sind wir auf unsere Mitmenschen angewiesen, auf ihr Wissen, ihre Ressourcen. Der Mensch des Jahres 2001 braucht die Beiträge anderer – sei es für die Arbeit, sei es für persönliche Ziele.“ Der Fortschritt der wissenschaftlichen Erkenntnisse erwies sich auch als äußerst gewinnbringend. Immer mehr „Geschäftsbereiche“ ziehen lukrative Gewinne aus den Erträgen der Wissenschaft, nicht zuletzt die Politik. So wurde aus der Wissenschaft ein riesiger Betrieb, ein global vernetztes Unternehmen, das an einem Strang zieht und dessen Mitarbeiter durchaus eigene, sehr egoistische Interessen entwickeln und diese immer härter und skrupelloser verfolgen.

Hinzu kommt ein weiterer Aspekt, das Streben nach Macht. Schon vor einigen Jahrhunderten erkannte Francis Bacon: „Wissen ist Macht!“ Wer unwissend ist, ist allen möglichen Mächten ohnmächtig ausgeliefert. Denkt man den Satz Bacons zu Ende, so wird bald daraus: Wissen stellt Machtmittel bereit, die sich die Mächtigen tunlichst umfassend sichern müssen, zum eigenen Machterhalt. Da die Wissenschaft infolge ihrer technischen Errungenschaften einen hohen Stellenwert in der Gesellschaft errungen hat und nahezu unangreifbar geworden ist, kam es für die politisch herrschende Klasse darauf an, sie für ihre Zwecke zu instrumentalisieren und unter Kontrolle zu bekommen. Ein elementares Mittel ist das Geld, ein anderes die Partizipation an der Macht. Und schon ändert sich der Satz Bacons zu dem: Die Kontrolle des Wissens ist Macht. Wissenschaft lässt sich insofern leicht kontrollieren, indem man nur solche Wissenschaftler „anerkennt“, die der Machterhaltung dienen. Zu diesem Zwecke hat man die Wissenschaften „demokratisiert“, zur „Sozialpflichtigkeit“ genötigt. Jeder in den quasistaatlichen Großforschungseinrichtungen tätige Wissenschaftler kann sich entscheiden, ob er mit reinem Gewissen ein bescheidenes Nischendasein führen will oder sich aber dem übergeordneten Machtkalkül anpasst und zu einem „wichtigen“ Rädchen in dem großen Wissenschaftsgetriebe wird.

Man muss heute zwischen der „reinen“ Wissenschaft, dem idealistischen Ringen um Wahrheit, und der „anerkannten“, weil „gesellschaftlich relevanten“ Wissenschaft unterscheiden. Einen solch feinen Unterschied erkennen natürlich die Wissenschaftler selbst als erste. Die meisten wissen sehr wohl, dass Anpassung seinen Preis hat und fordern einen entsprechenden Gegenpreis. Sie wissen auch, welch nützliche Machtmittel sie den Mächtigen zur Verfügung stellen und lassen sich das entweder durch Geld, durch Einfluss oder auch Machtteilhabe entgelten. Dem Opportunismus wie der Korruption sind damit Tür und Tor geöffnet. Wer es als Wissenschaftler zu „etwas“, – „etwas“ im Sinne von Karriere im umfassenden Sinne –, bringen will, muss stromlinienförmig sein, er darf nicht anecken, kein „Querdenker“ sein, muss mit dem Strom des „Zeitgeistes“ schwimmen.

Die Wissenschaft stellt im Bunde mit der Technik eine „Weltmacht" dar. Sie produziert nicht nur die Annehmlichkeiten des Lebens, sondern auch das Ungeheuerliche, mit dem man ganze Städte und Landstriche „ausradieren" und für längere Zeit für Menschen unbewohnbar machen kann. Sie hat die Natur entmythologisiert, den Religionen die Deutungshoheit entrissen und die „Welträthsel", so ein Buch von Ernst Haeckel aus dem Jahre 1899, in gewissem Maße entschlüsselt. Die Wissenschaften prägen die „Weltbilder", die nach „Bild der Wissenschaft" in unseren Köpfen entstehen. Frank Schirrmacher behauptete in seinem Leitartikel „Welträthsel" in der Frankfurter Allgemeinen vom 17. Oktober 2000 sicherlich zu Recht, die heutige populäre Naturwissenschaft trage „Züge eines Religionsersatzes". In der Tat, der Einfluss der „anerkannten" Wissenschaften auf die jeweils vorherrschende Meinung wie die Politik, der sie dient und derer sie sich bedient, ist kaum zu unterschätzen.

Ein reines Wissenschaftskonstrukt: die angebliche „Klimakatastrophe“

Die erwähnte Warnung des „Spiegel“ war der erfolgreiche Versuch von selbsternannten „Klimaexperten“, die ein Schattendasein führende Klimatologie als „Klimaforschung“ in den Rang einer „gesellschaftlich relevanten“ Zukunftswissenschaft zu erheben. Dies ist über die Medien in geradezu vorbildlicher Weise gelungen. „Klimaschutz“ wurde in kürzester Zeit zum Globalthema Nr. 1! Der zweifelhafte Ruhm, als erste offiziöse Institution in Deutschland vor der drohenden „Klimakatastrophe“ gewarnt zu haben, gebührt der Deutschen Physikalischen Gesellschaft e. V, speziell deren Arbeitskreis „Energie“, der aus insgesamt 18 „Köpfen“ bestand. Dieser Arbeitskreis hatte am 22. Januar 1986 nach Bonn zu einer Pressekonferenz in das Hotel Tulpenhof eingeladen, um die Journalisten mit der Gefahr einer drohenden „Klimakatastrophe“ vertraut zu machen. Sie sollten diese Botschaft unters Volk bringen und damit die Politik auf diese Gefahrenquelle aufmerksam machen. Es hat bestens funktioniert. Ein weiteres Beispiel, wie Wissenschaftler geschickt die Medien nutzen, um politischen Einfluss auszuüben, ereignete sich im französischen Lyon. Das Handelsblatt vom 20. September 2000 berichtete unter der Überschrift „Streit um Klima-Wandel“:

„Zwei Wochen lang haben sich 1700 Experten aus 154 Nationen im französischen Lyon darum gestritten, ob und wie man das Kyoto-Protokoll zum Klimaschutz von 1997 am besten realisieren könne. Das Treffen an der Rhone diente der Vorbereitung eines großen UN-Klimagipfels, auf dem sich im November (13. bis 24. 11.) in Den Haag möglichst viele Staaten dazu verpflichten sollen, die in Kyoto getroffenen Vereinbarungen einzuhalten. ... Wie um die Dringlichkeit des Vorhabens zu unterstreichen, lief zum Konferenzende am Freitag (15. 9.2000) eine aufschlussreiche Meldung über die Nachrichtenagenturen. Demnach sollen Eisbohrkerne aus dem Himalaja zeigen, dass die Durchschnittstemperatur der Atmosphäre in den letzten 100 Jahren höher lag als je zuvor in den letzten tausend Jahren. Die Forscher wollen auch einen weiteren deutlichen Anstieg in den letzten 20 Jahren festgestellt haben – was sie auf von Menschen verursachte Luftverschmutzungen zurückfuhren. Dennoch kam die Konferenz in Lyon zu keinem überzeugenden Ergebnis. Gegensätze wurden eher verkleistert als gelöst."

Zurück nach Bonn ins Jahr 1986. Die Physiker präsentierten den angeblich aktuellsten Forschungsstand und erklärten den Journalisten, dass es vermutlich schon in ein bis zwei Jahrzehnten zu gravierenden Klimaveränderungen kommen werde, wenn nicht sofort die Emissionen der „wärmeisolierenden Spurengase" drastisch verringert würden. Der Spiegel gab völlig korrekt nur das wieder, was ihm von den „Klimaexperten" als neuester wissenschaftlicher Kenntnisstand verkauft wurde: „Der zarte Gasschleier, bestehend aus Kohlendioxid (CO_2), dazu aus kleineren Anteilen anderer Substanzen wie etwa Ozon, Methan oder Stickstoffoxid, wirkt auf zweifache Weise als Strahlenfilter: Er lässt die von der Sonne kommenden, kurzwelligen Lichtstrahlen passieren, hält aber die von der Erde reflektierten, langwelligen Wärmestrahlen zurück – es kommt, wie unter einem gläsernen Treibhausdach, in Erdnähe zu einem Wärmestau."

Der „Vordenker" denkt weiter: „Dass der im Grunde wohltätige Treibhauseffekt, der irdisches Leben überhaupt erst möglich macht, vielleicht schon bald zu einer Plage wird, ist der Tatkraft des Homo sapiens zuzuschreiben. Seit mehr als 150 Jahren stinken die Industriegesellschaften zum Himmel. Rund 180 Milliarden Tonnen CO2 wurden seit anno 1800 beim Verheizen fossiler Brennstoffe in die Luft gepustet; bis hinauf in die Stratosphäre herrscht inzwischen dicke Luft."

Bei aller Einsicht, Nachsicht und Rücksicht auf die Freude der Journalisten an sensationellen Übertreibungen verwundert, dass die deutsche Wissenschaftlergemeinde sich zu keinem hörbaren Protest gegen das Gerede von der „Klimakatastrophe" infolge atmosphärischer Spurengase hat aufraffen können. Oder sind Einwände einfach nicht gemeldet und damit unterdrückt worden? Jedenfalls nahm beispielsweise die Deutsche Meteorologische Gesellschaft e. V. offiziell keinen Anstoß an der abwegigen Behauptung, die gasförmige Atmosphäre funktioniere genauso wie ein festes gläsernes Gewächshausdach. Auch die Deutsche Geographische Gesellschaft e. V. verwahrte sich nicht gegen den aufhetzenden Begriff „Klimakatastrophe" und die Behauptung, dass ein errechnetes „Ding" wie das „Klima", das eine rein statistisch aus dem Ablauf des Wetters errechnete „Kunstgröße" ist, eine Katastrophe verursachen und auslösen könne.

Selbst der gesunde Menschenverstand bäumte sich nicht auf und schwieg zu der physikalisch ungeheuerlichen Behauptung, dass Spurengase in der Troposphäre wie ein Thermostat die Temperaturen in Erdbodennähe regeln könnten. Schwieg man aus Hochachtung vor der Wissenschaft und ihrer „Unfehlbarkeit" oder schwieg man aus Angst und fürchtete, wie in der Schule durch den Vorwurf nicht aufgepasst zu haben, von den „Lehrern" abgekanzelt, vor den Mitschülern bloßgestellt und für dumm abgestempelt zu werden? Hier spielen viele verhaltenspsychologische Momente einer durch und durch demokratisierten Gesellschaft eine gewichtige Rolle. Jedenfalls konnte die „anerkannte" Wissenschaft einen gewaltigen Sieg heimfahren. Sie hatte ihre Macht demonstriert und der Welt ein Märchen aufgetischt, das staunend angenommen, willfährig verbreitet und schließlich verinnerlicht, geglaubt und gegen ungläubige „Ketzer" verteidigt wurde. Im Zuge der über die Medien erfolgreich durchgeführten Massensuggestion ließ sich die Manipulation von Gesellschaft und Politik weitertreiben.

Der „Treibhaus-Effekt" war für die Medien wie ein Geschenk des Himmels. Wie sich schon früher bei Kunstgemälden die „Hölle" immer farbenprächtiger ausmalen ließ als der „Himmel", so freuten sich die Journalisten über jede Expertenmeldung, denn nur „bad news" sind wirklich „good news". Erst bei Horrormeldungen kann die freie Phantasie so richtig Purzelbäume schlagen und Blüten treiben, kann der Journalist zeigen, zu welchen Wortschöpfungen und Formulierungskünsten er fähig ist. Weil das eher gelangweilte und reizübersättigte Publikum stets aufs neue erregt und zu einem Gefühl schauerlicher Betroffenheit stimuliert werden will, haben Katastrophenstorys einen reißenden, verkaufsfördernden Absatz. Die Auswirkungen auf die Politik sind bekannt. Welcher Politiker nutzt nicht gerne die Stimmung, um sich vor seinen Wählern als Retter aus der Not zu präsentieren? Sein Tun beschränkt sich auf wohlfeile Appelle, auf Verhaltensregeln, die natürlich für ihn nicht gelten. Schnell ist dann jeder, der zweifelt und öffentlich Kritik artikuliert, dem Verdacht des Verstoßes gegen die „politische Korrektheit" ausgesetzt.

Die Wissenschaft und das Gebot der Wahrhaftigkeit

Nach allgemeiner Auffassung sind die Wissenschaftler der Wahrheit und nichts als der Wahrheit verpflichtet. Diesem weitverbreiteten Glauben verdanken es die „Klimaexperten" wohl, dass ihre nicht nur dürftige, sondern nachweislich falsche „Beweisführung" hinsichtlich der Existenz eines „natürlichen Treibhauseffektes" praktisch kaum auf öffentlichen Widerstand gestoßen ist. Geschwiegen haben aber auch die Berufskollegen, welchen die Haltlosigkeit und Windigkeit der Argumentation nicht entgangen sein konnte. Wollten sie sich durch das Schweigen Vorteile erheischen? War es eine Art „Nibelungentreue"? War es Ängstlichkeit oder Unterwürfigkeit? Wurden sie von den Medien aus der öffentlichen Meinung ausgeblendet und so nicht wahrgenommen? Auch Leserbriefschreiber sind auf die Gunst der Medien angewiesen! Vermutlich ließ viele Wissenschaftler ein gewisser Corpsgeist verstummen nach dem Motto „haust du meinen nicht, verschone ich deinen". Oder ließ man den „anerkannten" Kollegen deswegen freie Bahn, weil der Treibhaus-Schwindel nie geahnte Forschungsmittel in die Institutskassen schwemmte? Bekanntlich hat Geld eine angenehme Eigenschaft, es stinkt nicht!

Die Wissenschaft hat weder einen Absolutheitsanspruch auf Wahrheit noch fühlen sich die Wissenschaftler ihr mehr verpflichtet als jeder andere Sterbliche. Während eines Vortrages am 13. Juli 2000 bei der EXPO 2000 in Hannover bekannte der Präsident der Max-Planck-Gesellschaft zur Förderung der Wissenschaften e. V, der Konstanzer Biologe Professor Dr. Hubert Markl, öffentlich, dass leider nicht zu bestreiten sei, „dass es auch in der Wissenschaft – häufiger als uns Wissenschaftlern lieb ist – Lug und Trug gibt, nicht nur fahrlässige Schlamperei, sondern wirklich absichtsvollen Betrug".

Dass es soweit gekommen ist, ist bedauerlich genug. Schlimmer aber ist, dass Hubert Markl darin nichts Bedauerliches sieht und erst recht keinen Widerspruch zum „Wahrheitsauftrag jeder Wissenschaft" erkennt: „Denn wer über die absichtsvolle Unwahrheit nachdenkt, der kommt an der Wahrheit einfach nicht vorbei. Denn der Gegensatz zu vorgeblichem, vorgelogenem und betrügerisch vorgespiegeltem Wissen ist eben nicht die Unwissenheit, sondern die Wahrheit, deren Anspruch die absichtlich dafür ausgegebene Unwahrheit gröblich verletzt." Er forderte, „dass eine Wissenschaft, der es um Wissen – also zuverlässige Aussagen über eine alle Menschen gemeinsame Wirklichkeit geht, nicht auf das Bemühen um Wahrheit verzichten kann, ..., wenn sie sich und vor allem jene, die als Steuerzahler für die Kosten ihrer Forschungspraxis aufkommen, nicht Irreführung und Betrug ausliefern will."

Dem könnte man mit Einschränkungen noch zustimmen, würde der Präsident der Max-Planck-Gesellschaft nicht fortfahren: „Dass Wissenschaft ohne Lüge und Betrug nicht existieren kann und trotz aller Gegenwehr niemals existieren wird, ist allerdings gar nicht so schlimm, weil Wissenschaft als wahrheitsanstrebendes System dadurch niemals nachhaltig zerstört werden kann, weil sie nicht nur inhärent betrugsfähig ist, sondern ebenso inhärent selbständig betrugsaufklärend wirkt. Allerdings könne Lüge und Betrug der Akzeptanz von Wissenschaft in der Gesellschaft, die sie trägt, schweren Schaden zufügen, doch dürfte auch der jeweils nur vorübergehend sein, weil die ab Oktober 1999 Sechs-Plus-Milliarden-Menschheit von Wissenschaft und von ihr geleiteter Anwendungspraxis auf Gedeih und Verderb, also buchstäblich überlebensnotwendig abhängig ist, so dass sie, selbst wenn sie ihr misstraut, gar nicht mehr auf sie verzichten kann, es sei denn, sie wollte sich dadurch einen noch größeren Schaden zufügen, als sie schlimmstenfalls von den Folgen der Wissenschaft befürchten kann."

Sarkastisch könnte man sagen: Jede Gesellschaft hat die Wissenschaftler, die sie verdient. Die Last, die Wahrheit von Lug und Trug zu unterscheiden, wird auf den Bürger abgeladen, mag er auch unter dieser Last zusammenbrechen. Markl macht es sich einfach, zu einfach! Seine These: Wissenschaftler, ob sie nun lügen oder nach der Wahrheit suchen, werfen ihre Ergebnisse auf den Markt: Einzig der Markt entscheidet dann, was sich durchsetzt oder nicht. Wer aber handhabt diesen Markt der betrügerischen oder wahren Meinungen und Erkenntnisse? Der Medienmarkt hat sich für die so überaus einträgliche „Klimakatastrophe" entschieden. Solange diese Ware konsumiert wird, wird sie auch präsentiert, wird „Klimaschutz“ Hauptthema der Umweltpolitik sein.

Der Bürger spielt eine absolut passive Rolle in diesem gigantischen Geschäft, solange er nicht massiv aufbegehrt! Er beherrscht den Informationsmarkt nicht, er ist ihm ausgesetzt! Er ist auch deswegen ein armes Opfer, weil sich die Wissenschaft zur Verschleierung von Lug und Trug in die Undurchsichtigkeit einer verklausulierten Fachsprache flüchtet. Hubert Markl leitet schließlich die behauptete „Gleichwertigkeit“ von Betrug und Wahrheit aus dem Wesen der menschlichen Existenz ab. Diese habe sich nämlich nur zu dem einen Zweck entwickelt, um „so wirkungsvoll wie nur möglich Artgenossen in ihrem Verhalten beeinflussen und dabei zugleich deren Verhaltensmöglichkeiten möglichst zutreffend einschätzen zu können“. Wer mit dem höchsten Grad an Intelligenz ausgestattet ist, dem stehen dieser Logik nach alle Mittel zur Verfügung, um seine Artgenossen nach Strich und Faden zu belügen und zu betrügen. Denn: „Die in unserem Zusammenhang wichtigste Eigenschaft eines solchen Wissens zur Durchsetzung eigener und gemeinsamer Interessen eingesetzten intelligenten Gehirns ist zweifellos die damit verbundene Fähigkeit, andere nicht nur durch eigenes Wissen, sondern auch durch dessen absichtsvolle Vorspiegelung – also durch Lug und Trug – zu beeinflussen. ... Selbstbewusst reflektiertes Wissen als Mittel sozialer Verhaltensmani-pulation von Artgenossen benötigt also eine Leistungsform von zentralnervös koordinierter Intelligenz, die zugleich untrennbar mit der Befähigung zur Täuschung von Artgenossen, zur Verbergung oder Vorspiegelung von Tatsachen, zu Lüge und Betrug befähigt: ohne Wissensfähigkeit keine Täuschungsfähigkeit.“

Der Biologe Hubert Markl ist damit noch nicht am Ende seines Zynismus. Er sattelt noch eins drauf: „Die Fähigkeit zu Lug und Trug ist sozusagen die Konsequenz unserer für jede menschliche Kultur konstitutiven Fähigkeit zur Einsicht und Einfühlung in das Denken, Fühlen, Wünschen und Wissen von Mitmenschen – zu eigenem Gunsten. Sie ist keine Fehlentwicklung des Menschen, schon gar nicht eine Verfallserscheinung, sondern sozusagen Grundbestand unseres Wesens als eine besonders geschickte neue Option zur Optimierung eigenen Nutzens zu Lasten anderer, also zu sozialschmarotzerisch erlangbaren Vorteilen, denn darum handelt es sich ja bei Lug und Trug." Welch ein Eingeständnis der eigenen Moral. Aber dieser Intellektuelle wäre nicht intelligent genug, wenn er die eigene Moral nicht sogleich hinter der „aller" versteckte: „Wer meint, dass er niemals täuscht, täuscht wohl damit nur sich selbst, er stempelt sich geradezu zum Un-Menschen, weil er einen wesentlichen Teil dessen negiert, was ihn als Menschen ausmacht." Wer nicht lügt, ist demnach ein „Un-Mensch", so der Präsident der einst weltweit hochgeachteten Max-Planck-Gesellschaft.

Hubert Markl weiß, dass solche Eingeständnisse Empörung auslösen. Höhnisch reicht er daher den journalistischen Helfershelfern die Hand, um sie zu seiner Absicherung mit ins Boot zu ziehen. „Denn das sollte nicht die Stunde entrüstet – zerknirschten oder höhnisch – schadenfrohen Händeringens und Augenrollens sein – am allerwenigsten vielleicht von Seiten von Journalisten, die in ihrer eigenen Stallung knietief im Mist waten können". Als Konsequenz dieser Art von Machiavellismus erwartet Markl, dass sich die Gesellschaften immer mehr zu „politischen Wissensregulierungsgesellschaften" hin entwickeln:

„Denn wo Macht ist, da muss auch Politik sein. Politik wird in solchen wissensgetriebenen Gesellschaften sicher zunehmend zu beeinflussen versuchen, was als nützliches, zulässiges Wissen gefördert wird und was nicht, wer Zugang dazu hat und wer nicht, welche Wissensbereiche mit Priorität vorangetrieben werden sollen und welche nicht, und was mit dem Wissen geschehen soll und was nicht; und sie wird dies nicht allein – im Wettstreit der Parteien – zu beeinflussen suchen, andere werden sich um solchen Einfluss nicht weniger bemühen: Wirtschaft, Medien, das Rechtssystem, die Religionen, NGOs usw. mit ihren jeweiligen nationalen und internationalen Lobbys und Hilfstruppen."

Wenn der Bürger auch nicht gezwungen wird, jede „wissenschaftlich" daherkommende Behauptung und Meinung bedingungslos und unwidersprochen zu glauben, so gerät er dennoch bei dem Gerangel der „anerkannten" Giganten hoffnungslos ins Hintertreffen. Er sollte rechtzeitig den Mut aufbringen, den Anfängen zu wehren, wenn er einmal begriffen hat, dass „Lug und Trug" integrale Bestandteile der Forschens sind. Noch ist es nicht zu spät!

Die zahlreichen Nichtregierungsorganisationen (NGOs) geben sich gerne als „Retter der Menschheit“ und haben es sich zur Profession gemacht, vor jeder Gefahr zu warnen und sei sie auch nur eingebildet oder erfunden. Menschen, die hilflos mit ihren Sorgen allein gelassen werden, vertrauen ihnen voller Hoffnung. Aber ihre Hoffnung blendet sie und hindert sie zu erkennen, dass die meisten dieser „Retter“ Sonderinteressen haben und ausschließlich auf deren Durchsetzung aus sind. NGOs sind parasitäre Mitspieler in dem weltweiten Geschäft um Markt, Macht und das Vermögen der Massen. Ihnen geht es nicht um objektive Erkenntnis, auch nicht um das angebliche Gemeinwohl. Sie vertreten häufig eine „Vision“, sie träumen vom verlorenen Paradies. Deswegen wollen sie unter allen Umständen zuerst an der Macht partizipieren, um sie schließlich zu übernehmen. Sie bedienen sich dabei aller Mittel suggestiver Verführungskunst. Sie haben den „Klimaschutz“ zum „Schöpfungsschutz“ und damit sich selbst zu „Schöpfern“ erhoben, die jeder Kritik entrückt sind.

Was ist das, der „natürliche Treibhauseffekt“?

Die Beschreibung des „Spiegel“ haben Sie gelesen, aber auch verstanden? Nehmen wir uns daher die Presseinformation des Arbeitskreises Energie der Deutschen Physikalischen Gesellschaft e. V. (DPG) vom 22. Januar 1986 vor, die von den Physikprofessoren Dr. J. Fricke von der Universität Würzburg und Professor Dr. K. Heinloth von der Universität Bonn, unterschrieben war.

Unter der Überschrift „WARNUNG VOR EINER DROHENDEN KLIMAKATASTROPHE“ heißt es wörtlich:

„Der Gehalt der Luft an Kohlendioxid und an weiteren Spurengasen wie Ozon, Distickstoffoxid und diversen Kohlenwasserstoffen steigt weltweit rapid an. Verursacht wird dieser Anstieg durch Verbrennung von Kohle, Erdöl und Erdgas – durch Waldrodungen und Bodenerosion und – durch diverse industrielle und landwirtschaftliche Aktivitäten. Die genannten Gase lassen das Sonnenlicht ungehindert auf die Erde einfallen, behindern aber die Wärmeabstrahlung der Erde in den Weltraum nachhaltig (Treibhauseffekt).“

Diese knappe Definition lässt wenig vom Geist der Physik als einer exakten Wissenschaft erkennen. Wie hat man sich das vorzustellen?:

„Der Gehalt der Luft an Kohlendioxid und Wasserdampf hat eine entscheidende Rückwirkung auf das Klima: Ohne diese Gase würde aufgrund der Strahlungsbilanz zwischen Einstrahlung von der Sonne und Abstrahlung von der Erde die mittlere Temperatur auf der Erde etwa -15° C betragen. Diese Gase absorbieren einen Teil der von der Erdoberfläche abgestrahlten Wärme und strahlen diese wieder teilweise zurück – Treibhauseffekt –, so dass die mittlere Temperatur gegenwärtig +15° C beträgt.“

Eigentlich hätten die Fach- und Wissenschaftsjournalisten, welche die Pressekonferenz besucht hatten, einige weiterführende Verständnisfragen stellen müssen, wenn sie sich den Text klargemacht und seine Logik durchdacht hätten. Wenn nur ein Teil der gesamten von der Erde abgestrahlten Wärme von den sogenannten Treibhausgasen absorbiert und davon wieder nur ein Teil zur Erde zurückgestrahlt wird, stellt sich doch die Frage, wie das die mittlere Temperatur der Erde um rund 30 Grad von -15° C auf + 15° C erhöhen soll? Mit anderen Worten: Wenn einer 100 DM in die Menge wirft, davon 30 DM wieder aufgefangen werden und er davon wiederum nur 3 DM zurückerhält, wird ein solcher Mann reicher werden? Nein, er wird gnadenlos ärmer! Doch offensichtlich wurde diese Frage nicht gestellt. Sonst wäre womöglich der Treibhaus-Effekt im Geburtsstadium als Treibhaus-Schwindel enthüllt worden, hätte als Pflänzchen nicht prächtig gedeihen können, um die Weltpolitik in seinen Bann zu ziehen. Der angebliche „Treibhauseffekt" steckt in totalem Widerspruch zum Newton'schen Abkühlungsgesetz, wonach sich kein Körper in einer kälteren Umgebung erwärmen kann. Selbst wenn alle Energie, die er emittiert, an ihn zurückgegeben würde, würde bestenfalls seine Temperatur konstant bleiben.

Aber weil die Pressemitteilung so sensationell, ja so „katastrophengeil" aufgemacht war, blieb den Journalisten offensichtlich der Mund vor Erstaunen offen stehen und sie schalteten wie hypnotisiert den eigenen Denkapparat ab. Jeder Zauberkünstler arbeitet mit solchen Tricks. Er verhüllt das, was er vorhat. Mit viel Hokuspokus und Theatralik fixiert er unsere Blicke auf Nebensächlichkeiten, um sein eigentliches Tun und Wollen zu kaschieren. Der 18köpfige Arbeitskreis verbarg seinen Treibhausschwindel hinter der Fassade „Deutsche Physikalische Gesellschaft" mit ihren etwa 30.000 Mitgliedern. Den Wahrheitsgehalt seiner Aussagen auch nur andeutungsweise anzuzweifeln, käme geradezu einem Sakrileg gleich. In Wirklichkeit entschied der Arbeitskreis autonom, ohne die Mitglieder zu befragen.

Die Denkschrift verstand sich als Aufruf an alle Verantwortlichen in Politik, Wirtschaft, Wissenschaft und Gesellschaft. Jeder Bürger wurde letztendlich aufgerufen, seinen Teil zur Abwendung der „drohenden Klimakatastrophe" beizutragen. Sie wurde ihm als Kollektivprodukt umweltschädigenden Verhaltens dargestellt. Da konnte sich keiner mehr zurücklehnen und sagen, das geht mich nichts an; ich wasche meine Hände in Unschuld. Die Wirkung des Aufrufs wurde „wissenschaftlich" verstärkt, indem sich ihm die Deutsche Meteorologische Gesellschaft e. V. (DMG) mit gut einjähriger Verspätung anschloss. So erschien die Denkschrift ein zweites Mal im Frühjahr 1987, als gemeinsame Denkschrift mit der abgewandelten Überschrift „WARNUNG VOR DROHENDEN WELTWEITEN KLIMAÄNDERUNGEN DURCH DEN MENSCHEN“. Dies klang etwas sachlicher, wurde doch der reißerische Begriff „Klimakatastrophe“ durch den harmloseren Begriff „Klimaänderungen“ ersetzt. Damit folgte man dem angelsächsischen Sprachgebrauch, der nur von ‚climate change' spricht. An der Sache selbst und vor allem an den Behauptungen über die Verursacher, die Menschen, änderte das aber nichts. Für die Deutsche Meteorologische Gesellschaft unterzeichneten die Professoren Dr. Hans-Walter Georgii und Christian-Dietrich Schönwiese von der Universität Frankfurt am Main das Dokument und Hartmut Graßl vom Max-Planck-Institut für Meteorologie in Hamburg.

Speziell zum Begriff „Treibhaus-Effekt“ heißt es in der 2. Denkschrift: „Die genannten Gase, außer Ozon, lassen das Sonnenlicht fast ungehindert auf die Erde einfallen; sie alle behindern aber die Wärmeabstrahlung der Erde in den Weltraum nachhaltig (Treibhauseffekt).“ Konkret geht es dann weiter: „Wasserdampf und Kohlendioxid in der Atmosphäre haben eine entscheidende Wirkung auf das Klima: Ohne diese Gase würde aufgrund der Strahlungsbilanz zwischen Einstrahlung von der Sonne und Abstrahlung von der Erde die mittlere Temperatur an der Erdoberfläche etwa -18 °C betragen. Diese Gase absorbieren jedoch einen Teil der von der Erdoberfläche abgestrahlten Wärme und strahlen diese wieder teilweise zurück (Treibhauseffekt), so dass die mittlere Temperatur an der Erdoberfläche bei gegenwärtig +15 °C liegt. Der Treibhauseffekt wird überwiegend von Wasserdampf und zu einem kleineren Teil von Kohlendioxid und anderen Spurengasen bewirkt.“

Irgendetwas muss der „Schöpfergott“ falsch gemacht haben. Hat er der Sonne nur die Kraft gegeben, um die Erde auf eine mittlere „Strahlungsgleichgewichtstemperatur“ von -18 °C zu erwärmen? Das Leben soll ja seine Existenz einzig den „Treibhausgasen“ Wasserdampf und Kohlendioxyd verdanken! Doch warum ist es nicht über den Ozeanen am wärmsten, wo unentwegt Wasserdampf, das „Treibhausgas Nr. 1“ – so das Forschungszentrum Jülich in einer Pressemitteilung am 31. Mai 2001 – verdunstet?

Über die Rolle des Menschen schrieben Professor Dr. Hartmut Graßl und der Journalist Reiner Klingholz in ihrem Buch „Wir Klimamacher – Auswege aus dem globalen Treibhaus“ 1990: „Als das 19. Jahrhundert anbrach, zu Zeiten Goethes und Schillers, des Turnvater Jahn und der Gebrüder Grimm, hatte die Welt die ökologische Unschuld noch nicht verloren. Was die gesamte Menschheit damals an Kohlendioxid und anderen Treibhausgasen in die Luft geblasen hat, das hat diese im wahrsten Sinne des Wortes weggesteckt. Die Atmosphäre war so gut wie nicht gestört.“ Doch „gestört“ waren damals vor allem noch nicht die Naturwissenschaftler. Sie waren noch nicht in das Prokrustesbett gesellschaftlicher Interessen gezogen und dem Primat der Politik untergeordnet, zur Sozialpflichtigkeit gezwungen worden.

Die ganz überwiegende Mehrheit der Naturwissenschaftler war noch im Besitz ihrer „ökologischen Unschuld“. Damals wusste man noch zwischen Wetter, Witterung und Klima sauber zu differenzieren, galt noch das von dem englischen Physiker Sir Isaac Newton (1642-1727) formulierte „Abkühlungsgesetz“! „Grimsehls Lehrbuch der Physik“ von R. Tomaschek aus dem Jahre 1929 umschreibt es wie folgt:

„Ein im freien Luftraum aufgestellter Körper, dessen Temperatur höher ist als die seiner Umgebung, wird allmählich kälter, indem er seine Wärme vorwiegend durch Konvektion und durch Strahlung an die Umgebung abgibt. Die Wärmeabgabe erfolgt um so schneller, je größer die Temperaturdifferenz ist, sie ist (innerhalb gewisser Grenzen) der Temperaturdifferenz und der Zeit direkt proportional (Newton'sches Abkühlungsgesetz).“

Dieses Gesetz galt schon immer und gilt natürlich auch heute noch. Es besagt, dass sich jeder Körper in einer kälteren Umgebung zwangsläufig abkühlt. Ob nach langer Fahrt ein Auto geparkt, ein frisch gekochter Pudding an die frische Luft aufs Fensterbrett gestellt, ob heißer Kaffe in die kalte Tasse gefüllt wird, nach einer gewissen Zeit haben alle „Körper“ die Temperatur ihrer Umgebung angenommen; sie haben sich abgekühlt und nicht erwärmt. Das gilt selbst für die alte „Kochkiste“, in der man die Speisen immer nur eine gewisse Zeit warm halten kann. Das Beste, was der Mensch je erfunden hat, um die Abkühlung zu verzögern, sind die sogenannten „Dewar-Gefäße“. Sie sind heutzutage besser bekannt unter dem Namen Thermoskanne. Selbst in ihnen wird nach gewisser Zeit der Kaffee kalt. Und ausgerechnet bei der Erde soll die „Natur“ oder „Physik“ eine Ausnahme machen, soll inmitten des „eiskalten“ Weltraums eine Erwärmung stattfinden? Verweist man auf diese Unmöglichkeit, wird gerne von den „Treibhausexperten“ argumentiert, dass man die stetige Energiezufuhr durch die Sonne nicht vergessen dürfe. Das ist aber nur ein Ablenkungsmanöver, um die Blößen beim Zaubertrick „Erderwärmung“ zu verdecken. Nach Aussage der „Experten“ kann die Sonne immer nur den Energieverlust durch die elektromagnetische Temperaturstrahlung der Erde kompensieren und so deren „Ausgangstemperatur“ von -18 °C gewährleisten. Mehr kann die Sonne – in der Theorie – nicht leisten! Ein armes widernatürliches Weltbild!

Niemand und nichts kann die Abkühlung der Erde verhindern. Sie ist eine unabänderliche Tatsache und rührt schlicht und einfach daher, dass jeder Körper aus Atomen besteht und ab einer Temperatur oberhalb des absoluten Nullpunktes von Null Kelvin oder -273 °C unentwegt Energie abstrahlt. Gibt ein Körper mehr Energie ab, als er von der Umgebung zugestrahlt bekommt, dann kühlt er ab! Die Abkühlung der Erdoberfläche erfolgt nicht nur durch Strahlung, sondern auch durch Leitung. Ja, und ganz entscheidend für das Wetter ist die Konvektion. Ihr verdanken die Haufen- oder Kumuluswolken ihre Entstehung. Bei starker Sonneneinstrahlung kennt die am Boden vom Boden erwärmte Luft nur eine Richtung: aufwärts, himmelwärts! Der Grund? Luft dehnt sich bei Erwärmung aus, ihre Dichte wird geringer, sie wird leichter und steigt auf. Bei der Wärmeleitung wird Bewegungsenergie durch Molekülstöße von einem Körper auf einen anderen übertragen. Die Wärmeleitung ist ein Energietransport ohne Massentransport und kennt nur eine Richtung, die vom wärmeren zum kälteren Körper. Ist bei Sonneneinstrahlung am Tage der Boden wärmer, dann erwärmt er die aufliegende Luft. Kühlt sich nachts aufgrund fehlender Wärmezufuhr von der Sonne der Boden ab, dann entzieht er der Luft Wärme; sie kühlt sich ihrerseits ab. So entstehen die sogenannten Temperaturumkehrschichten oder Inversionen. Somit können in der Wetterhütte in 2 Meter Höhe noch Plusgrade herrschen, während der Boden schon mit Raureif überzogen ist. Umgekehrt verbrennen wir uns bei direkter Berührung die Finger an der heißen Herdplatte oder unterkühlen sie beim

Berühren eines Schneeballs. Immer hat der Wärmefluss nur eine Richtung: von warm nach kalt!

Berühren sich feste oder flüssige Körper mit gasförmigen Körpern wie der Atmosphäre, so kommt es über die Wärmeleitung zu dem wesentlich effektiveren Prozess der Wärmeübertragung durch Konvektion. Durch sie wird erwärmte Luft bis zu 50 000 Mal schneller vom Erdboden weggeführt als durch Leitung. Konvektion ist Wärmetransport durch Massentransport und führt automatisch zu einer turbulenten Durchmischung der Atmosphäre. Warme Luft steigt auf und kalte sinkt zum Ausgleich nach unten. Die Konvektion ist dazu da, eine zu starke Überhitzung in Bodennähe zu verhindern und damit pflanzliches Leben auch in heißen „Klimazonen" zu ermöglichen. Die Konvektion rührt daher, dass bei Flüssigkeiten und Gasen die Atome und Moleküle nicht mehr in einem festen Gitterverband wie bei festen Körpern stehen, sondern frei beweglich sind. Gasmoleküle haben gar die Eigenschaft, sich gegenseitig abzustoßen und so jeden zur Verfügung stehenden Raum auszufüllen, wenn sie nicht durch äußere Kräfte zum Zusammenhalt gezwungen werden. Es ist einzig die Schwerkraft der Erde, der wir die Lufthülle und den Luftdruck verdanken. Bei Erwärmung und damit höherer Bewegungsenergie der Moleküle können sich Gase wesentlich stärker ausdehnen als feste oder flüssige Körper. Da der Luftdruck das Entstehen eines Vakuums oder luftleeren Raumes nicht zulässt, muss zum Ersatz aufsteigender wärmerer Luft kältere Luft absinken oder seitlich zuströmen, es kommt zu Durchmischungsvorgängen, auch Turbulenz genannt. Der effizienteste Wärmetransport bei Gasen ist die Konvektion. Sie macht man sich auch bei der Beheizung von Häusern zunutze. Die kalte Zimmerluft wird an den Heizkörpern erwärmt, steigt auf und setzt eine Luftzirkulation in gang, die zu einer gleichmäßigen Erwärmung der Raumluft führt. Auf die gleiche Art und Weise wird auch in unserer Erdatmosphäre die allgemeine Zirkulation in Bewegung gesetzt. Die am Äquator erwärmte Luft steigt auf, dehnt sich unter Arbeitsleistung auf, kühlt sich dabei ab und fließt in Höhe der Tropopause nach Norden und Süden zu den Polen hin. Über die Passat- oder Handelswinde fließt am Boden zum Ausgleich Luft in die äquatoriale Tiefdruckrinne. So entsteht mit Hilfe der ablenkenden Kraft der Erdrotation, der Corioliskraft, die innertropische Hadley-Zirkulation.

Der Mensch kann zwar in seinen Gedanken und Modellvorstellungen die Naturgesetze auf den Kopf stellen, aber die Natur passt sich nicht seinen Modellvorstellungen an. Sie folgt unabänderlich ihren eigenen Gesetzen. Deswegen ist der angebliche „Treibhauseffekt" auch nie beobachtet und durch Messungen untermauert worden. Von dem irdischen Treibhaus existiert einzig und allein die Bodenplatte, wovon 71 Prozent mit Wasser bedeckt ist. Das „Treibhaus" ist und bleibt ein gedankliches, ideologisches und damit widernatürliches Hirngespinst. Das Newtonsche Abkühlungsgesetz gilt ausnahmslos für jeden Körper, auch die Erde. Eine „Erderwärmung" in einer kälteren Umgebung ist absolut ausgeschlossen und unmöglich! Wenn, dann kann die Erde nur von „außen" erwärmt werden. Als einziger Himmelskörper kommt hierfür die Sonne in Betracht!

Da die Erde von Natur aus unentwegt Energie in Form langwelliger, elektromagnetischer Wärmestrahlung in den Weltraum abgibt, und zwar mit Lichtgeschwindigkeit, ist sie auf eine kompensierende Wärmestrahlung der Sonne unverzichtbar angewiesen. Ein Körper kann sich dann und nur dann erwärmen, wenn er aus seiner Umgebung mehr Energie zugestrahlt bekommt, als er seinerseits abstrahlt. Der Tagesgang der bodennahen Temperatur ist Folge einer Bilanzierung zwischen Energieausgabe und Energieeinnahme. Tagsüber ist die Bilanz positiv, die Temperaturen steigen. Nachts ist die Bilanz negativ, die Temperaturen sinken. Die Erde würde sich erbarmungslos abkühlen und zu „Eis" erstarren, würde sie sich nicht ständig im Licht- und damit Wärmekegel der Sonne drehen und dadurch immer wieder frischen Energienachschub erhalten. Das Wechselspiel zwischen periodischer Einstrahlung und immerwährender Abstrahlung verursacht den Tagesgang der Bodentemperatur und damit der bodennahen Lufttemperatur. Ständig herrschen Temperaturunterschiede und damit Druckunterschiede, die zum Ausgleich bestrebt sind und Luftströmungen, sprich Wind verursachen. Wetter hat daher auch im Indogermanischen die Urbedeutung von „Bewegung". Wetter ist Bewegung, Bewegung verursacht Wetter!

Stünde die Erde, wie die Klimaexperten behaupten, in einem „Strahlungsgleichgewicht" mit der Sonne und hätte sie eine mittlere Oberflächen- und damit Strahlungstemperatur von -18 °C, dann würde sie nach dem in jedem Physikbuch der Oberstufe zu findenden Stefan-Boltzmann'schen Gesetz als „schwarzer Körper“ unentwegt 240 Watt pro Quadratmeter an Energie abgeben und als unsichtbare Wärmestrahlung ins Weltall abgeben. Würde diese Energie wirklich komplett und nicht nur „zum Teil“ von den in Spuren vorkommenden Treibhausgasen absorbiert werden und würde sie wiederum komplett und nicht nur „teilweise“ zur Erde zurückgestrahlt, käme also alle Energie vollständig ohne Verluste wieder zur Erde zurück, dann bliebe die mittlere Erdtemperatur konstant bei -18 °C.

Ausgangspunkt der Berechnung ist die „Solarkonstante“ von 1368 Watt pro Quadratmeter. 30 Prozent oder 404 Watt pro Quadratmeter würden an der Obergrenze der Atmosphäre „reflektiert“, erreichen damit nicht die Erdoberfläche und gehen dem „Klimasystem“ verloren. Die verbleibenden 960 Watt pro Quadratmeter sollen auf die „Erdscheibe“ fallen, aber dann von der „Erdkugel“ wieder abgestrahlt werden. Da das Flächenverhältnis Scheibe zu Kugel 1 zu 4 beträgt, teilt man 960 durch 4 und erhält 240. Jedes Satellitenfoto beweist zwar, dass die Erde eine rotierende Kugel ist und somit immer eine Halbkugel oder die doppelte „Kreisfläche“ bestrahlt wird, aber der Mythos von der Erde als „Scheibe“ steckt immer noch in unserem Unterbewusstsein und kann somit zur Manipulation benutzt werden. Geht man gleich von der „Kugel“ aus und verteilt dann die Sonnenenergie gleichmäßig über die Erde, dann bräuchte man die 960 nur durch 2 zu teilen und erhielte 480 W/m2. Mit dieser Energiemenge würde man eine „Strahlungsgleichgewichtstemperatur“ von +30 °C errechnen statt der -18 °C beim Scheibe-Kugel-Modell. Eine winzige Anpassung des Modells an die Wirklichkeit und schon verwandelt sich der angebliche „Treibhauseffekt“ von +33 Grad in einen „natürlichen Abkühlungseffekt“ von -15 Grad.

Wie man es auch dreht und wendet, eine Selbsterwärmung der Erdoberfläche um 33 Grad auf eine „Globaltemperatur“ von + 15 °C ist absolut ausgeschlossen und in das Reich ideologischer Phantasien zu verweisen. Dies hat nichts mehr mit Physik zu tun, es ist pure Metaphysik. Der vorgerechnete „natürliche Treibhauseffekt“ durch „Gegenstrahlung“ von „Treibhausgasen“ ist ein wissenschaftliches Ammenmärchen, ist mit den Worten von Hubert Markl „Lug und Trug". Bei den ganzen „wissenschaftlichen" Berechnungen und Vergleichen wird von den als „Klimaexperten" auftretenden „wissenden" Wissenschaftlern der „unwissenden" Öffentlichkeit gegenüber verschwiegen, dass die beiden Temperaturen Phantasiewerte sind, die nichts miteinander zu tun haben und so vergleichbar sind wie Äpfel und Apfelsinen. Erstens hat eine berechnete „Strahlungstemperatur" nichts zu tun mit einer tatsächlichen Körpertemperatur und diese wiederum ist nicht identisch mit der Lufttemperatur. Man kann sich im heißen Dünensand von Sylt die nackten Füße versengen und gleichzeitig in Brusthöhe frieren. Auf ein und einen halben Meter Entfernung können Boden- und Lufttemperatur um 20 und mehr Grad differieren. Hier wird bewusst ein Verwirrspiel mit „Temperaturen" betrieben, das zu entwirren ohne Anleitung keineswegs leicht ist.

Man muss sich die elektromagnetische Strahlung als eine „Information" vorstellen, die je nach Wellenlänge eine andere „Botschaft" enthält, eine andere Temperatur hat. Die Erde wird als ein nahezu „schwarzer Körper" betrachtet, der alle Informationen aller Wellenlängen absorbiert und in Wärme umwandelt. Würde die Erde die gesamte „Solarstrahlung" von 1368 Watt pro Quadratmeter absorbieren, hätte sie eine „Strahlungstemperatur" von +120 °C. Bei 960 Watt pro Quadratmeter wären es 0 °C und bei 390 wären es + 15 °C. Liegt bei der Solarstrahlung das Maximum der Energie im sichtbaren Spektralbereich bei 0,5 Mikrometer, so liegt dieses bei einer Erdtemperatur von 15 °C bei einer Wellenlänge von 10 Mikrometer und damit im unsichtbaren oder infraroten Wellenlängenbereich. Die Strahlungsenergie durchläuft die Atmosphäre weitgehend ungehindert und muss erst von einem Körper absorbiert werden, um in Wärmeenergie umgewandelt zu werden, die man mit Thermometern misst. Die Temperatur selbst ist ein Maß für die Bewegungsenergie der Atome und Moleküle eines Körpers.

Nach dem Wien'schen Verschiebungsgesetz kann jeder Wellenlänge eine Temperatur zugesprochen werden. Die Gesamtheit der Strahlung nennt man die „Temperaturstrahlung" eines Körpers. Diese Tatsache macht man sich bei der Infrarotthermographie zunutze. Die Wärmebildkameras ordnen jeder Wellenlänge eine Graustufe und jeder Graustufe eine Temperatur zu und erlauben somit das Sehen bei absoluter Finsternis. Sie sind ein ideales Hilfsmittel bei einer nächtlichen Verbrecherjagd. Würde man die Wärmebildkamera in den klaren Nachthimmel richten, so würde man keine Temperaturinformationen empfangen. Insbesondere würde man vergeblich die von der Erde abgestrahlte und angeblich in 6 Kilometer Höhe von den „Treibhausgasen" wieder „re-emittierte" Gegenstrahlung suchen. Wolken dagegen würde man sehr wohl am dunklen Nachthimmel entdecken, denn diese sind flüssige Körper mit entsprechender Temperatur und zudem auch „schwarze Körper". Sie absorbieren Strahlung aller Wellenlängen und emittieren auch Strahlung über ein breites, kontinuierliches Wellenlängenspektrum hinweg. Die Strahlungsintensität hängt einzig von der Temperatur der Wasser- oder Eiswolke ab. War der Himmel zu Beginn der Nacht klar und konnte die Bodenwärme als Temperaturstrahlung praktisch ungehindert ins Weltall entweichen, so ändert eine aufziehende Wolkendecke die Situation radikal. Nun stehen sich Erde und Wolke als zwei „schwarze Körper" und damit nahezu gleichwertige Strahler gegenüber. Jetzt entscheidet die jeweilige Temperatur über die Bilanz! Ist der Boden bereits gefroren, so stoppt die warme Wasserwolke dessen weitere Abkühlung und leitet „theoretisch" eine Erwärmung ein.

Es gleicht einer Flucht aus der komplexen Welt der Natur in die einfache Welt von Modellen, wie Professor Dr. Hartmut Graßl, der viele Jahre das „Klimaschutzprogramm" der Vereinten Nationen von Genf aus koordinierte, den „Treibhauseffekt" definiert. Schauen wir dazu in sein Buch „Wir Klimamacher":

„Wärmestrahlung ist das unsichtbare, langwellige, infrarote Licht, das beispielsweise ein Kachelofen abgibt. Aber nicht nur ein Ofen, der uns angenehm „warm" erscheint, jeder Körper, mit einer Temperatur oberhalb des absoluten Nullpunktes von minus 273 Grad Celsius, strahlt infrarotes Licht aus. Je wärmer der Körper, desto energiereicher und kurzwelliger die Strahlung. Auch die Erde, von der Sonne auf eine Durchschnittstemperatur von plus 15 Grad aufgewärmt, funktioniert wie ein gigantischer Heizkörper. Sie strahlt unentwegt Wärme Richtung All ab, die jedoch nicht ungehindert entweichen kann. Denn im Weg stehen die Treibhausgase. Während das kurzwellige „sichtbare" Sonnenlicht größtenteils durch die Atmosphäre auf die Erde dringt, bleibt die langwellige Wärmestrahlung auf dem Rückweg ins All meist an

Treibhaus-Molekülen hängen. Trifft sie beispielsweise auf ein Molekül Kohlendioxid (CO_2), eine einfache Verbindung aus einem Atom Kohlenstoff in der Mitte und je einem Atom Sauerstoff an den Seiten, beginnt das CO_2 zu schwingen und zu rotieren. Die Sauerstoffatome bewegen sich hin und her wie der Blasebalg eines Akkordeons. Das Kohlendioxid absorbiert also Wärmestrahlung und heizt damit die Atmosphäre auf. Die Moleküle senden Wärme in alle Richtungen und schicken einen Teil der Energie zur Erdoberfläche zurück."

Sie sind bereits „Experte" genug, um zu erkennen, dass diese Bilanz beim besten Willen nicht aufgehen kann. Graßl argumentiert anfänglich klar verständlich und physikalisch korrekt, doch dann merkt man seinen Worten regelrecht an, dass er mogelt, um einen Effekt zu konstruieren, den es in Wirklichkeit nicht gibt. Er erfindet das Bild eines „ruhenden" C-Atoms, an dessen „Seiten" die O-Atome durch die Absorption zu wilden Schwingungen angeregt werden. Man mag zu diesem Bild stehen, wie man will. Eines muss man jedoch aus der Atomphysik wissen, dass alle Moleküle nur auf ganz bestimmten Spektrallinien Temperaturstrahlung absorbieren und wieder emittieren können. Beide Linien sind nahezu deckungsgleich. Absorbiert das CO_2-Molekül Strahlung mit Wellenlängen bei 15 Mikrometer, dann emittiert es auch hier. Der Hauptstrom der Temperaturstrahlung der Erde geht folglich ungehindert an den CO_2-Molekülen vorbei. Nur die ganz kalte Temperaturstrahlung von -70 °C wird absorbiert, um die Erde „aufzuheizen". Ein CO_2-Molekül kann also nie und nimmer „die" Wärmestrahlung der Erde auffangen, um die Atmosphäre „aufzuheizen". Kinetisch gefragt: Woher sollen die 0,03 Prozent die Energie herholen, um die restlichen 99,97 Prozent an Luftmolekülen auf „Trab" oder auf „Temperatur" zu bringen? Dies ist nach den Gesetzen der kinetischen Gastheorie absolut unmöglich.

Welche Texte der „Klimaexperten" man auch unter die Lupe nimmt und etwas kritischer analysiert, immer ertappt man sie dabei, wie sie einfache physikalische Tatbestände verdrehen, um sie für ihr ideologisches Hypothesengebäude passend zu machen. Die IPCC-Experten offenbaren sich stets als verschworene, ideologisch gleichgerichtete und international vernetzte Gemeinschaft, die den „Treibhauseffekt" erfunden hat und nun mit allen Mitteln der Mediendemokratie propagiert.

Trotz seiner physikalischen Unhaltbarkeit, ja nachgewiesenen Unmöglichkeit glaubt die internationale Staatenwelt an den unsinnigen „Treibhauseffekt“ und hetzt von Klimakonferenz zu Klimakonferenz, um die eingeredete und eingebildete „Klimakatastrophe“ zu bändigen. Einen besseren und aktuelleren „Beweis“ für die grenzenlose Verführbarkeit des Menschen gibt es wohl kaum.

Der Treibhauseffekt, die Medien und die Politik

Die Wissenschaft behauptet, es sei seit Beginn des Jahrhunderts bekannt, dass die Treibhausgase durch Verbrennen von Kohle, Öl und Gas in der Atmosphäre zunähmen und dadurch das Globalklima in „Gefahr" brächten. Nach Hartmut Graßl gab es schon früh „ein paar schlaue Köpfe" wie den „genialen Physikochemiker" Svante Arrhenius, der um die Jahrhundertwende, exakt war es im Jahr 1896, eine Gefahr für das Klima voraussah, wenn man fortfahre, immer mehr Kohlendioxid auszustoßen. Sollte sich der Kohlendioxidgehalt der Luft verdoppeln, dann würde sich die Erde im globalen Mittel um 4 bis 6 Grad erwärmen.

Doch, so Hartmut Graßl, die revolutionären Gedanken des Schweden blieben ungehört, denn schließlich galten zu Arrhenius' Zeiten die rauchenden Schornsteine als Symbol eines gesunden Wirtschaftswachstums. Das Problem für das Klima sind jedoch nicht die Kohlendioxid qualmenden Schornsteine, das Problem ist die Willkür der Wissenschaft, die dank ihrer Abstraktionen von der Wirklichkeit abheben kann, um schließlich im Glauben an die Computer-Modelle den Bezug zur Wirklichkeit zu verlieren. Diese Betriebsblindheit im Wissenschaftsapparat führt schließlich dazu, dass die Entfernung vom wirklichen Geschehen vom einzelnen Wissenschaftler gar nicht mehr empfunden wird. Graßl hätte übrigens mit gleichem Recht behaupten können, dass nicht die Schornsteine, sondern der Mensch selbst den klimatischen „Hitzetod" verursacht. Mit jedem Atemzug entnimmt der Mensch der eingeatmeten Luft etwa 5 Prozent Sauerstoff und ersetzt diesen beim Ausatmen durch etwa 5 Prozent des „klimakillenden" Treibhausgases Kohlendioxid. Lebten um 1860 etwa 1 Milliarde Menschen auf der Erde, so sind es heute, wenn die UNO richtig geschätzt hat, etwa 6 Milliarden. Wenn ein arbeitender Mensch schätzungsweise täglich etwa 2 Kilogramm CO_2 ausatmet, dann bringt er es jährlich auf eine stattliche Zahl von 730 Kilogramm oder 0,73 Tonnen. Hochgerechnet emittieren 1 Milliarde Menschen pro Jahr über ihre Atemluft 730 Millionen Tonnen an CO_2 in die Atmosphäre. Eine Weltbevölkerung von 6 Milliarden bringt es auf 4 Milliarden und 380 Millionen Tonnen, die jedoch in keiner Bilanz auftauchen. Ist das nur ein flüchtiger Unterlassungsfehler? In der Bilanz fehlen zudem die CO_2-Emissionen nicht nur der gesamten Tierwelt, sondern auch der Pflanzenwelt, denn auch Pflanzen müssen atmen! Über deren Größenordnung sollten sich die „grünen" Biologen und Zoologen ernsthaft einmal Gedanken machen. Wenn die Klimaexperten selber wirklich an den Treibhauseffekt glaubten, müssten sie mit gutem Beispiel vorangehen und die Luft anhalten. Statt dessen jetten sie von Klimakonferenz zu Klimakonferenz, reden und atmen um so hastiger und fördern so die Verbrennung von CO_2. Aber es ist eine alte Gepflogenheit falscher Priester, selbst den Wein zu trinken und anderen aus Gesundheitsgründen und anderen Gründen Wasser zu empfehlen.

„Weltbilder entstehen im Kopf". Mit diesem flotten Spruch wirbt die Zeitschrift „Bild der Wissenschaft". Aber nicht jedes Weltbild findet auch Eingang in die Meinungsvielfalt der wissenschaftlichen Diskussion. Hier wird ausgewählt und Weltbilder, die nicht in das herrschende Meinungsspektrum passen, werden aussortiert und möglichst ausgetilgt, damit der Leser als Konsument wissenschaftlicher Darstellungen sie gar nicht erst erfährt. Er bekommt nur die richtigen und erwünschten „Alternativen" vorgesetzt, abweichende Meinung würden ihn nur verwirren, meinen die Verwalter der „anerkannten" Wissenschaft. Wissenschaftler, welche die herrschende Meinung vertreten, sind in den Medien gesuchte Gesprächspartner, ihre Ansichten werden laufend wiederholt und zitiert. Damit wird die öffentliche Meinung festgelegt, ja regelrecht manipuliert.

Ganz im Gegensatz zu der von Hartmut Graßl verbreiteten Meinung ist der Schwede Svante Arrhenius keineswegs der „schlaue Kopf" gewesen. Arrhenius hatte in Physik ein so schlechtes Examen abgelegt, dass ihm sein Jugendwunsch, Physikprofessor in Uppsala zu werden, versagt blieb. Er stieg deshalb auf Chemie um, in der er einige Erfolge vorzuweisen hat. Um Aufsehen zu erregen, mischte er sich unter anderem auch in die Diskussion um die Entstehung der Eiszeiten ein. Er entwarf ein einfaches Modell, das die Entstehung der Eis- und Warmzeiten über die Veränderungen des Kohlendioxidgehaltes der Atmosphäre erklären sollte. Die primitive Erklärung befriedigte einige Geister, andere jedoch rief sie zu geharnischtem Widerspruch heraus. Doch die Masse der Wissenschaftler schwieg einfach, wie heute. Arrhenius musste sich nur zweimal öffentlich verteidigen, zuletzt 1906. Da besaß er schon wegen anderer Erkenntnisse den 1903 erworbenen „Nobelpreis für Chemie". Auch dieser öffentliche Autoritätszuwachs verhalf ihm zu keiner Anerkennung: Seine Eiszeit-Hypothese fand nicht die wissenschaftliche Anerkennung und landete auf dem Abfallhaufen wissenschaftlicher Irrtümer. Die gelungene Interpretation der 1814 entdeckten Fraunhofer'schen Linien 1959 durch Kirchhoff und Bunsen und der rasante Aufstieg der Spektralanalyse, der auch die Entdeckung des Helium zu verdanken ist, waren noch zu frisch im Gedächtnis. Es dauerte Jahrzehnte, bis der englische Kohleingenieur Callendar um das Jahr 1940 die „Eiszeithypothese" wieder ausgegraben und Arrhenius im Glorienschein des Nobelpreises zu einem „Comeback" verhalf. Man schaute nicht mehr in die Originalarbeiten, sondern schrieb fleißig voneinander ab, bis der wissenschaftliche Zeitgeist seine Zustimmung gab und die „Eiszeithypothese" als „genialen Entwurf" in die Wissenschaft „neu" einführte, reintegrierte! Die Zeiten und mit ihnen die Weltbilder hatten sich gewandelt, die „Globalisierung" eroberte Wissenschaft und Politik.

Inzwischen waren alle Zeitzeugen verstorben und keiner machte sich die Mühe, in die Originalarbeit Arrhenius aus dem Jahr 1896 hineinzuschauen. So entstehen Mythen! Seit 30 Jahren gibt es kaum eine Arbeit über die „Klimakatastrophe", in der nicht die „bahnbrechende" Arbeit von Arrhenius zitiert wird. Sie war auch nicht in der Zentralbibliothek des Deutschen Wetterdienstes in Offenbach am Main, als ich Anfang der 90er Jahre danach suchte. Gelesen hat sie offensichtlich kaum jemand. Ich wurde in Stockholm fündig und sandte dem Wetterdienst eine Kopie. Das gilt auch für die Arbeit Fouriers, auf die sich Arrhenius angeblich beruft. Arrhenius zitiert Fourier als Vater des ‚hothouse'. Wieder ist sehr zweifelhaft, ob er je in dessen Originalarbeit geschaut hat. Jedenfalls datiert Arrhenius die Arbeit von Fourier, des Erfinders der Wärmeleitungsgleichung, auf das Jahr 1827, obwohl diese schon 1824 erschienen war, in französischer Sprache! Für die ganze Angelegenheit typisch ist aber, dass dieses falsche Datum, 1827, sich in allen einschlägigen Publikationen wiederfindet. Selbst die Weltorganisation für Meteorologie in Genf hat nur abgeschrieben. Daran zeigt sich untrüglich, dass in der Wissenschaft wie in der Schule immer wieder der eine nur vom anderen abschreibt, um keine Fehler zu machen. Doch es gibt auch so etwas wie ein Fehlerfortpflanzungsgesetz! Das Abschreiben hat im „Zeitalter der Textbausteine“ System. Wer abschreibt, braucht nicht zu denken, befriedigt die Eitelkeit der „Gurus“ und wer so die meisten „Quellen“ ab- und zusammenschreibt, dem steht der Weg nach oben auf der wissenschaftlichen Karriereleiter offen. Er streut Ruhm aus und erntet Ruhm! Ein Großteil des exponentiellen Wachstums an wissenschaftlichen Publikationen beruht schlichtweg auf Abschreiben. Dies hat wenig mit einer rasanten Zunahme an Wissens zu tun! Wer viel zitiert, publiziert viel und wird viel zitiert. Dadurch bilden sich „Seilschaften“, die sich gegenseitig in die Professorensessel hochschaukeln. Bei diesem System kann jeder, der sich konform verhält, damit rechnen, von dem System geschützt zu werden.

Da die Politik im Wesentlichen nur das wahrnimmt, was in den Medien als öffentliche Meinung dargestellt und angeboten wird, sucht jeder Wissenschaftler nicht nur nach Gleichgesinnten, er sucht auch die „Öffentlichkeit“. Sie soll ja direkt am wissenschaftlichen Fortschritt partizipieren. Der Weg dazu führt über die „Wissenschaftsjournalisten“, die entsprechend exklusiv eingeweiht werden und die Funktion haben, komplexe Sachverhalte in einfache Bilder umzusetzen, die leicht verständlich sind und gut gespeichert werden. Ein Kontaktmann zwischen Wissenschaft und Öffentlichkeit ist der Meteorologe Mohib Latif vom Max-Planck-Institut für Meteorologie in Hamburg. Er wurde von der Max-Planck-Gesellschaft im Jahr 2000 für seine exzellente Öffentlichkeitsarbeit mit einem Medienpreis ausgezeichnet. Diese Medienarbeit hat eine Doppelfunktion, denn nur wenn ein bestimmtes Öffentlichkeitsinteresse an einem „Thema“ hoch gehalten werden kann, ist dieses „Thema“ gesellschaftlich relevant und wird von der Politik nicht nur beachtet, sondern auch fürstlich mit Forschungsmitteln gefördert, wenn es wiederum der Politik nützt. Unter Berücksichtigung der Erfordernisse des Machterhalts arbeiten Wissenschaft und Politik Hand in Hand, wird die Politik weitgehend von der marxistisch inspirierten Wissenschaft dominiert.

Entsprechend unterschiedlich reagierten auch die Parteien auf die Warnungen im „Spiegel“ vor der Klimakatastrophe. Die „Grünen“ bejubelten die „Klimakatastrophe“ und machten sie zu ihrem Thema, weil sie in ihre Strategie zur grundlegenden Veränderung der Industriegesellschaft passte. Andere Parteien verhielten sich zunächst unterschiedlich zurückhaltend. Doch mit der Zeit erzeugten die Medien und viele Interessengruppierungen einen solchen Druck in der Öffentlichkeit, dass sich alle Parteien darauf einigten, eine Enquete-Kommission des Deutschen Bundestages „Vorsorge zum Schutz der Erdatmosphäre“ einzurichten. Dies geschah im Sommer 1987. Im Herbst nahm die Kommission, die mehrheitlich aus Politikern aller Couleur und einzelnen Wissenschaftlern als „Sachverständigen“ zusammengesetzt war, die Arbeit auf. Zu den Wissenschaftlern gehörte auch Professor Dr. K. Heinloth von der Universität Bonn, obwohl er als Miterfinder der „Klimakatastrophe“ als interessengebunden und befangen hätte gelten sollen.

Die Deutsche Physikalische Gesellschaft hatte nämlich in ihrer Warnung vom 22. Januar 1986 empfohlen: „Rasch wirksam können dabei zum einen Maßnahmen zur Energieeinsparung und effizienteren Energienutzung, zum anderen der verstärkte Einsatz der Kernenergie (gegenwärtig vorwiegend mittels Leichtwasserreaktoren) sein.“ Sie verfolgte dieselbe Strategie und Taktik, die schon 1972 der „Club of Rome“ anwandte. Schon dieser hatte beklagt, dass 97 Prozent der Primärenergie aus fossilen Energieträgern wie Kohle, Erdöl und Erdgas gewonnen würden und dadurch der Kohlendioxidgehalt der Atmosphäre unaufhörlich steige, was schwerwiegende ökologische und klimatologische Folgen nach sich ziehen könne. Der „Club of Rome“ ließ es damals bei vagen Andeutungen bewenden. Das „Treibhaus“ war noch nicht fertig. Es fehlte noch die „Weltmitteltemperatur“. An ihr bastelte die britische Universität East Anglia. Der Club empfahl aber vorsorglich den Bau von Kernkraftwerken, um diese potentielle Klimagefahr gar nicht erst zum Problem werden zu lassen. Jedenfalls sorgte der „Club of Rome“ für einen vorübergehenden Boom beim Bau von Kernkraftwerken. Damals waren sich alle im Bundestag vertretenen Parteien einig, dass aus der „Energiemisere“ nur der Kernenergiestrom herausführe. Diese Einigkeit währte jedoch nicht allzu lang. Sonst hätte die Physikalische Gesellschaft nicht so massiv werden und die „Klimakatastrophe“ ausrufen müssen.

Mit der Berufung der Enquete-Kommission „Vorsorge zum Schutz der Erdatmosphäre" war bei allen Parteien der Durchbruch für die Propaganda der „Klimakatastrophe" geschafft. Den Vorsitz in ihr stellte zwar als stärkste Fraktion die CDU/CSU, doch den Ton gab sie nicht an. Die Arbeit in der Kommission brachte aufgrund des außerparlamentarischen publizistischen Drucks einen Prozess in Gang, an dessen Ende alle Parteifraktionen darin wetteiferten, wer der größte „Klima-, Umwelt- und damit Schöpfungsschützer" sei. Dies konnte den im gesellschaftlichen Umfeld geschickt agierenden „Klimaexperten" nur recht sein, stiegen doch mit dem Rang des Themas in der Öffentlichkeit zugleich auch die zu vergebenden Forschungsmittel. Die Ausgaben des Staates für die Klimaforschung schnellten exponentiell in die Höhe.

Die Regierung wäre aber nicht Regierung, wenn sie nicht sogleich darauf bedacht gewesen wäre, wie sie die Angst vor der Klimakatastrophe für sich nutzen und daraus ein Mittel zum Geldeintreiben machen könnte. Je hysterischer nach Klimaschutz gerufen wurde, desto kräftiger klingelten „Drittmittel" in den Kassen der Klimaforschungsinstitute. Auch die Medien, die in der Öffentlichkeit kräftig die Klimaängste schürten, bekamen ihren Teil. Der Staat beanspruchte auch seinen Anteil an der ihm auferlegten gigantischen Aufgabe Klimaschutz und dachte bereits 1990 an die Möglichkeit, eine „Klimaschutzabgabe" zu erheben. Auf diese Weise bildete sich ein Teufelskreis zwischen Wissenschaft, Kommerz und Politik – und der Bürger hatte schließlich für den ausgeheckten „Ablasshandel" zu zahlen. Er war dem Spektakel wehrlos ausgeliefert. Ihm fehlten die Argumente, um sich wirkungsvoll gegen solche Intrigen zu wehren.

Klimaexperten sind wahrhaft kluge Leute. Sie bedienen die Medien und spielen damit meisterlich auf der Politklaviatur. Insbesondere beherzigen Sie den Rat des Altmeisters der „Public Relations", Albert Oeckl, der über Öffentlichkeitsarbeit sagte: „Das Gesetz der öffentlichen Meinung ist das allgemeine Gravitationsgesetz der politischen Geschichte. Man kann nicht gegen die öffentliche Meinung herrschen." Während zahlreichen Wissenschaftlern, wie den Biotechnologen und Genforschern die widrige öffentliche Meinung ernsthaft Sorgen bereitet, stellten sich die Klimaforscher viel geschickter an. Sie haben gleich zu Anfang einen öffentlichen Meinungssturm entfacht und segeln nun munter vor dem selbst erzeugten Wind. Dafür, dass dieser nicht abflaut, sorgen die Medien, denn sie brauchen zum Erzielen von Einschaltquoten und entsprechender Werbeeinnahmen die Sensation wie der Mensch das tägliche Brot.

In seinem 1996 erschienenen Buch „Medienmärchen – Gesinnungstäter im Journalismus“ beschreibt Burkhard Müller-Ullrich, was sich hinter den Medienkulissen abspielt: „Die Herrschaft des Unsinns beginnt da, wo es keine Korrektur mehr gibt, wo sich der pure Quatsch verselbständigt und kein Journalist mehr Zeit, Kraft oder Lust hat, um der Wahrheit willen den Quatsch von gestern abzukratzen, Lügen zu widerlegen oder Fehler zu berücksichtigen... Fälschungen haben in einer durch und durch auf Öffentlichkeit orientierten Welt enorme strategische Bedeutung. Sie werden nicht selten von hochprofessionellen Spezialisten angefertigt und lanciert. Dahinter können politische, wirtschaftliche oder kriminelle Absichten stehen. Es gibt aber auch den typischen „acte gratuit“, weil es einfach faszinierend ist, die Ausbreitung von selbstgemachten Falschmeldungen im sozialen Organismus zu verfolgen. Gleich dem Kinde, das von einer Brücke Papierschnitzel in einen Bach wirft, um zu sehen, wann und wo sie auf der anderen Seite herauskommen, macht es vielen Menschen Spaß, an Informationskanälen herumzuspielen und dabei festzustellen, wie anfällig der arrogante, glamouröse und hochtechnisierte Medienbetrieb tatsächlich ist.“

Wie „Klimaschutz“ finanziert werden sollte

Man wollte die Sünden am Klima möglichst gleichmäßig verteilen und dachte sich deshalb eine Drittelparität aus. Ein Drittel der „Schuld“ bekam die Industrie, ein Drittel der „Häuslebauer“ und ein Drittel der Autofahrer zugewiesen. Besonders das stolze Gefährt des zuletzt genannten, das ihm den Traum von Beweglichkeit und Freiheit erfüllt, wurde zum „Klimakiller Nr. 1“. Der Selbst-Beweglichkeit oder lateinisch Auto-Mobilität sagten die „Grünen“ in ihrem Programm zur Bundestagswahl 1998 den Kampf an. Und drohten dabei mit einem Benzinpreise von 5 DM pro Liter.

Bundeskanzler Gerhard Schröder erklärte in seiner Rede zur Eröffnung der 5. Vertragsstaaten- oder Folgekonferenz der Klimarahmenkonvention am 25. Oktober 1999 in Bonn unter anderem:

„Umweltschutz ist aber kein Luxus. Nur wenn wir die natürlichen Lebensgrundlagen der Menschheit dauerhaft schützen, kann es eine tragfähige und dauerhafte wirtschaftliche Entwicklung geben. Das gilt für das einzelne Land genauso wie weltweit. Alles andere wäre ein gefährlicher Irrtum. In keinem Bereich tritt dies deutlicher zutage als bei der Erwärmung der Erdatmosphäre und dem Treibhauseffekt. Kein anderes Umweltproblem ist derart bedrohlich für die gesamte Menschheit. Gerade deshalb müssen wir zu Beginn der 5. Vertragsstaatenkonferenz in Bonn die Frage stellen: Wo stehen wir heute im Klimaschutz?“

Mit geradezu stolzgeschwellter Brust demonstrierte er seine einsame Spitzenklasse und die Rolle Deutschlands als Vorreiter in Sachen Klimaschutz:

„Die von mir geführte Bundesregierung hat deshalb die Weichen für weitere Fortschritte im Klimaschutz gestellt:

– Erstens: Seit April gibt es in Deutschland eine Ökosteuer. Damit wird der Verbrauch von Energie teurer. Die dabei erzielten Einnahmen nutzen wir, um die Abgabenlast, die auf dem Produktionsfaktor Arbeit liegt, zu verringern.

– Zweitens: Wir haben nicht nur den Einstieg in die ökologische Steuerreform vollzogen. Wir haben in diesem Sommer auch die Schritte für die nächsten Jahre beschlossen. Denn für mich kommt es entscheidend darauf an, dass wir durch eine langfristig angelegte stufenweise Steigerung der Energiesteuem ein klares Signal geben. Es lohnt sich für jeden, Energie zu sparen. Es zahlt sich aus, in die Steigerung der Energieeffizienz zu investieren.

– Drittens: Wir werden auf diesem Weg fortfahren. Mitte nächsten Jahres beabsichtigt die Bundesregierung, eine umfassende nationale Minderungsstrategie für Treibhausgase vorzulegen. Dann werden wir das bestehende Programm fortschreiben und die notwendigen weiteren Maßnahmen festlegen."

Dann fügte der Kanzler noch hinzu: „Wegen der besonderen Gefahren der Kernenergie hat die Bundesregierung den Ausstieg aus dieser Technologie beschlossen."

Da hatte die Kernkraftindustrie offensichtlich aufs falsche Pferd gesetzt. Sie hatte kräftig die Werbetrommel für „Treibhauseffekt" und „Klimakatastrophe" gerührt und Millionen und Abermillionen in entsprechende großformatige Anzeigen investiert, um sich als CO_2-freier Energieträger anzubiedern. Das konnte ihr aber nichts bringen. Die grünen Ideologen sahen die Kampagnen gegen die „fossilen Energieträger" Jahre lang mit Wohlwollen, weil sie instinktsicher wussten, das alles konnte nur Wasser auf ihre Mühlen der Umweltangst sein, denn die Angst vor „Atombombe" und „Klimakatastrophe" speisen sich beide aus der gleichen weitgehend unbewussten, irrationalen Daseins- und Zukunftsangst. Die „Grünen" konnten ihren Werbeetat in dem Bewusstsein schonen, dass die Kernkraftindustrie mit ihren Werbemitteln kräftig Klima- und damit Umweltängste entfachte.

Nicht nur Schröder wollte sich eifrig als wahrer Klimakanzler und Klimamatador herauszuputzen. Schon Dr. Angela Merkel bediente sich als Bundesumweltministerin ähnlich markiger Worte. Am 15. Januar 1998 sagte sie im Rückblick auf die 4. Vertragsstaatenkonferenz zur Klimarahmenkonvention im Dezember 1997 vor dem Deutschen Bundestag:

„In Kioto ist uns mit der Einigung auf das Klimaprotokoll der Fortschritt gelungen, den wir dringend brauchten. ... Kioto war ein klarer

Erfolg für den weltweiten Klimaschutz; Kioto hat uns einen beträchtlichen Schritt vorangebracht. Der Zug fährt jetzt auf den richtigen Gleisen. Aber – um im Bild zu bleiben – Kioto ist selbstverständlich nicht die Endstation dessen, was wir erreichen müssen. ... Alle für den Klimaschutz relevanten Maßnahmen im Bereich der Europäischen Union müssen auf den Prüfstand gestellt werden. Das betrifft die Energieeffizienz, die Kennzeichnung von Geräten, die Maßnahmen zur Energieeinsparung, die Entwicklung von erneuerbaren Energien, eine CO_2-Energiebesteuerung, Selbstverpflichtungen der Wirtschaft, Forschung und Entwicklung, natürlich den Verkehr einschließlich des Luftverkehrs, die Landwirtschaft, Chemie und Abfallfragen."

Nach Vorstellungen der damaligen Umweltministerin und späteren CDU-Vorsitzenden und Bundeskanzlerin Dr. Angela Merkel gibt es kaum einen gesellschaftlichen Bereich, der von der Verpflichtung zum Klimaschutz ausgenommen werden kann. Sie sprach nicht ausdrücklich von einer „Ökosteuer", aber sie ließ auch keinen Zweifel daran, dass das Klimaschutzziel jedem viel „Schweiß und Geld" ab verlangen würde. Als promovierte Physikerin hätte sie wissen müssen, dass es aus grundsätzlichen atomphysikalischen Gründen heraus keinen „natürlichen Treibhauseffekt" geben könne, doch als „Politikerin" ignorierte sie dies wie auch der diplomierte Physiker Oskar Lafontaine! Ein Blick in das Standardlehrbuch „Atombau und Spektrallinien" von Arnold Sommerfeld hätte genügt, um den Treibhausschwindel auffliegen zulassen.

1990: Klimaschutzabgabe
1999: Ökosteuer

In der heutigen Informations- und Reizüberflutung kann unser Gedächtnis unmöglich mehr alles speichern, was auf einen einstürmt. Es muss auswählen und dabei wird allgemein schnell vergessen, dass die Öko-Steuer schon länger im politischen Gespräch war und eigentlich nicht von den „Grünen“ erfunden wurde. Am 19. September 1990 meldet die Frankfurter Rundschau stolz „Späth begibt sich auf Öko-Kurs“. Die Frankfurter Allgemeine Zeitung schrieb am gleichen Tag: „Späth fordert Klimaschutzabgabe und höhere Mineralölsteuer“. Im Einzelnen konnte man in der Frankfurter Allgemeinen lesen:

„Die Einführung einer Klimaschutzabgabe bis Ende 1991 in Europa und eine Erhöhung der Mineralölsteuer um zehn Pfennig je Liter fordert der baden-württembergische Ministerpräsident Späth (CDU). Die Einnahmen sollten genutzt werden, um den Verkehr von der Straße auf die Schiene zu verlagern. Die Stuttgarter Landesregierung hofft, ihre Vorstellungen über den Bundesrat durchsetzen zu können. Späth sagte am Dienstag (18. September 1990) in Stuttgart, eine Klimaschutzabgabe von einem Pfennig pro erzeugtem Kilogramm Kohlendioxid aus Kohle und Heizöl würde eine Tonne Steinkohle um 27 Mark, den Liter Benzin und Heizöl nur um etwa drei Pfennige verteuern. ... In der Bundesrepublik summierten sich die Abgaben auf 7,2 Milliarden, in der DDR auf 3,5 Milliarden Mark.... Späth empfahl, mit der Erhöhung der Mineralölsteuer zu warten, bis sich die Benzinpreise wieder normalisiert hätten. Seit der Golfkrise sei der Liter Kraftstoff um etwa 25 Pfennig teurer geworden. Die Autofahrer hätten sicherlich Verständnis, wenn der Benzinpreis nach dem Irak-Konflikt nur um 15 Pfennig sinke. ... Der baden-württembergische Umweltminister Vetter (CDU), der ursprünglich gefordert hatte, die Mineralölsteuer um sechs Pfennig je Liter zu erhöhen, sprach von einem Solidarbeitrag, der erbracht werden müsse, um die drohende Klimakatastrophe und den Verkehrskollaps abzuwenden. Die Erhöhung der Mineralölsteuer um zehn Pfennig bringe Mehreinnahmen in Höhe von fünf Milliarden Mark. ... Der Vorsitzende der SPD-Fraktion im Stuttgarter Landtag, Spöri, hat Späths

Vorstellungen mit der Bemerkung kommentiert, damit nähere sich die CDU in Baden-Württemberg, wenn auch viel zu zaghaft, dem von der SPD vertretenen Konzept einer Öko-Steuer auf alle umweltbelastenden Energieträger an."

Auch die Liberalen mischten damals eifrig mit, wenn es darum ging, unter dem Vorwand Klimaschutz die Staatseinnahmen zu erhöhen. Am 2. Mai 1990 meldete die Tageszeitung „Die Welt": „Wichtiger Anreiz zur Herabsetzung der CO_2-Emission: Eine Klimaschutzsteuer". In einem Gastbeitrag schrieb der damalige Bundeswirtschaftsminister Helmut Haussmann (F.D.P.):

„Weltweit wächst die Sorge vor den Auswirkungen einer möglichen Klimaerwärmung. Kohlendioxid (CO_2), das bei der Verbrennung von fossilen Energien wie Kohle, Öl und Gas entsteht, wird als Hauptverursacher für den so genannten Treibhauseffekt angesehen. ... Angemessene Beiträge müssen alle liefern. Selbst bei großer Opferbereitschaft kann ein Land wie die Bundesrepublik Deutschland mit einem Emissionsanteil beim CO_2 von 3,7 Prozent im Alleingang keinen spürbaren Beitrag zur Problemlösung erbringen, auch nicht bei Berücksichtigung der DDR, obgleich der gesamtdeutsche Anteil damit rund fünf Prozent beträgt. ... Als wichtiges Instrument für einen marktwirtschaftlichen Ansatz sehe ich eine Klimaschutzsteuer. ... Maßnahmen zur CO_2-Reduktion kosten Geld... Notwendig ist ein Gesamtkonzept zum Schutz der Erdatmosphäre. ... Es wäre unredlich zu verschweigen, dass für die Durchsetzung dieses Gesamtkonzeptes von den Bürgern hohe Anpassungsbereitschaft aber auch finanzielle Beiträge verlangt werden. Zu dieser verantwortungsvollen Vorsorgepolitik gibt es jedoch keine Alternative."

Wer von „verantwortungsvoller Vorsorgepolitik" spricht, der hätte erst einmal so viel Verantwortung aufbringen sollen, sich ein klareres Bild von den Grundlagen der Klimabehauptungen zu machen. Offensichtlich haben alle Parteien, ob sie nun in der „schwarzen", „roten", „grünen" oder „blau/gelben" Farbe einherstolzieren, sich christlich, liberal, sozial, sozialdemokratisch oder ökologisch profilieren wollen, den Glauben an die Allmacht des Menschen so verinnerlicht, dass ihnen selbst bei der utopischen Aufgabe „Schutz des Weltklimas" keinerlei Zweifel kamen.

Politiker, die mehr als jeder normale Sterbliche durch die Welt „jetten“ und die Vielzahl der „Klimate“ unserer Erde kennen, hätten die Wissenschaft eindringlich fragen sollen: Was versteht ihr unter „Globalklima“, was soll das sein? Wir erleben immer und überall nur Wetter! Was ist eine „Globaltemperatur“ und wo kann ich sie messen, wie der Meteorologe Christian-Dietrich Schönwiese von der Johann-Wolfgang-Goethe-Universität in Frankfurt am Main immer wieder behauptet? Warum herrscht trotz angeblichem Treibhauseffekt und überall gleichem Kohlendioxidgehalts der Luft an jedem Flecken der Erde ein anderes Klima? Warum fehlen in Deutschland mit einer Jahresmitteltemperatur von etwa 10 Grad ganze 5 Grad am „natürlichen Treibhauseffekt“ von 33 Grad? Warum ist es in der Antarktis bei weltweit gleichem CO_2-Gehalt im Jahresmittel gar um 10 Grad kälter als die mit -18 °C hypothetisch berechnete „Strahlungsgleichgewichtstemperatur“? Haben Wasserdampf und Kohlendioxid über der Antarktis plötzlich keine Treibhausfunktion? Wenn Wasserdampf das „Treibhausgas Nr. 1“ ist, warum ist es dann über der Wüste Sahara soviel heißer als über dem angrenzenden Atlantik? Oder spielen die allgemeine Luftzirkulation, die unterschiedliche Lage der Ozeane und Kontinente, die unterschiedliche Bodenbeschaffenheit und ihre unterschiedliche Fähigkeit, Sonnenwärme zu speichern, spielen unterschiedlich warme Meeresströmungen und vieles dergleichen eine größere Rolle als der angebliche Treibhauseffekt des H_2O, des CO_2 und anderer Treibhausgase aus der menschlichen Güterproduktion? Man könnte ohne Ende weiter fragen!

An dieser Stelle ein Wort zu dem Begriff „Klima“. Nach einer Definition von dem Klimatologen Karl Knoch aus seinem 1930 erschienenen Buch „Klima und Klimaschwankungen“ wird „unter dem Klima eines Ortes die Gesamtheit der meteorologischen Erscheinungen verstanden, die den mittleren Zustand der Atmosphäre an dieser Erdstelle kennzeichnen“. Weiter: „Die Klimatologie oder Klimakunde hat nach der vorhin gegebenen Erklärung die Aufgabe, uns mit den mittleren Zuständen der Atmosphäre über den verschiedenen Teilen der Erdoberfläche bekannt zu machen.“ Im Jahre 1935 beschloss die internationale Staatenwelt, dem Klima eine 30jährige Wetterbeobachtungsperiode zugrunde zu legen. Sie erklärte die Periode 1901 bis 1930 zur „Klimanormalperiode“. Wenn wir von Klima reden, so muss uns immer bewusst sein, es ist eine fiktive „Größe“, die sich vom Wetter her ableitet. Niemand hat je Klima erlebt und wird es auch nie erleben können. Einzig das Wetter ist schöne oder raue Wirklichkeit. Die Verschiedenheit des Wetters an verschiedenen Orten der Erde bewirkt die Verschiedenheit des Klimas, bewirkt die Klimavielfalt der Erde.

Autofahrer ohne gelben ADAC-Schutzengel

Seit über fünfzehn Jahren wird in der Politik darüber diskutiert, wie man den Autofahrer wegen seiner frevelhaften „Klimakillerei" strafen, das heißt zur Kasse bitten kann, mag die Strafe nun Klimaschutzabgabe, Klimaschutzsteuer oder Ökosteuer heißen. In all den Jahren fand sich kein „Anwalt", der einflussreich genug gewesen wäre, dass er sich für die Interessen der Autofahrer einsetzen konnte und dabei von der veröffentlichten Meinung auch wahrgenommen worden wäre, obwohl fast jeder von uns zu den Autofahrern gehört.

Die Automobilindustrie war mit sich selbst beschäftigt. Sie betrieb Schadensbegrenzung und arrangierte sich mit der Politik. Sie verkaufte Katalysatoren und machte das politische Spielchen „10-8-5-3-1-Liter-Auto" mit und reduzierte so den „Flottenverbrauch". Über Absatzprobleme machte sie sich wenig Sorgen. Auch die immer wieder geforderte Verlagerung des Verkehrs von der Straße auf die Schiene wird trotz aller gebetsmühlenartigen politischen Rhetorik ihr die Kunden nicht nehmen können. Widerspruchslos akzeptierte die Automobilindustrie die Vorgabe „Klimaschutz" durch CO_2-Reduktionen, und hoffte dabei auf Extragewinne durch den beschleunigten „moralischen" Verschleiß älterer Kraftwagen. Mit den „Miniaturautos" wurde der „Flottenverbrauch" gesenkt und so auch der Mehrverbrauch der schweren und gewichtigen Staatskarossen statistisch „smart" durch eine Reihe von neuen Kleinstwagen kompensiert.

Hierzu konnte man in den VDI Nachrichten vom 5. Dezember 1997 unter der Überschrift „Automobilindustrie braucht im Klimaschutz einen langen Bremsweg" lesen:

„Rechtzeitig zum Beginn des Klimagipfels der Vereinten Nationen in Kioto meldet sich die deutsche Automobilindustrie zu Wort. Sie will ihren CO_2-Ausstoß im PKW-Verkehr bis zum Jahr 2010 gegenüber 1990 um mindestens 10 % senken. Da das Treibhausgas technisch weder vernichtet noch verhindert werden kann, ist der einzige Weg zur CO_2-Minderung eine Senkung des Kraftstoffverbrauchs. Seit 1978 gelang es laut Verband der Automobilindustrie (VDA), den durchschnittlichen Spritverbrauch bei PKW im Mittel um 25 % zu reduzieren. Allerdings ist diese Zahl kein Anlass zur Euphorie, denn aus mehreren Gründen werden die durch technische Verbesserungen erzielten Verbrauchssenkungen wieder kompensiert. Zum einen lässt der stetig wachsende Fahrzeugbestand in Deutschland von heute 41 Millionen Fahrzeugen auf schätzungsweise 47 Millionen im Jahre 2010 die Emissionen nicht in dem gewünschten Ausmaß zurückgehen. Zum anderen klagt der Automobilverband, dass die Bundesregierung das Straßennetz viel zu langsam ausbaue und moderne Leitsysteme für die Verkehrslenkung auf sich warten ließen."

Mit gewissem zeitlichen Abstand ist diese „Wortmeldung" recht interessant und aufschlussreich. Man will es mit den „Mächtigen" nicht verderben und demonstriert pflichtbewusst Gehorsam, ja Untertänigkeit. Man hat die besten Absichten, nur der böse Konsument, der Autofahrer hält sich nicht daran. Er ist so dreist und kauft und kauft und kauft und erhöht den PKW-Bestand um 6 von 41 auf 47 Millionen PKW. Wir, die Automobilindustrie, haben unsere Hausaufgaben gemacht, doch die ungebremste Kaufeslust hat alles zunichte gemacht. Welch eine Heuchelei! Was hätte die Automobilindustrie wohl gemeldet und wie hätte sie gejammert, hätte der Bürger tatsächlich Enthaltsamkeit geübt, um das bedrohte Klima zu schützen?

Die Angelegenheit wird noch anrüchiger, wenn man weiß, dass die Automobilindustrie sehr wohl wusste, dass das Vorhaben „Klimaschutz" unsinnig ist, weil es den Treibhauseffekt gar nicht gibt. Ich hatte persönlich die Vorstände von BMW, Daimler-Chrysler und VW angeschrieben und die Unmöglichkeit der „Erderwärmung" durch Treibhausgase aufgezeigt. Ich habe sogar Experimente vorgeschlagen, die exakt nachgewiesen hätten, dass das in der Sonne geparkte Auto keineswegs als Beweis für die Existenz eines Treibhauseffektes herangezogen werden könne. Wenige Temperaturmessungen innerhalb und außerhalb des Autos rund um die Uhr hätten das Märchen, dass im Auto die Sonnenwärme gespeichert würde und nicht mehr durch die Glasscheiben entweichen könne, auffliegen lassen. Doch nein, man wiegelte ab und berief sich stur auf die politisch maßgebliche „Mehrheitsmeinung" der

Klimaexperten und ließ mich als einzelgängerischen „Skeptiker“ abblitzen.

Eine nicht minder enttäuschende Erfahrung hatte ich mit dem ADAC, der sich gerne autofahrerfreundlich gibt und stolz verkündet, die Interessen „seiner“ 14 Millionen Autofahrer zu vertreten. Aufgrund eines Artikels in der ADAC Motorwelt 3/95 mit der Überschrift „Mobilität und Umweltschutz: Wir Autofahrer machen mit!“ nahm ich Kontakt mit dem ADAC-Vorstand auf. Es ging mir darum, mit dem ADAC über den „Treibhauseffekt“ zu reden und ihn von dessen physikalischer Unmöglichkeit zu überzeugen. Doch ich wurde mit dem lapidaren Verweis, der ADAC sei an die politischen Vorgaben gebunden, zurückgewiesen und blitzte ab. Als Konsequenz aus dieser ernüchternden Erfahrung mit dem gelben „Schutzengel“ kündigte ich meine Mitgliedschaft. Dabei hatte ich gehofft, im ADAC einen Verband zu finden, der wirklich die Interessen der Autofahrer vertritt, und sie nicht wie „Milchkühe“ vom Staat grenzenlos melken lässt, zumal der ADAC von den Beiträgen „seiner“ 14 Millionen Mitglieder recht gut lebt. Dabei sah es anfänglich für einen Dialog ganz gut aus. Zur Verteidigung der Autofahrer schrieb der ADAC: „Von den Kohlendioxid-Mengen (CO_2), die für den Treibhauseffekt verantwortlich gemacht werden, kann der Mensch weltweit nur rund vier Prozent wirklich beeinflussen. Davon entfällt auf den Pkw-Verkehr nur etwa ein Zehntel, also alles in allem nur 0,4 Prozent!“ Trotz seiner Erkenntnis, dass man, wenn überhaupt, nur einen winzig kleinen, ja vernachlässigbaren Hebel in der Hand habe, um durch Verbrauchseinsparungen mäßigend auf das Klima einwirken zu können, war der ADAC nicht bereit, sich argumentativ zu öffnen und den Autofahrer von dem unhaltbaren Schuldspruch frei zu sprechen, er sei ein böser „Klimakiller“.

Zur Untermauerung meiner Ansicht hatte ich dem ADAC am 18. Juni 1997, ein halbes Jahr vor Kioto, folgenden Artikel zur Veröffentlichung angeboten:

Autofahrer haben Probleme mit dem Wetter, doch sind keine „Klimakiller“

Eigentlich müssten sie ein schlechtes Gewissen haben, die Autofahrer, wenn sie eine Tankstelle anfahren. Mit jedem Liter Kraftstoff, den sie tanken und im Motor verbrennen, verpesten sie nicht nur die Luft, schlimmer, versündigen sie sich am „Klima“. Ihre egoistische Mobilitätssucht führe dazu, dass sich die Atmosphäre mit Kohlendioxid anreichere, und dieses sei als „Treibhausgas“ ein „Klimakiller“.

Um diesem schädlichen Verhalten Einhalt zu gebieten, fordern „Klimaforscher“ wie „Politiker“ und „Umweltverbände“, die Mineralöl- oder Kraftfahrzeugsteuern drastisch zu erhöhen. Für den „Klimaschutz“ darf keine Opfergabe zu hoch sein. Wer nicht hören und auf Mobilität verzichten will, muss es am Geldbeutel spüren. Doch welche Konsequenzen hätte eine Steuererhöhung, außer dass sich der Staat über Mehreinnahmen in Höhe von 30 und mehr Milliarden Mark pro Jahr freuen kann, auf das „Klima“?

Zunächst ist einmal zu sagen, dass es „Klima“ als eigenständig agierenden und messbaren Naturvorgang nicht gibt. Was es gibt ist „Wetter“ Das Wetter läuft seit Urzeiten wie ein Film mit immer neuen Szenen vor uns ab und kann von uns weder gestoppt noch angehalten, zurückgespult oder gar beeinflusst werden. Es entzieht sich nicht nur unserer Kontrolle, es entzieht sich auch schon nach wenigen Tagen unserer Vorhersagbarkeit. Die Atmosphäre bezieht ihre „Wetter“ erzeugende Bewegungsenergie indirekt von der Sonne. Der Wetter-Rhythmus wird dabei bestimmt durch den täglichen Tag-Nacht-Wechsel sowie den jährlichen Erdumlauf um die Sonne. Dieser beschert uns die Jahreszeiten. Beim Wetterablauf gibt es wie beim menschlichen Fingerabdruck keine Duplizitäten oder Wiederholungen. Kein Jahr gleicht in seinem Witterungsablauf dem anderen. Die Wetterelemente unterliegen ständigen Fluktuationen und wie der kommende Winter werden wird, das steht in den „Sternen“.

In dieses unruhig fluktuierende und stets volatile Element Wetter versucht der Mensch gedanklich „Ruhe“ zu bringen, er mittelt. So entsteht das „Klima", am Schreibtisch oder im Computer. Es ist nach offizieller Festlegung das „mittlere Wettergeschehen" an einem Ort über eine längere Zeit. In diesem Jahrhundert gibt es inzwischen drei „Klimanormalperioden", die 1. von 1901 bis 1930, die 2. von 1931 bis 1960 und die 3. von 1961 bis 1990. Doch wer hat dem Wetter mitgeteilt, was „normal" ist? Alle Klimawerte sind statistische Werte, „tote" Werte. Es sind posthume Mittelwerte ohne Eigenleben und Eigendynamik. Alle Wetterextreme werden dabei weggemittelt. Das „Klima" kennt keine Hitzesommer, Kältewinter, Dürreperioden, Orkane oder Sturmfluten. Die 30-jährige mittlere Windgeschwindigkeit von 5 m/s sagt nichts über ihr Zustandekommen aus, gibt keinerlei Informationen über das zugrunde liegende 30-jährige Wettergeschehen. Nimmt man den Mittelwert als „Zeitgerade" und zeichnet die Jahresmittel ein, so wird man leicht feststellen, dass der „Klimamittelwert" der absolut unwahrscheinlichste Wert ist. Er lebt von den Abweichungen; sie sind die Normalität, nicht der Mittelwert. Den Mittelwert künftig „konstant" zu halten und keine Abweichungen mehr zu dulden, das steckt hinter dem Ziel „Klimaschutz".

Der ADAC hätte sich also schon Gedanken machen können, was sich hinter dem politischen Vorhaben Klimaschutz verbirgt. Doch er demonstrierte eine erstaunliche Hörigkeit der Politik gegenüber, was seine „Unabhängigkeit" nicht gerade unterstreicht. Er hätte erkennen müssen, auf welch ideologischer, ja utopischer Basis das, was man „Klimapolitik" nennt, angesiedelt ist. Entzieht sich das Wetter jeglichem anthropogenem Einfluss, dann bleibt jeder Wunsch nach „Klimaschutz" eine Illusion, eine extrem teure Illusion, die unsere Industriegesellschaft inklusive Sozialstaat in den sicheren Ruin treibt. Jedwede Energiesteuer entzieht dem wirtschaftlichen Wachstum dringend notwendige Kaufkraft, schleichend aber sicher! Dies ist auch erklärtes Ziel einiger prominenter „Klimaforscher", die über die Parole der Achtundsechziger von der „Vergesellschaftung der Wissenschaften" ihrerseits Wirtschaft und Politik „vergesellschaften" wollten und dies immer noch tun. Das grüne „Ökoparadies" ähnelt in seinem gedanklichen Grundansatz sehr dem sozialistischen Paradies des Karl Marx. Das Individuum gilt nichts, das Kollektiv ist alles und bestimmt die Verhaltens- und Klimanormen!

Kein Politiker hat bisher dem Wetter Weisung geben können, an welchem Mittelwert welcher „Klimanormalperiode“ es sich in seinem Verhalten zu orientieren habe, damit am Ende eines Jahres die globale Bilanz stimmt und die gewünschte „Globaltemperatur“ von + 15 Grad herauskommt. Abgesehen von der Lächerlichkeit eines solchen Vorhabens ist festzuhalten: Es gibt keine Kommunikation zwischen Mensch und Wetter. Der Mensch hat das Wetter hinzunehmen, was die Natur ihm beschert! Was die „Globaltemperatur“ betrifft, so scheint sie trotz des vorgerechneten Anstiegs tatsächlich „konstant“ zu sein. Arrhenius schätzte sie im Jahre 1896 auf +15 °C, ebenso wie 102 Jahre später im Jahre 1988 die Enquete-Kommission des Deutschen Bundestages. Doch diese behauptete, in den letzten 100 Jahren einen Anstieg von 0,7 °C festgestellt zu haben. Dieser Anstieg dient als untrüglicher „Beweis“ für die treibhausverstärkende, erderwärmende und damit klimakillende Rolle des CO_2. Bei diesem Zahlenwirrwarr fand eine Meldung aus England, wonach das Jahr 1995 mit einer „Globaltemperatur“ von exakt 14,84 °C das wärmste seit 1850 gewesen sei und den „Klimanormalwert“ der Periode 1961 bis 1990 noch um 0,4 °C übertroffen habe, zwar eine riesige Resonanz in den Medien mit vielen Schlagzeilen ob des drohenden klimatischen Weltuntergangs, aber keinem Journalisten kam auch nur ansatzweise die Idee, kritisch anzumerken, dass da doch etwas nicht stimmen könne. Tappen wir womöglich statt in eine „Hitzefalle“ in eine „Kältefalle“? Diese Frage bleibt offen, denn niemand weiß um die Zukunft des Wetters und damit des Klimas. Wichtig ist, dass nicht einem einzigen Journalisten aufgefallen ist, dass offensichtlich zwei Maßstäbe existieren, nach denen man misst. Eine „Schule“ baut ihre Katastrophenszenarien auf einer „Globaltemperatur“ von 14 °C, eine andere auf 15 °C auf. Dies zeigt, wie bedeutungslos und relativ die „Globaltemperatur“ als Maßstab ist!

Die Weltorganisation für Meteorologie in Genf hat in einer Broschüre unvorsichtigerweise offengelegt, wie die „Globaltemperatur“ des Jahres 1994 zustande gekommen ist. Dieser liegen die Beobachtungen von nur 1400 Wetterstationen zugrunde. Doch 71 Prozent oder 361 Millionen Quadratkilometer der Erdoberfläche sind Wasserflächen und Ozeane und bleiben „unbeobachtet“, weil man hier keine Wetterhäuschen errichten und dreimal täglich Wetterbeobachtungen machen kann.

Trotzdem werden auch den Meeresflächen Lufttemperaturen zugeordnet, nach geschätztem Gutdünken! Doch der Mittelwert wird auf hundertstel Grad „exakt“ angegeben. Selbst über Land wird auch nicht die für die Wärmestrahlung ausschlaggebende Bodentemperatur dem Mittelwert zugrunde gelegt, sondern die Lufttemperatur in 2 Meter Höhe in einer weißgestrichenen „Englischen Hütte“. Diese Bemerkung bezieht sich auf die zum Vergleich herangezogene „Strahlungsgleichgewichtstemperatur“ von -18 °C, die eine fiktive Körpertemperatur darstellt. Aber auch die Temperaturen der 1400 Landstationen sind nicht vergleichbar. Um sie vergleichen zu können, werden die Temperaturmessungen künstlich auf das Meeresniveau hochgerechnet oder „warm“ gerechnet. Die topographischen Höhenunterschiede müssen ausgeglichen werden und dies geschieht, indem man eine Temperatur von 0,65 °C pro Hundert Meter Höhe hinzuzählt. So wie die Temperatur mit der Höhe abnimmt, von München bis zur Zugspitze sind dies bei 2500 Meter Höhenunterschied etwa 16 Grad, so nimmt sie, nimmt man das Meeresniveau als gemeinsame Basis, ab. Auch hier stimmt die Behauptung von Christian-Dietrich Schönwiese nicht, der „Globaltemperatur“ lägen gemessene Temperaturen zugrunde. Wenn man die mittlere Höhe aller Kontinente mit 800 Meter annimmt, dann wird bei einem Gradienten von 0,65 °C die „Globaltemperatur“ allein durch Reduktion auf das Meeresniveau um 5,20 °C erhöht! Bei diesen diversen der Öffentlichkeit vorenthaltenen Rechenkunststückchen wundert es nicht, dass man wie 1999 vor der 4. Klimakonferenz in Bonn zur Stimulierung des Meinungsklimas schon im Mai über die Medien verkündete, man werde mal wieder einen Wärmerekord brechen und einen Schritt näher an den Abgrund herantreten, wenn nicht das Kioto-Protokoll rasch unterzeichnet und die Industrienationen in die Pflicht genommen würden, die CO_2-Emissionen drastisch zu senken.

Diese wenigen Hinweise mögen genügen aufzuzeigen, dass es sich bei allen „Globalwerten“ stets um rechnerische „Spielwerte“ handelt, die jederzeit unkontrollierbar manipulierbar sind. Die Natur mittelt weder Temperaturen noch Windgeschwindigkeiten, um sich „Normen“ für ihr eigenes Verhalten zu setzen. Die Normen jedoch, die der Mensch statistisch ermittelt, sind für die Natur, speziell das Wetter nicht bindend. Es gehorcht der Kraft der Sonne und nicht den Wünschen des

Menschen. Das Wetter selbst leistet unentwegt Schwerstarbeit, um über den Luftmassentransport „Wärme“ gleichmäßig über die Erde zu verteilen. Dieser Vorgang läuft zwar durchaus nach physikalischen Gesetzen ab, aber für unser menschliches Erkenntnisvermögen bleiben diese Vorgänge „chaotisch“, weil sich durch die Rotation der Erde ständig die Randbedingungen ändern. In dieses gigantische Räderwerk kann der Mensch nicht eingreifen, um das „Klima“ zu schützen.

Wer das „Klima“ als ein der Natur unbekanntes Rechenkonstrukt „schützen“ wollte, der müsste zuallererst Einfluss auf das Wetter nehmen, es sich untertan machen können. Er müsste dem Wetter befehlen können, was es zu tun oder zu lassen hätte. Doch dann wäre das Vorhaben „Klimaschutz“ überflüssig. Diese ebenso hypertrophe wie illusorische Vision „Wetterschutz“ hat noch kein „Klimaexperte“ zu äußern gewagt. Noch eins: Alles, was wir an „Klimaschwankungen“ in der Vergangenheit diagnostiziert haben, ist im Grunde immer Folge vorangegangener Wetterveränderungen. Weil wir diese nicht erklären können, bleiben uns damit auch die Ursachen der Klimaschwankungen verborgen. Hypothesen hierzu gibt es zuhauf und monatlich spucken die Computer neue Mutmaßungen aus. Doch Spekulation ist keine anerkannte wissenschaftliche Methode.

Wenn auch die Gründe für die Klimaveränderungen letztlich der menschlichen Erkenntnis unzugänglich bleiben, eines ist aber absolut sicher, das Kohlendioxid, das bei der Verbrennung fossiler Rohstoffe emittiert oder mit der Atemluft ausgestoßen wird, hat nicht den geringsten Einfluss auf Wetter und damit auch nicht auf das Klima. Der Autofahrer ist weder Gestalter des Wetters noch Killer des Klimas. Er steckt in einer bedauernswerten Opferrolle. Er ist Opfer des Wetters, sei es bei starkem Regen mit Aquaplaning, bei Glatteis, bei Nebel, bei Schneetreiben oder bei Orkanböen.

Der Autofahrer sollte sich nicht in die Rolle eines Übeltäters, ja Verbrechers hineinreden lassen! Er ist weder am Wetter noch am Klima in irgendeiner Art und Weise schuld! Wenn er sich des Autos als angebotenes, angepriesenes und vielfach unverzichtbares Fortbewe-gungsmittel bedient und seinen Freiheitsdrang mitsamt dem Wunsch nach individueller Mobilität befriedigt, dann muss er sich natürlich stets bewusst sein, dass er es beim Kraftstoff mit einem kostbaren Gut zu tun hat, das man nicht sinnlos vergeuden darf, die Schuhe eines „Klimakillers“ muss er sich dennoch nicht überziehen lassen. Jeder Autofahrer, auch der Minister mit Chauffeur und Sicherheitsbegleitung, kann also völlig beruhigt sein, er kann sich am „Klima“ nicht versündigen! Er braucht sich kein schlechtes Gewissen einreden zu lassen, wenn er wieder einmal eine Tankstelle anfährt.

Dies als entlastende Meinungsäußerung eines fachkundigen Individuums. Allerdings kann eine Meinung, die nicht bis an die Öffentlichkeit vorgelassen wird, nicht die öffentliche Meinung beeinflussen und verändern. Hierin liegt die eigentliche Schwierigkeit in einer Mediendemokratie. Der Massenkonsum erzeugt Massenmeinungen und beruht darauf. Das Thema „Klimaschutz“ weist darauf hin, welche aufklärende Bedeutung heute einem Buch zukommt. Es ist die einzige Möglichkeit, an dem herrschenden und sehr selektiv operierenden „Zeitgeist“ vorbei Irrlehren aufzuzeigen und die dringend notwendige Aufklärungsarbeit zu leisten, die oberstes Gebot einer freien Presse wie eines kritischen Journalismus wäre. Als einziger Journalist griff Walter Hönscheidt obigen Artikel auszugsweise auf und publizierte Auszüge in der „Eurotax Auto-Information“ Nr. 1259 vom 27. September 1997. Die am 1. April 1999 verhängte „Ökosteuer“ ist vom Charakter her nichts anderes als der mittelalterliche Ablasshandel, der Anlass zur Reformation gab und damit zur Religionsspaltung führte. Wissend um die Unmöglichkeit des Vorhabens „Schutz des Weltklimas“ kassiert der Staat Bundesrepublik Deutschland von seinen Bürgern unter dem Vorwand „Klimaschutz“ Milliarden und Abermilliarden, ohne auch nur je die geringste Leistung für den „Klimaschutz“ erbringen zu müssen, weil er selbst weiß, dass das Gerede von der Klimakatastrophe durch CO_2-Emissionen „Lug und Trug“ ist.

Der Treibhauseffekt und das IPCC als „Klima-Orakel“

Der frühere Bundesumweltminister Dr. Klaus Töpfer legte am 23. August 1994 im Hinblick auf die 2. Vertragsstaatenkonferenz zur Klimarahmenkonvention, die im März 1995 in Berlin stattfand, ein Positionspapier vor. Es richtete sich an die über 140 Staaten, die sich in Genf versammelt hatten, um ein „Klimaprotokoll“ vorzubereiten. In dem Papier führte Töpfer aus:

„Wir sind uns in der Bundesregierung einig, dass bereits in Berlin weiterreichende Verpflichtungen der Industrieländer zur Verringerung der Treibhausgasemissionen erreicht werden müssen. Die Stabilisierung der CO_2-Emissionen bis zum Jahr 2000 auf dem Niveau von 1990 durch alle Industrieländer ist ein erster wichtiger Schritt, um nach 2000 einen erneuten CO_2-Emissionsanstieg in den OECD-Staaten und den Ländern des Ostens zu verhindern. Weitere anspruchsvolle Reduzierungsschritte für CO_2 und andere Treibhausgase müssen folgen. Mit diesem Vorschlag will die Bundesregierung die weltweiten Anstrengungen für einen besseren Klimaschutz verstärken. Ich hoffe sehr, dass wir auch andere Industrienationen der Welt zum Mitmachen motivieren können. Denn für eine wirksame völkerrechtlich verbindliche Regelung zum Klimaschutz brauchen wir das gemeinsame Vorgehen aller Staaten.“

Der Bundesumweltminister fand bei keiner anderen Industrienation Zustimmung oder Unterstützung für seine Vorstellungen. Deutschland spielte den einsamen aber um so verbisseneren „Vorreiter“! Die Bundestagsparteien unterschieden sich in diesen Fragen so gut wie nicht. Sie alle wetteiferten darum, grüner als die „Grünen“ zu sein. Die Grünen wiederum redeten zwar von der Bekämpfung des „Treibhauseffektes“ meinten aber „Systemveränderung“. Ihre Wurzeln reichen in die außerparlamentarische „Öko-Bewegung“ zurück und diese war eine Fortsetzung der neulinken „Studenten-Bewegung“, einer verquasten Mischung aus Marxismus und Freudianismus. Diese sogenannte APO hatte inzwischen auf ihrem „langen Marsch“ durch die Institutionen

Spitzenpositionen in der Verwaltung und in der Wirtschaft erklommen und war nun entschlossen, ihre Methoden zu ändern und auf „bürgerlich“ zu trimmen. Sie legten sich rein äußerlich ein bürgerliches Erscheinungsbild zu und übernahmen zunehmend „Regierungsverantwortung“. Einige ihrer Vertreter schafften es sogar, in dem sie vom Turnschuh auf den Lackschuh, aus den Jeans in den Seidenanzug umstiegen, sich zu allseits anerkannten „Lieblingspolitikern“ zu mausern.

Die Berliner Konferenz brachte nur das „Berliner Protokoll“ zustande. Es enthielt außer hinhaltenden Lippenbekenntnissen keine verbindliche Vereinbarung. Trotzdem versuchte die CDU/FDP -Bundesregierung weiterhin, ihrer sich selbst auferlegten Vorreiterrolle gerecht zu werden. In der Zeitschrift EPOCHE (130/1996) forderte die Amtsnachfolgerin von Klaus Töpfer auf dem Sessel des Bundesumweltministers, Frau Dr. Angela Merkel, obgleich diplomierte und promovierte Physikerin, unter der Überschrift „Klimaschutz: eine globale Herausforderung“:

„Die Klimarahmenkonvention sieht zunächst in einem ersten Schritt vor, dass Industrieländer Maßnahmen ergreifen, um ihre Treibhausgasemissionen bis zum Jahre 2000 auf das Niveau von 1990 zurückzuführen. Die Anstrengungen reichen aber nicht aus. Vor diesem Hintergrund setze ich mich dafür ein, dass bei der 3. Vertragsstaatenkonferenz der Klimarahmenkonvention 1997 in Kioto – in einem zweiten Schritt global weitergehendere Verpflichtungen für den Klimaschutz festgelegt werden. Ich halte das Klimaproblem aufgrund der mir vorliegenden Daten für eine der größten globalen Umwelt-Herausforderungen, denen wir uns stellen müssen. Ich nehme deshalb auch Stimmen ernst, die sagen, das bisher beschlossene Maßnahmenbündel zum Klimaschutz reiche nicht aus, um zum Beispiel unser Reduktionsziel bei Kohlendioxid zu schaffen.“

Mit keinem einzigen Wort erwähnte die Physikerin Angela Merkel die Stimmen ihrer Kollegen, die mit rein physikalischen Argumenten das gesamte Ideengebäude von der „Klimakatastrophe“ ad absurdum führen. Sie verdrängte diese Stimmen, weil sie entweder nicht in ihren politischen Auftrag oder in ihr festgefahrenes Weltbild passten. Als Politikerin folgte sie nicht dem logischen Sachverstand, sondern ließ opportunistisch ihre Meinung im Wind des Zeitgeistes flattern. Die Politik huldigt ganz dem scheinbar obersten Grundsatz der Demokratie „Mehrheit ist Mehrheit“! Nur Mehrheitsmeinungen sichern den politischen Erfolg und mit Minderheiten lassen sich Wahlen nicht gewinnen. Dabei wird unterstellt, dass die Mehrheit der Bürger so borniert wäre, dass sie auf vernünftig vorgetragene Argumente nicht eingehen würde. Auf diese Art und Weise bekam der Bürger abweichende Argumente nie zu hören – schon gar nicht in den Medien – und wenn, dann in sogenannten Alibi-Veranstaltungen nicht vor Mitternacht. Auf diese Weise gelingt es der Politik, abweichende Einzelmeinungen, wie begründet und fortschrittlich sie auch sein mögen, als unbedeutende Spinnerei abzutun. Die Wissenschaft als geldgierige Magd dient sich der Politik an und liefert „wissenschaftliche“ Bestätigungen für das, was Mehrheitsmeinung zu sein hat. So etwas kann auf Dauer nicht ohne Folgen bleiben.

Der Philosoph Professor Dr. Klaus Fischer von der Universität Trier kommt daher in einer Ausarbeitung mit dem Titel „Die politische Konstruktion der Universitätskrise – Siebzehn Thesen zu einer merkwürdigen Diskussion“, erschienen 1997 in der „Universitas“, zu erschreckenden Erkenntnissen. Seine 7. These lautet nüchtern: „Das deutsche System der Forschungsförderung ist nicht auf das Erkennen des Außergewöhnlichen, sondern auf die Belohnung des konsensfähigen Mittelmaßes angelegt.“ In der 8. These heißt es: „Grundlage des wissenschaftlichen Fortschritts ist nicht Teamarbeit, sondern individuelle Kreativität.“ Doch diese scheint nicht erwünscht, wie These Nr. 15 besagt: „Die Zwänge des „peer-review“-Systems führen zu einer Konvergenz der Meinungen, die nicht durch Fakten und Überzeugungen, sondern von der Notwendigkeit geleitet wird, Verbündete im Kampf um Forschungsmittel zu suchen.“ In der These 17 befürchtet Klaus Fischer gar: „Unsere Politiker werden es womöglich sogar schaffen, die deutsche Universität tatsächlich so zu schädigen, dass die These von ihrer „Verrottetheit“ nicht nur eine populistische Parole ist: Durch weitere Überlastung mit neuen Aufgaben, durch den Zwang der Verlagerung knapper Ressourcen von Forschung und Lehre auf die Analyse des eigenen Innenlebens, durch weitere Politisierung der Wissenschaft, durch Mobilisierung von Ressentiments gegen Außenseiter, Innovateure und andere unabhängige Geister, die sich nicht in Zitations- und Begutachtungsnetzwerke einfügen wollen."

Solch traurige Wahrheiten stören die Politik kaum. Sie lebt in ihrer Welt der Kompromisse, des „Kuhhandels", der Konsensmeinungen, Meinungsmache und Mehrheitssuche. Es macht eben ein gutes Bild des besorgten Politikers, wenn er mit gramzerfurchtem Gesicht vor Katastrophen zu schützen vorgibt, die es nicht gibt, statt wichtigere und weniger populäre Aufgaben in der Wirtschafts- und Verkehrspolitik zu lösen. Auch ist der Bürger eher bereit, für Maßnahmen gegen Katastrophen zu zahlen als für überhöhte Politikergehälter und Parteikassen. Auf jeden Fall wird er für virtuelle Rettungsdienste kräftig zur Kasse gebeten. In diesem Sinne ist der Text der einstigen Umweltministerin Dr. Angela Merkel in EPOCHE zu lesen und zu werten:

„Die mittlere globale bodennahe Lufttemperatur werde bis zum Jahr 2100 um ein bis dreieinhalb Grad Celsius ansteigen. Das prognostizieren weltweit anerkannte Wissenschaftler im zweiten Bericht des Intergovernmental Panel on Climate Change (IPCC], der im Dezember 1995 vorgelegt wurde. Die Verfasser prophezeien: Der Meeresspiegel wird sich im gleichen Zeitraum um 15 bis 95 Zentimeter erhöhen. Die Vegetationszonen der Erde verschieben sich, das Risiko von Hungersnöten in bestimmten Regionen wächst. Erhebliche Anstrengungen wird die Erwärmung auf die menschliche Gesundheit haben, Infektionskrankheiten und Malaria werden sich ausbreiten. All dies wird geschehen, wenn wir keine Gegenmaßnahmen ergreifen. Die heute schon zu beobachtende Änderung des globalen Klimas geht auf menschliche Aktivitäten zurück, vor allem durch die Verbrennung fossiler Energieträger."

Für derartig unqualifizierte und vage Prophezeiungen muss man nicht Tausende nach „Anerkennung" jagende Fachvertreter zu „anerkannten Wissenschaftlern" erheben und Milliarden an Forschungsmitteln „aus dem Fenster werfen". Es hätte genügt, sich zu einer Wahrsagerin wie einst das „Orakel von Delphi" zu begeben. Diese hätte für einen Bruchteil der Kosten aus ihrer Kristallkugel das gleiche herausgelesen. Eine ähnliche, „wissenschaftlich" aufgepäppelte Wahrsagerei findet man zum Beispiel auch im „Klimaatlas" für Bayern, den der Bayerische Klimaforschungsverband nach achtjährigen „Forschungsarbeiten" im Januar 2000 der Bayerischen Staatsregierung und den Medien vorstellte. Die Nürnberger Nachrichten bezogen sich auf ihn mit ihrer Meldung vom 19. Januar 2000: „In Franken bleibt der Regen aus“. Dort heißt es:

„Die erwartete weltweite Klimaveränderung wird sich bis zum Jahr 2050 auch gravierend auf Bayern auswirken. Darauf hat der Wissenschaftsminister Hans Zehetmair (CSU] bei der Vorstellung eines neuen „Klimaatlas“ für den Freistaat hingewiesen. Neben weiterhin erhöhter Hautkrebsgefahr infolge zunehmender UV-Einstrahlung durch die Sonne ist demnach vor allem vermehrt Hochwasser im Alpenvorland zu erwarten. Und am Bodensee wird es möglicherweise entsetzlich heiß: Bis zu sechs Grad werden dem Bericht zufolge im Sommer die Maximaltemperaturen ansteigen. ... Neben dem Bodenseeraum – in Bayern betrifft das den Landkreis Lindau – werden die Temperaturen im Sommer dem Bericht zufolge vor allem in der westlichen Oberpfalz deutlich zunehmen, deutlich weniger dagegen in Nordbayern. In den anderen Gebieten werden die Sommer voraussichtlich nur um ein bis zwei Grad heißer, erläuterte der Meteorologe Prof. Joseph Egger von der Münchner Ludwig-Maximilians-Universität. Im Winter werden den Berechnungen zufolge die Temperaturen nur geringfügig zunehmen, am meisten etwa im Raum rund um den Chiemsee mit einem Grad mehr. Die Zahl der Frosttage wird dennoch bis zu einem Drittel geringer werden. Mit deutlichen Veränderungen müsse bei den Niederschlagsmengen gerechnet werden, hieß es. Der Niederschlag werde im Winter vor allem im Südwesten Bayerns zunehmen, im Sommer dagegen abnehmen, zitierte Zehetmair die Forscher. „Für Franken und den Bayerischen Wald ergibt sich im Winter eher eine Niederschlagsabnahme.“ Auch im Sommer müssten schon jetzt relativ trockene Regionen wie Franken mit einer Abnahme von Niederschlag und Grundwasserneubildung rechnen.“ So liest sich „Wissenschaft“, die zur Wahrsagerei und billigen Computerspielerei verkommen ist und sich vom logischen Denken verabschiedet hat.

Es gibt Politiker, die sich so in statistische „Klimanormen“ und das Mittelmaß verliebt haben, dass sie die fiktive Größe „mittleres Wettergeschehen“ für die Wirklichkeit halten, an das Klima als erlebbares Ereignis glauben. Das Wetter hat sich wie ein braver Bürger „normal“

zu verhalten und weicht es auch nur geringfügig vom statistischen Mittelmaß ab, dann sehen gewisse Leute gleich einen „Beweis“ für die drohende Klimakatastrophe und das Wirken des Treibhauseffektes. Mit diesen ihren „Erkenntnissen“ wenden sie sich dann an die Medien, um sich als „Klimaschützer“ und besorgte Mahner in Szene setzen zu lassen. Auf diese Weise hat sich besonders der damalige Umweltminister Professor Dr. Klaus Töpfer, der es deshalb danach auch zum Chef der Umweltbehörde UNEP der UNO in Nairobi gebracht hat, als Klimapopulist aufbauen lassen. Als der Orkan „Lothar“ zu Weihnachten 1999 über Südwest- und Süddeutschland hinwegfegte, gab er postwendend seinen Standardkommentar ab. Die Wochenzeitung „Die Zeit“ widmete am 5. Januar 2000 dem Politritual einen hübschen Kommentar unter der Überschrift „Lothars Vermächtnis – Sind die Orkane Folgen des Klimawandels?“:

„Orkan Lothar und sein Nachfolger Martin haben in Frankreich, Süddeutschland und der Schweiz mehr als 100 Todesopfer und Milliardenschäden verursacht. Die Toten waren noch nicht beerdigt, da kochte schon der rituelle Streit hoch, ob die Katastrophe natürliche oder anthropogene Ursachen habe. Ein deutliches Zeichen für den anthropogenen Treibhauseffekt sahen Sprecher des Hamburger Max-Planck-Institutes für Klimaforschung. „Unsinn“, knurrten andere Forscher und Vertreter des Deutschen Wetterdienstes. Erst seit relativ kurzer Zeit würden Windgeschwindigkeiten über 150 km/h registriert, daher seien Rekorde nun wohlfeil. Den Vorwurf, sie hätten die Gefahr hinterm Weihnachtsbaum verpennt, wiesen sie feierlich zurück. Die Rückversicherungen beruhigten ihre Aktionäre, die Schäden seien zwar lokal recht hoch, aber insgesamt nicht exorbitant. So habe „Wiebke“ 1990 in Deutschland stärker gewütet; eine Dividendenkürzung drohe nicht. Nicht lokal, sondern echt global denkt dagegen Klaus Töpfer, Chef der UN-Umweltbehörde UNEP in Nairobi. Er deutet „Lothar“ als Teil des Treibhauseffektes. „Wir sind bereits im Klimawandel. Die extremen Wettersituationen haben dramatisch zugenommen.“ Wir Treibhausbewohner könnten so „eine Ahnung davon bekommen, was uns noch blüht“ und die Folgen nur noch abmildern. Nach einer Meldung der Frankfurter Allgemeinen Zeitung vom 24. Juli 1998 hatte der Exekutivdirektor der Vereinten Nationen, Töpfer, zum schnellen und wirksamen Handeln aufgerufen: „Die Rekordtemperaturen dieses Sommers in Indien, China, den Vereinigten Staaten ... sind ein eindeutiges Alarmsignal für die Zerstörung der Erdatmosphäre und den damit einhergehenden Klimawechsel auf unserem Planeten."

Ist es nicht beschämend, angesichts der vielen Opfer der Unwetterkatastrophen darüber zu streiten, ob die Natur, der Mensch oder beide daran Schuld gewesen sind? Doch solche Fragen berühren Töpfer wenig, er hatte anderes, aber vor allem seine Selbstdarstellung im Sinn. So pries er als gängiges Allheilmittel aus der „Krise" noch höhere „Ökosteuern" an. Schon als Bundesumweltminister hatte er dringend die Anhebung des Benzinpreises in jährlichen 10-Pfennig-Schritten empfohlen. Er ist so in seinen Glauben an die Machbarkeit des Klimas versessen, dass er nicht wahrhaben will, dass das Wetter die Grundvoraussetzung für die Definition „Klima" ist. Und dieses fragt nicht bei seinem Ablauf und Verhalten, wie hoch gerade die Mineralölsteuern sind.

Zu diesem Politikergebaren können wir in Goethes Faust lesen: „Nichts besseres weiß ich mir an Sonn- und Feiertagen, als ein Gespräch von Krieg und Kriegsgeschrei, wenn hinten, weit, in der Türkei die Völker aufeinanderschlagen." Goethe charakterisiert hier den banalen, deutschen Spießer, der sich seinen Nervenkitzel und seine behagliche Portion Betroffenheit in der Ferne verschafft. Dieser Nervenkitzel wird ihm heutzutage über die Medien frei Haus geliefert, als Wehgeschrei über die „Klimakatastrophe". Die ersten, die das Lied vom klimatischen Weltuntergang anstimmten, waren „Wissenschaftler", bevor die Medien und dann die Politik eine „Volksmelodie" daraus machten.

In der Mainzer Rhein-Zeitung vom 22. Februar 1994 bemüht Professor Dr. Hartmut Graßl vom Max-Planck-Institut für Meteorologie in Hamburg sogar den nach Jahrtausenden vom Gletschereis wieder freigegebenen „Ötzi" als mahnendes Zeichen für das vom Menschen heraufbeschworene Klima-Unheil, das zum Handeln auffordere:

„Die in Gletschern gelagerte Eismasse ist auf die Hälfte geschmolzen – synchron zu einem globalen Temperaturanstieg von etwa einem halben Grad. Während der vergangenen zehn Jahre hat sich die Schmelzrate beschleunigt: Die Gebirge – nicht nur im Alpenraum, sondern auch in China, Afrika und Amerika – verlieren im Mittel einen halben Meter Eis pro Jahr. So gebe der größte Alpengletscher derzeit Bäume frei, die er zur Zeit von Christi Geburt überrannt habe. Und wenn der Trend so weitergeht, prognostiziert Graßl, stehen die Ostalpen um 2030 „nackt" da. „Das bedeutet, dass in absehbarer Zeit die Alpen als der zentrale Wasserspeicher für weite Teile Mitteleuropas im Sommer regelrecht trocken fallen." Denn Rhone, Rhein, Donau und Po erhalten ihr Wasser in trockenen Sommern vorwiegend aus Gletschern, Rhein und Donau dabei vorwiegend aus den Ostalpen – versorgen damit riesige Gebiete mit Trink- und Grundwasser, liefern Kraftwerken Energien und dienen als Schifffahrtswege."

Ob sich Hartmut Graßl heute schämt, wenn er das liest? Kaum, denn es geht bei alle dem nicht um Wahrheiten, sondern nur um Effekte. Diese blieben nicht aus, so dass ihn seine früheren Aussagen nicht beunruhigen dürften. Insbesondere seine Unwissenheit in Geographie ist nicht aufgefallen. Wer hat schon in den Schulatlas geschaut, um nachzuprüfen, ob der Rhein wirklich sein Wasser „vorwiegend aus den Ostalpen" bezieht? Wer dringt heute schon in der schnelllebigen Medienwelt bis zu den „Wissensquellen" vor? Politiker sollten ihrem großen Klima-Ratgeber Graßl vielleicht mal einen Urlaub an den „Quellen des Rheines" in der Schweiz spendieren, statt ihm die teuren Reisen von Klimaschauplatz zu Klimaschauplatz um die ganze Welt herum zu finanzieren. Er bekäme dadurch Zeit zum Nachdenken, und der Steuerzahler sparte Geld.

Zum „Ethos des Wissenschaftlers" sagte am 13. Juli 2000 in Hannover Hubert Markl: „Es wäre verfehlt zu glauben, dass es für Wissenschaftler eine Art Sonderethik gibt." Er gab aber einen noch nüchterneren und tieferen Einblick in die Wechselwirkungen von Wissenschaft und Politik wie die Versuchungen, die damit verbunden sind:

„Es ist also schon ein beachtlicher Preis, den die Wissenschaft oder, genauer gesagt, den Menschen in der Wissenschaft dafür entrichten, dass sie im Laufe von Natur- und Kulturrevolution nicht nur klug genug für Wissenschaft, sondern auch schlau genug für Lug und Trug in der Wissenschaft geworden sind. Und man meine auch nicht, das sei doch wohl immer noch eine Angelegenheit der Wissenschaft selbst, das

Schmuddeln und das Reinemachen. ... Denn wenn unsere wie andere fortentwickelte Gesellschaften sich tatsächlich immer mehr zu wissensabhängigen, wissenschaftsbestimmten Gesellschaften entwickeln..., dann werden sie zwangsläufig auch immer mehr zu politischen Wissensregelungsgesellschaften werden. Denn wo Macht ist, da muss auch Politik sein. Politik wird in solchen wissensgetriebenen Gesellschaften sicher zunehmend zu beeinflussen versuchen, was als nützliches, zulässiges Wissen gefördert wird und was nicht, wer Zugang dazu hat und wer nicht, welche Wissensbereiche mit Priorität vorangetrieben werden sollen und welche nicht, und was mit dem Wissen geschehen soll und was nicht; ...“

Die moderne Entwicklung hin zur „politisch korrekten Wissenschaft“ begann mit der Gründung des Forschungsministeriums, dessen Etat im Jahr 2000 bei 15 Milliarden Mark lag. Mit ganz oben auf der Prioritätenliste liegt die „Klimaforschung“. Sie schaffte mit der Erfindung der „Klimakatastrophe“ die Massenverunsicherung und den Schuldkomplex, der Voraussetzung für die Einführung der dem „Klimaschutz“ dienen sollenden „Ökosteuer“ am 1. April 1999 war. Die Wissenschaft kann ihre „Hände nicht in Unschuld waschen“! Die Erfindung der „Klimakatastrophe“ geht eindeutig auf sie allein zurück. Die Politik erkannte erst später den daraus erwachsenden steuerlichen Nutzen wie die Möglichkeit, die „Klimakatastrophe“ zum Hebel für den „ökologischen“ Umbau der Industriegesellschaft zu nutzen!

Das „Treibhaus“ hat offene „Fenster“ zum Weltall

Inzwischen sollte jeder aufmerksame Leser wissen, wie der Treibhauseffekt beschrieben wird und wie er funktioniert. Es gibt aber weitere Überraschungen, die ich ihm nicht vorenthalten möchte, zumal ihm die ungeheure Fülle an „Treibhausliteratur“ kaum zugänglich sein dürfte. Spannend zu lesen ist immer wieder das Buch von Hartmut Graßl und Reiner Klingholz „Wir Klimamacher“ aus dem Jahre 1990. Dort liest man zum Beispiel:

„Die Erde gibt ihre Wärme nicht gleichmäßig über alle Flächen verteilt ab. Es gibt typische Verlustregionen und umgekehrt Zonen, die mehr Energie erhalten, als sie ihrerseits abstrahlen. Atmosphäre und Ozeane gleichen dieses Ungleichgewicht aus. Es entstehen die Passatwinde oder die Tiefdruckgebiete, aber auch die Meeresströmungen wie der Golfstrom, die für das lokale, regionale und globale Klima eine wesentliche Bedeutung haben.“ Das ist allgemeines meteorologisches Grundwissen. Von „Glasdach“ und „Treibhauseffekt“ ist bis hierher nicht die Rede.

Doch dann gehen mit Hartmut Graßl die ideologischen Treibhauspferde durch: „... die Sahara, eine Region, die bekanntlich sehr heiß ist. Die größte und extremste Wüste der Welt ist so trocken, dass Fachleute sie als „hyperarid“ bezeichnen. In manchen Gebieten der ägyptisch-libyschen Sahara fallen im Mittel pro Jahr weniger als zwei Millimeter Niederschlag und die Temperatur der Luft steigt auf bis zu 58 Grad an. Im Kerngebiet der Sahara sinkt fast ganzjährig kalte Luft aus hohen Atmosphärenschichten ab und fließt dann in einem ständig trocken-heißen Strom – dem Nordostpassat – Richtung Äquator“. Weiter: „Jeder Mensch würde auf den ersten Blick vermuten, dass diese Wüste Wärme an ihre Nachbargebiete wie den Sahel oder den atlantischen Ozean abgibt. Doch das Gegenteil ist der Fall. Zwar strahlt die Sonne gnadenlos auf die Sahara ein und nur wenig Wasserdampf in der Atmosphäre hindert sie daran. Aber die hohe Oberflächentemperatur des Wüstenbodens – am frühen Nachmittag sind 60 Grad typisch – bewirkt eine starke Infrarotstrahlung ins All, die ebenfalls nicht wesentlich durch Wolken gebremst wird. Im zentralen Teil verliert die Sahara über den Außenrand der Atmosphäre mehr Energie, als sie von der Sonne erhält. Sie funktioniert als Wärmeabfluss für das Treibhaus Erde. Würde er – auch nur teilweise – durch zusätzliche Treibhausgase, beispielsweise durch etwas mehr Wasserdampf, verstopft, hätte dies einen wesentlichen Einfluss auf das Wetter."

Dieser Text macht klar, welch „Purzelbäume" Hartmut Graßl schlagen muss, um nicht selbst den „Treibhauseffekt" zu verraten und ad absurdum zu führen. Wenn nämlich die Sahara „als Wärmeabfluss für das Treibhaus Erde" funktioniert, dann kann die Erde kein „Treibhaus" sein. So wenig ein Loch im Eimer das Wasser, kann ein Loch im Treibhausdach die Wärme halten, und sei es auch nur so groß wie die Sahara. Sie entschwindet als „starke Infrarotstrahlung ins All"!. Hier offenbart sich andeutungsweise der Treibhaus-Schwindel. Warum nun die „Infrarotstrahlung ins All" und mit ihr die in der Erdoberfläche gespeicherte Wärme so einfach entschwindet, auch das schildert Hartmut Graßl in dem Kapitel „Das Fenster zum All":

„Inzwischen hatten Atmosphärenphysiker ergründet, was eigentlich am Himmel über uns geschieht, wenn dort die Luft immer dicker wird, warum bestimmte Gase zum Treibhauseffekt beitragen, andere aber nicht. Die Daten für diese Berechnungen hatte zu einem großen Teil die amerikanische Luftwaffe zusammengetragen. Das Militär interessierte sich besonders für die Zusammensetzung der Atmosphäre, denn die Spurengase haben einen wesentlichen Einfluss auf die Sichtweite in fast allen Spektralbereichen oder auf die Reichweite des Funkverkehrs."

Der Grund? „Wie in den vorangegangenen Kapiteln erläutert, gibt die Erdoberfläche einen Teil der aufgenommenen Sonnenenergie als Wärmestrahlung in die Atmosphäre ab, und zwar hauptsächlich im Wellenlängenbereich zwischen vier und 1000 Mikrometern. Der Wasserdampf, das mit Abstand wichtigste Treibhausgas, absorbiert infrarote Strahlung in den Bereichen von fünf bis acht, sowie von 20 bis 1000 Mikrometern und bewirkt dadurch etwa 60 Prozent des gesamten Treibhauseffektes. Es bleibt zwischen acht und 20 Mikrometern ein „Fenster zum All", durch das Wärme in den Weltraum entweichen kann.

Gäbe es keine weiteren Treibhausgase, so stünde dieses Fenster offen.“

Zum CO_2 heißt es: „Kohlendioxid absorbiert sehr stark bei 15 und bei 4,3 Mikrometern. Es hängt gewissermaßen als Vorhang im Fenster. Gelangt mehr Kohlendioxid in die Atmosphäre, wird der Vorhang dichter und etwas breiter und hält mehr Wärme auf der Erde gefangen. Der Rest des Fensters bleibt jedoch im Bereich zwischen acht und 13,5 Mikrometern weitgehend geöffnet.“

Auch in diesem Abschnitt ist wieder einmal der engagierte Schriftsteller Graßl mit dem Physiker Graßl durchgegangen. Aber selbst der Schriftsteller kann nicht leugnen, dass es zwischen 8 und 13,5 Mikrometern ein stets offenes „Strahlungsfenster“ gibt. Er bestätigt damit die Enquete-Kommission des Deutschen Bundestages in ihrem 1. Bericht vom 4. November 1988. Auch darin steht geschrieben, dass in dem Wellenlängenbereich zwischen 7 und 13 Mikrometern ein „stets offenes atmosphärisches Strahlungsfenster“ existiert, das nicht von Wasserdampf- und Kohlendioxidabsorptionslinien geschlossen werden kann und durch das daher 70 bis 90 % der Wärmestrahlung der Erdoberfläche ungehindert ins Weltall entweichen könne. Daher der nächtliche Temperaturabfall, wenn die Sonne „schlafen“ gegangen ist. Dieses IR-Fenster ist von Natur aus offen, und zwar überall auf der Erde, denn andernfalls hätte sich die Erde mit ihrer anfänglich extrem kohlendioxidhaltigen dafür aber sauerstofffreien Atmosphäre nie abkühlen und Leben ermöglichen können.

Dipl.-Ing. Siegfried Lenkeit aus Rödermark schrieb in der Wochenzeitung Das Ostpreußenblatt vom 16. Januar 1999 bezüglich meiner Ablehnung des Treibhauseffektes: „Der bekannte Diplom-Meteorologe Dr. Wolfgang Thüne stellt den Treibhauseffekt in Frage, ja er spricht gar von dem großen Klima-Bluff. ... Thüne gibt Beweise, die gegen den Effekt sprechen. Als Physiker weiß man, dass nach den Strahlungsgesetzen von Stefan-Boltzmann und Max Planck die Erdatmosphäre in dem Spektralbereich 8 bis 14 Mikrometern nur geringfügig absorbiert. Deshalb wird dieser Spektralbereich auch als atmosphärisches Strahlungsfenster bezeichnet. 72 bis 90 Prozent der Abstrahlung gelangen direkt in den Weltraum. Es kann somit keinen „Wärmestau“ unter dem fiktiven „Glasdach“ in sechs Kilometern Höhe geben.... Der

Treibhauseffekt ist eine reine Erfindung. Mir scheint, dass sie sich in den Köpfen inzwischen wie ein Glaubensdogma festgesetzt hat. Die Atmosphäre ist für Strahlung weitgehend durchsichtig sowohl für das Sonnenlicht als auch für die Wärmestrahlung der Erde, denn sonst würde es nachts nicht automatisch kälter werden. Soweit mir bekannt ist, hat noch kein Wissenschaftler außer Thüne in aller Deutlichkeit mit physikalischen Gesetzen den „Treibhauseffekt“ ad absurdum geführt.“

Wissenschaftler, die Öffentlichkeit und die Wahrheit?

In einem Artikel „Forschung an den Grenzen des Wissens“ hat der Präsident der Max-Planck-Gesellschaft zur Förderung der Wissenschaften e. V., Hubert Markl, zu dem Bemühen, das öffentliche Verständnis für Wissenschaft zu fördern, folgendes ausgeführt:

„Die Max-Planck-Gesellschaft hat sich. ... entschlossen, noch mehr als zuvor dafür zu tun, um wissenschaftliches Denken, wissenschaftliche Argumente und wissenschaftliche Resultate, d. h. Tatsachen, jedem, der daran interessiert ist, so zugänglich und verständlich wie möglich zu machen.... Soweit Wissenschaft mit ihrem privilegierten Zugang zu zuverlässigem Wissen über die Wirklichkeit dazu beitragen kann, darf sie sich gerade dieser Aufgabe nicht verweigern. Denn das Vertrauen der breiten Öffentlichkeit in die Erkenntnisleistungen der Wissenschaft ist der Nährboden, auf dem allein die Wissenschaft gedeihen kann. ... Wissenschaft muss das wache Vernunftorgan der Gesellschaft bleiben.“

Es ist absolut richtig, dass der Wert der Wissenschaft von der gesellschaftlichen Wertschätzung abhängt. Diese bestimmt ihren Stellenwert in den Medien, in der Politik und damit auch im Staatshaushalt. Markl prägte einmal den Satz, dass Wissenschaft immer „a part of society, not apart from society“ bleiben muss. Doch damit ist ihr auch der Zwang, in den Medien präsent zu sein, auferlegt, denn das Medium ist schließlich die Botschaft. Medien konstruieren für viele eine eigene Realität, etwas Ähnliches tut aber auch die Wissenschaft. In dem Maße jedoch, in dem die Wissenschaften die Öffentlichkeit suchen, in dem Maße gewinnen die Medien an Bedeutung und verlieren die Wissenschaften das Monopol der Beurteilungskompetenz. Das Wissen wird „vergesellschaftet“ und umgedeutet, dem „Zeitgeist“ angepasst; oft auch bis zur Unkenntlichkeit. Dann gilt nicht mehr allein das abstrakte und ohnehin fragwürdige Wahrheitskriterium der Wissenschaft, sondern es gesellt sich noch das Kriterium der Zustimmung des öffentlichen Publikums hinzu. Das Besondere an dem Verhältnis zwischen Wissenschaft und Öffentlichkeit ist nämlich das unaufhebbare Ungleichgewicht zwischen Experten und Laien, zwischen wissenschaftlichem Wissen und Alltagswissen, zwischen Fakten und Sensationen. Oder ist die Öffentlichkeit schuld, weil sie Angst vor der Eigenverantwortung hat? Gibt es „Die Sehnsucht nach einer verlogenen Welt", wie sie Günter Ederer in seinem 2000 erschienenen Buch beschreibt? Befriedigen Wissenschaftler sie nur besonders geschickt? Ederer überschreibt ein Kapitel „CO_2-Weltuntergang als Steuerquelle"!

Die Bemühungen, die Kluft zwischen Wissenschaft und Öffentlichkeit zu überbrücken, kranken an der überholten Vorstellung von der Wissensordnung. Sie geht nämlich davon aus – das zeigt sich bei Hubert Markl –, dass die Wissenschaft immer noch das uneingeschränkte Wahrheitsmonopol habe und daher allgemein Anweisungen geben könne, was als „Wahrheit" zu gelten habe. Diese Art Anweisungsbefugnis hat ihre Vertreter, die Wissenschaftler, mit einem überaus elitären Bewusstsein ausgestattet. Alexander von Humboldt, der große Weltreisende und Forscher, schrieb 1841 an seinen Freund Friedrich von Raumer: „Mit dem Wissen kommt das Denken, und mit dem Denken der Ernst und die Kraft in die Menge." Die Weitergabe des Wissens an „die Menge" war Teil seiner Überzeugung von der Verbesserung der menschlichen Zivilisation. Auch über die Hoffnungen, die er an die Wissensweitergabe knüpfte, schrieb er dem Freund. „Möge die Verbreitung des Denkens der Menge Kraft geben, ohne welche nicht bewahrt werden kann, was schon errungen ist." Wissenschaft war für von Humboldt noch nicht der Schlüssel zum „großen Geld".

Doch Wissenschaft an sich hat kein Monopol auf Wissen. Es gibt stets auch ein Wissen jenseits des wissenschaftlich Gewussten. Dies zeigt sich ganz besonders bei der Klimaforschung. Die klassische Klimatologie, wie sie Alexander von Humboldt betrieben hat, er gilt als der „Vater der Klimatologie", hat mit der modernen numerischen „Klimaforschung" keine Gemeinsamkeiten. Klimatologie war eine beschreibende oder deskriptive Wissenschaft im Rahmen der Geographie, der Erdbeschreibung. Die Klimatologie war „angewandte Meteorologie", sie behielt den Bezug zum Wetter. Die Beschreibung des „durchschnittlichen Wettergeschehens" orientierte sich an den Reliefwie den Vegetationsformen. Die Klimatologie hatte als „Wetterstatistik" nie auch nur den Anschein eines Anspruchs erhoben, eine mathematisch exakte, numerische Wissenschaft zu sein. Für Humboldt wäre es unvorstellbar gewesen, an der Unvorhersagbarkeit des Wetters vorbei 100jährige „Klimaprognosen“ zu machen.

Bei der modernen Klimaforschung ist das nun völlig anders. Sie erhebt Anspruch auf Exaktheit, obgleich sie weder Naturwissenschaft im weiteren noch Physik im engeren Sinne ist. Die Klimaforschung moderner Prägung kann schon deswegen keine Naturwissenschaft sein, weil sie sich nicht mit einem Naturvorgang befasst wie etwa die Meteorologie, deren Gegenstand das Wetter als physikalisches Geschehen ist. Gegenstand der Klimatologie ist das Klima, das heißt eine statistische Aufarbeitung und Verallgemeinerung des Wetters. Während sich die Meteorologie mit der Naturerscheinung Wetter herumschlägt, das heißt versucht, das Wetter zu analysieren und die ihm zugrunde liegenden physikalischen Vorgänge zu erfassen, um schließlich zu begründeten und einigermaßen verlässlichen Wettervorhersagen zu gelangen, versucht die Klimatologie, die Wettervergangenheit zu „bewältigen“ und zu „Normen“ zu verarbeiten, die keine sind. Meteorologie ist, kurz gesagt, die „Physik der Atmosphäre“, deren komplexe Erscheinungsformen wir schlicht summarisch als „Wetter“ bezeichnen. Zunächst gilt es also erst einmal, den physikalischen Zustand der Atmosphäre zu erfassen und zu erforschen, um dann vernünftige Vorhersagen zu formulieren. Wie schwierig das mitunter sein kann, zeigen die recht zahlreichen Fehlvorhersagen. Sie sind zwangsläufige Folge des chaotischen Verhaltens der Atmosphäre.

Aber zurück zum „Klima“: Nach dem Büchlein „Klima und Klimaschwankungen“ von Karl Knoch, erschienen im Jahr 1930 in der Reihe „Bildung und Wissenschaft“, wird Klima wie folgt definiert: „Gewöhnlich wird unter dem Klima eines Ortes die Gesamtheit der meteorologischen Erscheinungen verstanden, die den mittleren Zustand der Atmosphäre an dieser Erdstelle kennzeichnen. In diesem Sinne hat man auch das Klima als die „Gesamtheit der Witterungen“ eines längeren oder kürzeren Zeitraumes bezeichnet. Streng zu beachten ist dabei, dass Klima und Witterung nicht identische Bezeichnungen sind. ... Richtig ist, von der Witterung des trockenen Sommers 1911 in Deutschland zu sprechen, während das „Klima des Sommers 1911“ eine sprachliche

Unmöglichkeit ist." Doch solchen sprachlichen Unmöglichkeiten begegnet man heute zuhauf, insbesondere wenn es Klimaexperten wie Politikern darum geht, einfache Wetterkapriolen oder „Witterungsanomalien" als publikumswirksame „Beweise" für die prognostizierte Klimakatastrophe heranzuziehen.

Nach Karl Knoch hat die Klimatologie oder Klimakunde die Aufgabe, „uns mit den mittleren Zuständen der Atmosphäre über den verschiedenen Teilen der Erdoberfläche bekannt zu machen. Allerdings soll sie sich nicht auf den mittleren Zustand beschränken. Sondern es wird stets zu den dankbarsten Aufgaben der Klimakunde gehören, daneben die Abweichungen vom mittleren Zustand nach ihrer Häufigkeit und Dauer zu studieren und besonders auch den extremen Zügen des Klimas (den Klimaexzessen) nachzugehen. ... „Klimatologie ist regionale Meteorologie", so sein Kürzel. In diesem Satz ist der Zusammenhang zwischen Klimatologie und Meteorologie klar und unmissverständlich ausgedrückt. Die Meteorologie versucht die atmosphärischen Vorgänge als physikalische Prozesse zu deuten, die Klimatologie studiert die Beeinflussung dieser Prozesse in regionaler und jahreszeitlicher Beziehung. Sie versucht das mittlere Wettergeschehen in seinem jahreszeitlichen Ablauf zu beschreiben und bedient sich dabei solcher statistischen Gebilde wie dem hochsommerlichen „Azorenhoch", wie dem winterlichen „Islandtief", denen jedoch real keine Bedeutung zukommt. Die Geographie spielt dabei selbstverständlich eine große Rolle.

Nach allem bisher Gesagten ist die computergestützte numerische „Klimaforschung" eine Art Phantomforschung. Man gibt das Gebot der Regionalität auf, errechnet über Kontinente und Meere hinweg solch ein arithmetisches Unding wie die „Globaltemperatur" und ordnet dieser Fiktivtemperatur das Monstrum „Globalklima" zu. Und dieses Monstrum „Globalklima" wird zum Leben erweckt, um Unheil über die sich am Klima versündigende Menschheit zu bringen. Es geht zu wie in einem futuristischen Science-Fiction-Film. Der Politik wird die undankbare Aufgabe zugeschoben, uns vor diesem Monstrum zu schützen und damit die Menschheit vor dem Untergang zu retten. Hinzu kommen weitere wissenschaftliche Behauptungen. So unterstellt man zu wissen, dass im vorindustriellen „Klimagleichgewicht" die „Globaltemperatur" +15 °C betragen habe und diese nun aufgrund der Emission von „Treibhausgasen“ bedrohlich ansteige. Man unterstellt der Menschheit, ein gefährliches Experiment angestoßen zu haben, das sofortiges Handeln verlangt, auch wenn wissenschaftliche Unklarheiten bestehen. Werde demnach dem Anstieg der Treibhausgase nicht schleunigst und drastisch Einhalt geboten, drohe eine weitere „Erderwärmung“ bis hin zur Klimakatastrophe, dem „Klima-GAU“ als größtem anzunehmenden Unfall, den man sich in der Menschheitsgeschichte vorstellen könne.

Ein Mittelwert gibt keinen normalen Zustand wieder. Die Normalität liegt in den Abweichungen, wie die Geschichte mit ihrem klimatischen Auf und Ab zwischen Warm- und Kaltzeiten beweist. Von solch wissenschaftlich völlig unzulässigen Verallgemeinerungen abgesehen, widerspricht auch das Gerede von der „Klimakatastrophe“ allen bisherigen Erfahrungen. Unsere Vorfahren haben aus gutem Grund jede Abweichung zum Wärmeren hin immer als „Klimaoptimum“ bezeichnet, zum Kälteren hin aber als „Klimapessimum“. Sie sahen also das Katastrophale in der Abkühlung, also im gehäuft auftretenden nasskalten Wetter, das die Ernten verfaulen ließ. Dieses führte in geschichtlicher Zeit ohne die heute üblichen Hilfslieferungen häufig zu Hungersnöten und im Extremfall zu „Völkerwanderungen“, Kriegen und zum Untergang ganzer Kulturen. Geschichtliches Zeugnis ist der Untergang der Wikingersiedlungen auf Grönland zu Beginn der „Kleinen Eiszeit“.

Im Umweltbrief 20 des „Bundesministers des Innern“ vom 21. Januar 1980, dem „Bericht über die Auswirkungen von Luftverunreinigungen auf das globale Klima“ wird Klima wie folgt definiert: „Klima ist die Zusammenfassung des Wetters über die Gesamtheit einer Periode, die genügend lang ist, um seine statistischen Gesamteigenschaften festzulegen (Mittelwerte, Streuungen, Wahrscheinlich-keiten extremer Ereignisse usw.). Es ist von irgendeinem augenblicklichen Zustand weitgehend unabhängig (derzeitige Bezugsperiode: 1931 – 1960).“

Die naheliegende Frage, ob eine 30jährige Bezugsperiode auch nur annähernd ausreichend ist, um wirklich statistisch signifikante Ergebnisse zu erhalten, soll hier nicht erörtert werden. Zumindest ist die Periode von 30 Jahren bei weitem zu kurz, um irgendwelche „Jahrhundertereignisse“ definieren und daraus ableiten zu können. Worauf es mir ankommt ist, das Bewusstsein zu schärfen, dass die

Erforschung des Klimas eine rein statistische Angelegenheit ist und immer nur die Wettervergangenheit betrifft. Die Klimaforschung ist reine Statistik und keine physikalische Angelegenheit. Sie ist vergangenheitsorientiert und nicht zukunftsgerichtet. Die Klimatologie ist keine Naturwissenschaft im eigentlichen Sinne, auch wenn sie die verschiedensten physikalischen Wetterparameter berücksichtigt und statistisch miteinander verknüpft und zu korrelieren versucht, um Anhaltspunkte dafür zu finden, warum das mittlere Wettergeschehen von Raum zu Raum derart variiert.

Das Wissen der Naturwissenschaft muss immer experimentell abgesichert sein, es basiert auf der Wiederholbarkeit des wissenschaftlichen Nachweises. Das heißt, andere Wissenschaftler müssen, wenn sie die gleichen Versuche unter den gleichen Voraussetzungen durchführen, zu den gleichen Ergebnissen kommen. Nach Immanuel Kant schafft erst das Experiment die Gewissheit der Erkenntnis. Modelle, die mit Modellen verglichen werden, schaffen keine Gewissheit. Erst das Experiment als natürlicher Härtetest kann zeigen, ob es einen „Treibhauseffekt" gibt oder nicht. Doch wer im ideologischen Wolkenkuckucksheim sitzt und die mediale Lufthoheit besitzt, lässt sich auf kein Experiment ein. Er hofft, dass kein Journalist oder Politiker mal ein Lehrbuch aufschlägt wie das Buch „Physik" von Paul A. Tipler (Heidelberg 1994), um auf Seite 553 zum Newton'sches Abkühlungsgesetz zu lesen: „Die Abkühlungsgeschwindigkeit eines Körpers ist näherungsweise proportional zur Differenz der Temperaturen von Körper und Umgebung" und dies in Beziehung zu setzen zu der Behauptung, die „eiskalte" Erde würde sich im noch „eisigeren" Weltraum um 33 Grad erwärmen können.

Eine völlig neue „Deutung des Treibhauseffektes der wolkenfreien Atmosphäre" lieferten Prof. Dr. Ehrhard Raschke von der Universität Hamburg und Dr. Rainer Hollmann vom GKSS Forschungszentrum Geesthacht beim CO_2-Kolloquium der DECHEMA in Frankfurt/Main am 11. Oktober 2001. Sie kommen zu dem Ergebnis: „Man muss also den Treibhauseffekt als ständigen Antrieb zur Aufrechterhaltung der derzeitigen vertikalen Temperaturstruktur in der wolkenlosen Atmosphäre interpretieren." Das ist eine Beerdigung der bisherigen „Treibhausideologie", die seit Arrhenius eine Erwärmung der Erde durch

„Gegenstrahlung“ aus etwa 6 km Höhe postuliert. Wenn die langwellige Wärmestrahlung nur noch mit der jeweiligen „Umgebungstemperatur“ emittiert wird, dann ist bei einer Temperaturabnahme mit der Höhe eine Erwärmung des Bodens absolut ausgeschlossen. Die Autoren bekennen denn auch freimütig, dass eine direkte Messung des Treibhauseffektes „nicht möglich“ ist. Sie geben zu: „Der Treibhauseffekt selbst kann nur berechnet werden!“ Es ist also nur ein modellierter und damit politisch motivierter Effekt, sonst nichts.

Die Klimaforschung ist – ich wiederhole mich – nicht nur keine Naturwissenschaft, sie befasst sich grundsätzlich nur mit der Vergangenheit, sprich, dem vergangenen Wetter. Erst wenn das Wetter „vorbei“ ist, kann der Statistiker seine Arbeit beginnen. Wenn man morgens um 7 Uhr, mittags um 14 Uhr und abends um 21 Uhr die meteorologischen Instrumente abgelesen und die Werte notiert hat, dann kann man frühestens mit der Mittelwertbildung beginnen. Die Tagesmitteltemperatur ergibt sich in Deutschland, indem man wie folgt rechnet: Man nehme den Messwert von 7 Uhr, den von 14 Uhr, den von 21 Uhr doppelt. Dann addiere man alles und teile es durch vier. Das ergibt die Tagesmitteltemperatur. Sie ist eine eindeutig errechnete und keinesfalls gemessene Größe! In der Schweiz addiert man die Messwerte von 7h, 13h und zwei Mal 19h und dividiert die Summe durch vier; in Frankreich nimmt man die höchste und niedrigste Temperatur des Tages und teilt die Summe durch zwei. Das Ergebnis? Drei verschiedene europäische Länder haben drei verschiedene Tagesmitteltemperaturen bei gleichem Temperatur- und damit Wetterverlauf! Beim Klima kommt es immer auf die Definition an.

Die Tagesmitteltemperatur spiegelt irgendeine „Wettervergangenheit“ wider, sagt aber nichts über das Wetter selbst aus. Sie sagt nicht, ob es ein windiger und regnerischer Tag mit ganz geringen Temperaturschwankungen war, der den Mittelwert von 15 Grad bescherte, oder ob es ein wolkenloser Tag war mit kühlem Morgen nach starker nächtlicher Abkühlung wie im Mai anlässlich der „Eisheiligen“ oder im Juni bei der „Schafskälte“ und wohliger Mittagswärme. Die am Ende eines Jahres berechnete Jahresmitteltemperatur ist eine schlichte „Hausnummer“, die absolut nichts über den tatsächlichen Wetterablauf des Jahres aussagt. Man kann nun die „Hausnummern“ von Rio de Janeiro,

New York, Tokio, Sydney, Berlin, Moskau, Königsberg, Kapstadt usw. miteinander vergleichen und eine Temperatur-Reihenfolge aufstellen. Man kann aber auch alle Temperaturen in einen Topf werfen, das arithmetische Mittel bilden und schauen, was dabei herauskommt. Das Ergebnis ist ein Zahlenwert ohne Wert, ein nichtssagender Spielwert, der für keinen der genannten Orte Gültigkeit hat. Exakt so ein Wert ist die „Globaltemperatur".

Die Klimaforschung ist im Gegensatz zur Klimatologie, die nie den Anspruch erhoben hatte, eine Naturwissenschaft zu sein, eine Objektivität vortäuschende Pseudowissenschaft. Sie ist eine „Umweltwissenschaft". Was darunter zu verstehen ist, beschreibt Hans-Jochen Luhmann, stellvertretender Leiter der Abteilung Klimapolitik am Wuppertal Institut für Klima, Umwelt, Energie in „Gegenworte" Heft 3 (1999) in einem Artikel „Zwei-Kanal-Ton-Wissenschaft":

„Nach dem zweiten Weltkrieg hat die Naturwissenschaft eine „Schwester" bekommen, die immer bedeutender wird: die Umweltwissenschaften. Deren Aufgabe lautet gemäß dem Mandat, welches in Deutschland den beiden wissenschaftlichen Umweltsachverständigenräten, dem Rat von Sachverständigen für Umweltfragen (SRU) und dem Wissenschaftlichen Beirat der Bundesregierung für Globale Umweltveränderungen (WBGU), in ihren jeweiligen Errichtungserlassen gegeben worden ist: Sie sollen „die jeweilige Situation der Umwelt und deren Entwicklungstendenzen darstellen (und) sollen Fehlentwicklungen. ... aufzeigen".

Aus dem Sinninhalt und der Entstehungsgeschichte dieser Formulierung geht unzweifelhaft hervor, dass das „Aufzeigen von Fehlentwicklungen" prognostisch zu sein hat und nicht nur als wertende Tatsachenfeststellung im Nachhinein zu sehen ist. Die Gesellschaft erwartet von den Umweltwissenschaften keine Vergangenheits- und Zustandsbeschreibung, sondern vielmehr zukunftsbezogene Aussagen. Sie erwartet Prognosen und seien diese auch noch so spekulativ. Einzig auf die Placebowirkung in der Öffentlichkeit kommt es an.

Luhmann gibt offen zu: „Die Wissenschaft beziehungsweise der Wissenschaftler ist damit in einem Dilemma. Die Gesellschaft verlangt von den Umweltwissenschaften etwas anderes, als die Naturwissenschaft zu leisten sich zutraut. In der Umweltwissenschaft geht es zweifellos um Natur. Gleichzeitig aber geht es, insbesondere beim Klimathema, um ein Einziges, das, zumindest als Ganzes, nicht Gegenstand experimentellen Wissens sein kann. Die klassische Methode zur Sicherung der Sicherheit des Wissens gelangt an ihre Grenze. Die Konsequenz ist, dass der einzelne Umweltwissenschaftler sich in einem schweren Rollenkonflikt befindet. Gedanklich und sozial ist er der klassischen Naturwissenschaft verhaftet. In ihr „herrscht" – im wörtlichen Sinne – der Positivismus. Nach positivistischer Auffassung kann sich Wissen im eigentlichen Sinne, weder auf die Zukunft noch auf Werte beziehen. Prognosen und Werturteile sind deshalb keine wissenschaftlichen Äußerungen, sondern „Glaubensfragen".

Im Klartext bedeutet dies, dass sich unter dem Tarnnamen „Umweltwissenschaft" die Politik der Naturwissenschaften bemächtigt und sich untertan gemacht hat. Die Politik hat die Definitionshoheit, weil sie die Finanzhoheit hat. So wie es schon einmal unter anderen ideologischen Vorzeichen eine „deutsche Physik", eine „deutsche Chemie", eine „deutsche Biologie" gegeben hat, so gibt es im „Okozeitalter" eine Umweltphysik, eine Umweltchemie, eine Umweltmeteorologie, eine Umweltmedizin etc. Alle diese Begriffe sind Pleonasmen wie die „Volksdemokratie", zu Deutsch die „Volksvolksherrschaft" oder das „Ökohaus" als „Haushaus". Unklar ist nur, wer eigentlich die politischen Vorgaben gibt. Ist es die Politik, welche die Vorgaben diktiert wie bei dem „Manhattan-Programm" zur Entwicklung der Atombombe oder beim „Apollo-Programm", das dem Sputnik-Schock folgte und die Landung eines Amerikaners als erstem Menschen auf dem Mond zum Ziel hatte? Oder sind es „politisierte" Wissenschaftler, die „Pseudoprobleme" mitsamt Forschungsbedarf formulieren, „Katastrophen" erfinden und Warnungen aussprechen, um sich dann mit der über die Medien stimulierten Angst und Betroffenheit in der Bevölkerung staatliche Stellen als Geldgeber gefügig zu machen?

Jedenfalls hat die „Klimaerforschung" ausschließlich historischen Wert. Sie stellt fest, was in der Vergangenheit durchschnittlich der Fall war und kann über die Zukunft nichts vorhersagen, es sei denn, man unterstellt ein vorgegebenes Gleichgewicht in der Natur als Glaubensdogma. Diese Beschränkung auf die Vergangenheit steckt bereits in der Definition von „Klima". Nach offizieller Definition der Weltorganisation für Meteorologie in Genf ist Klima das „mittlere Wettergeschehen einer ganz bestimmten 30jährigen Periode. Die erste „Klimaperiode" wurde 1935 „demokratisch" festgelegt und umfasst die Jahre 1901 bis 1930. Man glaubte damals, dass eine derart lange Mittelungsperiode einigermaßen „konstante" Werte liefern würde und bezeichnete daher die Zeitspanne als „Klimanormalperiode". Der Einwand vieler Klimatologen, dass die Natur derartige im Nachhinein errechneten Mittelwerte nicht kenne und diese somit niemals die „Norm" für das zukünftige Wetter sein könnten, wurde damals schlichtweg bagatellisiert und mehrheitlich abgelehnt. Hans-Jochen Luhmann hat also uneingeschränkt Recht, wenn er von einem „schweren Rollenkonflikt" spricht, dem Wissenschaftler ausgesetzt sind, die sich an der Max Weber'schen „Wertfreiheit" der Wissenschaften zu orientieren versuchen.

Einmal als Umweltwissenschaft deklariert, muss die Klimaforschung mit ihren Prognosen die Wünsche der gesellschaftspolitischen Umwelt erfüllen, die sie selbst geweckt hat. Sie muss mit allen Tricks an dem „Treibhauseffekt" festhalten, den sie erfunden hat, um darauf eine „Klimakatastrophe" aufzubauen. Sie kann auch nicht von den Reduktionszielen abweichen, die sie als Schutzmaßnahmen vorgeschlagen hat. Sie kommt aus dem Teufelskreis nicht heraus. Seine Zerstörung muss von außen erfolgen, durch die bisher „schweigende Mehrheit" der Wissenschaftler. Da es im Grunde nichts zu erforschen gibt, weil es den „Effekt" nicht gibt, muss die Klimaforschung, will sie ihre politische Mission weiterhin erfüllen, ständig über die Medien für Aufregung und Spannung sorgen und jede „Wetterkapriole" als Indiz der angekündigten Klimakatastrophe hochspielen. Mit Wissenschaft im klassischen Sinn hat das nichts zu tun. Umweltmeteorologie wie Umweltphysik haben viel mit Metaphysik zu tun; sie sind a-physikalisch!

Damit sind wir wieder einmal bei der Wahrheitsfrage angelangt, die eigentlich gar nicht mehr gestellt zu werden brauchte, da „Prognosen" und „Werturteile" weitgehend „Glaubensfragen" sind. Die Klimaforschung flüchtet sich ins Reich der Mystik. Doch diese Flucht hilft ihr nicht, sie muss sich dem eisigen Wind der harten Fakten stellen, vor dem sie auch das politische Begünstigungsmäntelchen weder dauerhaft noch nachhaltig schützen kann. Indem die Politik dem Bürger die

„Daumenschraube“ Ökosteuer angelegt hat, gibt sie ihm auch das Recht zu fragen, was es wirklich mit dem „Klimaschutz“ auf sich hat. Mag man in abgelegenen Gebieten wie der „Nanotechnologie“ die Meinung vertreten können: „Alles was der Mensch will, wird machbar sein“ (Frankfurter Allgemeine Zeitung vom 21. September 2000), beim Wetter hören solche Wunschträume offensichtlich auf. Da zeigt sich die wahre Ohnmacht des Menschen. Beim Wetter ist der Mensch in der Rolle des Spielballs und nicht des Spielers. Spätestens beim Wetter müssen sich die „Klimaforscher“ der Realität stellen.

Da weder die beteiligten Wissenschaftler noch die Klimapolitiker ein Interesse daran haben, die Berechtigung und die Wirksamkeit ihrer Klimaschutzmaßnahmen aufgeklärt zu wissen, muss der Bürger diese mit Nachdruck einfordern. Er bezahlt schließlich mit seinen Steuergeldern sowohl die Politiker als auch die Wissenschafter und ihre Klimaschutz-Maßnahmen. Der geduldige „deutsche Michel“ sollte sich endlich die Schlafmütze vom Kopf ziehen und Licht in das finstere „Klimakatastrophentheater“ bringen.

Politiker in der Klemme – „Ökosteuer“ ja, nein oder jein?

Am 13. September 2000 forderte der Vorsitzende der CDU/CSU-Bundestagsfraktion Friedrich Merz nach einem Bericht der FAZ Bundeskanzler Gerhard Schröder in der Bundestagsdebatte auf: „Stoppen Sie den Unfug mit der Ökosteuer und erklären Sie noch vor Weihnachten, dass weitere Erhöhungsstufen der Ökosteuer nicht in Kraft treten.“ Merz wollte sich damit an die Spitze des Bürgerprotestes gegen die extrem hohen Benzinpreise setzen. Doch, die Frage sei erlaubt, warum diese Halbherzigkeit „keine weiteren Erhöhungsstufen der Ökosteuer“? Wenn, dann muss die ganze Wahrheit auf den Tisch, muss der grundsätzliche Sinn oder Unsinn der „Ökosteuer“ erörtert werden! Oder geht es der Opposition in Wirklichkeit doch nur um populistischen Stimmenfang? Ein eigener politischer Gestaltungswille ist dort leider auch nicht andeutungsweise zu erkennen. Der Oppositionsführer empfiehlt dem Kanzler, dem Bürger wegen dessen „mieser Stimmung“ ein Weihnachtsgeschenk zu machen. Doch an eine Abschaffung der milliardenschweren Ökosteuer denkt er keineswegs, weil sie dem Bundeshaushalt fehlen und im Falle eines Wahlsieges das Regieren nicht erleichtern würden. Ob seiner offenkundigen Unehrlichkeit verpuffte der Vorschlag von Merz und brachte keinerlei publikumswirksamen „Punkte“.

Die Vorsilbe „Öko“ ist nur Dekoration um die Steuererhöhungsteuer und insofern ein Etikettenschwindel, wenn nicht gar vorsätzlicher Betrug, weil das Versprechen Klimaschutz prinzipiell nicht einzulösen ist. Als am 1. April 1999 die Ökosteuer, leider nicht nur als Aprilscherz, nahezu einstimmig den Bundestag passierte und Gesetzeskraft erlangte, da frohlockte der umweltpolitische Sprecher der Bundestagsfraktion Bündnis 90/Die Grünen, Dr. Reinhard Loske MdB, der übrigens an der wirtschaftswissenschaftlichen Fakultät der Universität Marburg über das Thema „Klimaschutz“ promoviert wurde, in der Zeitschrift „Unternehmen & Umwelt“ 1/99:

„Der Einstieg in die ökologisch-soziale Steuerreform, von dem seit über einem Jahrzehnt gesprochen wird, ist gelungen. Ohne den Regierungswechsel gäbe es den Einstieg nicht, denn weder die alte Koalition noch eine große Koalition hätte diesem Politikkonzept einen hohen Stellenwert beigemessen.“ Weiter: „Es ist vereinbart, die Beitragssätze zur Rentenversicherung in drei Schritten a 0,8 Prozentpunkte abzusenken und dies durch Steuern auf Mineralöl, Strom, Gas und Heizöl zu finanzieren. Am Ende der Legislaturperiode wird die Abgabenlast auf den Faktor Arbeit um rd. 40 Mrd. DM niedriger und diejenige auf denn Faktor Energie um rd. 40 Mrd. DM höher liegen.“

Die Ökosteuer verdanken wir also nach dem Bekenntnis von Dr. Reinhard Loske, MdB, vor allem dem Drängen von Bündnis 90/Die Grünen. In diesem Sinne äußert sich auch Mathias Seiche vom Bund für Umwelt und Naturschutz Deutschland (BUND). Er forderte sofort ein Nachbessern, denn „der geplante Erhöhungspfad bei den Energiesteuern reicht nicht aus, um das Klimaschutzziel der Bundesregierung anzupeilen. Die Stufen müssten ca. zweieinhalb mal so hoch sein.“ Das sind 15 Pfennig inklusive Mehrwertsteuer. Der Bundesverband Junger Unternehmer äußerte sich am 18. Januar 1999 dagegen: „Ausgangspunkt für eine ökologische Steuerreform müssen Umweltziele sein. ... Es drängt sich der Eindruck auf, der Gesetzentwurf diene vorrangig dazu, Einnahmen für die Subventionierung der Sozialsysteme statt ökologische Wirkungen zu erzielen.“

Diesen Eindruck bestätigte Bundeskanzler Gerhard Schröder am 19. Oktober 1999 in einer Rede vor der Delegiertenversammlung des deutschen Einzelhandels. Er führte aus: „Sie haben über die Ökosteuer geredet und sie kritisiert. Das kann ich nachvollziehen. ... Was haben wir gemacht? Wir haben die Ökosteuer eingeführt. Ich weiß, das ist eine Belastung. Aber wir haben diese Einnahmen ausschließlich dafür verwendet, die Beiträge der Rentenversicherung nicht nur stabil zu halten, sondern zum ersten Mal sind sie um 0,8 Prozentpunkte gesunken.“ Es wäre eine parlamentarische Anfrage wert gewesen, ob das Wörtchen „ausschließlich“ der Wahrheit entspricht.

Schelte ob seiner Doppelzüngigkeit musste sich auch der ADAC-Präsident Otto Flimm ausgerechnet von der Wochenzeitung „Die Zeit“ gefallen lassen. Sie erinnerte ihn am 5. Januar 2000 daran, dass er schon vor Jahren ein „Umdenken“ für nötig befunden und einen Benzinpreis von zwei Mark je Liter für angemessen gehalten habe. „Die Zeit“ schrieb: „Die Vorteile des Autos, schrieb ADAC-Präsident Otto Flimm vor einigen Jahren, würden „individuell empfunden“, während „die Nachteile mehr genereller Natur sind, das heißt die Allgemeinheit betreffen“. „Diese Einsicht muss in Erinnerung gerufen werden, da sich neuer Streit um die Ökosteuer anbahnt – bloß weil Autofahrer beim Tanken dieser Tage einen Nachteil ihrer Fortbewegungsweise ganz individuell empfinden. Erstmals übersteigt der Benzinpreis hierzulande eine Grenze, die in den meisten Nachbarländern längst überschritten ist: zwei Mark pro Liter.“

Doch der absolute Preis ist nicht der Knackpunkt: Es ist die Art und Weise, wie der Bürger „abgezockt“ wird, gleichgültig, ob er Auto fährt, Strom verbraucht oder mit Gas oder Öl heizt. Walter Hamm hat es in der Frankfurter Allgemeinen Zeitung vom 3. April 1999 auf den Punkt gebracht: „Die Armen ärmer machen“:

„Die rot-grüne Koalition hat eine neue Form der Einkommensverteilung entdeckt. Wer Arbeit hat, wird entlastet. Arbeitslose, Sozialhilfeempfänger, Wenigverdienende und Rentner müssen draufzahlen. Die Ökosteuer macht es möglich. Alle Berechnungen des Bundesfinanzministeriums über Steuerentlastungen beziehen sich allein auf Haushalte, in denen es mindestens einen Verdiener gibt... Immer deutlicher wird, dass die rot-grüne Bundesregierung unter sozialer Gerechtigkeit allein Einkommensverbesserungen zugunsten breiter Schichten der arbeitenden Wähler versteht. Diejenigen, die schlecht organisiert sind und keinen politischen Druck ausüben können, werden vergessen und benachteiligt. ... Über vier Millionen Arbeitslose, mehr als zwei Millionen Sozialhilfeempfänger, rund 20 Millionen Rentner und zahlreiche Wenigverdiener bezahlen keine Lohnsteuer, profitieren also nicht von der Lohnsteuersenkung und allenfalls minimal von der Senkung der Rentenversicherungsbeiträge. Die Ökosteuer trifft dagegen die Haushalte voll – ohne Entlastung. ... Eigentlich müssten die Anwälte der Armen unter den Politikern und in den Kirchen nun mit flammenden Protesten gegen die Umverteilung zu Lasten der ganz Armen auftreten. ... Aber sie schweigen sich aus. ... Die rot-grüne Koalition ist mit dem Versprechen angetreten, sie werde für mehr soziale Gerechtigkeit sorgen. Weit über 20 Millionen Wählern wird jetzt demonstriert, was von solchen Versprechungen zu halten ist.“

Ein glänzendes Beispiel für erfolgreichen Lobbyismus gab am 13. September 2000 Bundesumweltminister Jürgen Trittin. Die Frankfurter Rundschau fragte ihn: „Herr Trittin, Spediteure, Taxifahrer, Bauern gehen gegen die Regierung auf die Straße. Das müsste doch einem grünen Vorkämpfer für Bürgerproteste sympathisch sein." Jürgen Trittin antwortete: „Nicht jede Form von Dreistigkeit muss sympathisch sein. Insbesondere die Reaktion der Landwirte ist mir völlig unverständlich. Wir sind gerade in den Beratungen über bereits im Sommer beschlossene Veränderungen beim Agrardiesel. Die laufen auf eine weitgehende Entlastung der Bauern von der Ökosteuer hinaus. Wenn die Landwirte jetzt glauben, sich den Protesten der Spediteure anschließen zu müssen, dann ist das schlicht und ergreifend Protest um des Protestes willen." Es gibt offenbar zwei Arten von Kohlendioxid-Molekülen, die vom „politischen" Klima auf Druck hin begünstigten und die klimaschädlichen, die keine starke Lobby hinter sich haben. Das liegt nämlich in der ursprünglichen Bedeutung des aus dem Griechischen kommenden Wortes „Klima". Es heißt schlicht und einfach „Neigung!"

Erstaunlicherweise stark engagiert hat sich bei der Ökosteuerdiskussion auch der parteilose Bundeswirtschaftsminister Dr. Werner Müller. Er gab am 13. September 2000 der BILD-Zeitung ein Interview und führte als Hauptargument an: „Anders können wir den dringend notwendigen Klimaschutz nicht erreichen." Hierzu schrieb ich für die Zeitschrift FORUM am 21. September 2000 folgenden Kommentar:

„Wie dringend notwendig Klimaschutz ist, das konnte der Wirtschaftsminister wenige Tage später in der Frankfurter Allgemeinen nachlesen: „In Wall Street hat sich das Klima verschlechtert". Diese Klimaverschlechterung am amerikanischen Aktienmarkt wird auf die steigenden Ölpreise zurückgeführt. Und diese sind in Deutschland automatisch mit der Mineralöl-, Öko- und Mehrwertsteuer gekoppelt. Wenn der Wirtschaftsminister diese negativen Auswirkungen auf den Aktienmarkt wie die gesamte Wirtschaft beheben und das Konjunktur- und Wirtschaftsklima verbessern will, dann müsste er konsequenterweise die Ökosteuer abschaffen. Ein verschlechtertes Wirtschaftsklima bleibt ja nicht ohne Folgen auf das Arbeitsmarktklima und generell das Arbeitsklima. Dieses wiederum bleibt nicht ohne Folgen für das familiäre Klima, das soziale Klima wie auch das politische Klima. Bereits der „ifo-Konjunkturtest Juli 2000“ hatte warnend gemeldet: „Klimaindikator gibt erneut nach“.

Die Arbeit des Wirtschaftsministers sollte vor allem in dem unermüdlichen Bemühen bestehen, seine ganze Schaffenskraft dem Schutz des Wirtschaftsklimas zu widmen. Und das heißt nichts anderes, als für „Hochdruck“ in der Konjunktur zu sorgen. Nur so kann der Sozialstaat sein übergeordnetes Ziel erreichen, ein generelles Klima der Freiheit, Sicherheit und Zufriedenheit. Wenn dieses das erklärte Ziel aller Politik ist, warum ist der Wirtschaftsminister nicht für die sofortige Abschaffung der Ökosteuer? Als Ressortminister hat er für wirtschaftliche Prosperität zu sorgen, die Disziplinierung des Klimas gehört nicht zu seinen Amtspflichten. Im Gegenteil, er verletzt sie sträflich, wenn er tatenlos zusieht, wie das Wirtschaftsklima durch die Ökosteuer langsam ruiniert wird. ...

Der moderne, technisch hochgerüstete Mensch hat die von Johann Wolfgang von Goethe geforderte „Ehrfurcht vor der Natur“ verloren. Er wähnt sich als unumschränkter Herrscher über die Natur getreu der Maxime von Karl Marx: „Nur die anthropogen gestaltete Natur ist die wahre Natur“. Also auch das Klima habe dem Menschen zu gehorchen nach der absurd-größenwahnsinnigen Vorstellung: „Alles, was der Mensch will, wird machbar sein, weil es dem Fortschritt dient.“ Dennoch: Das Wetter entzieht sich zum Glück der Machbarkeit!

An diesem Punkt ist es angebracht, nochmals auf die Vielfältigkeit und damit Unbestimmtheit des Begriffes Klima näher einzugehen und damit das Rätsel um das Klima aufzulösen. Klima ist längst nicht gleich Klima. Jeder Mensch ist von Natur aus bedacht, sich die Umwelt zugeneigt zu machen, um in einem „Klima der Glückseligkeit“ zu leben. Schon der erste „Schrei“ ist Ausdruck des Unbehagens am „Klima“! Zuneigung ist Grundvoraussetzung für gedeihliches Wachstum, für spätere Kommunikationsfähigkeit. Das Klima muss stimmen, die mütterliche wie familiäre Zuneigung, das schulische Klima, das Berufsklima, das Klima in der Ehe. Auch die Bäume sollen uns unter der Last der Früchte so zugeneigt sein, dass uns diese direkt in den Schoß fallen. Der Traum vom „Paradies“ als einem Idealklima, wo Milch und Honig fließen, steckt zutiefst in unserem Innersten!

Das politische Vorhaben Klimaschutz orientiert sich am Wunschtraum eines vorindustriell-paradiesischen Klimagleichgewichts und inszeniert eine kollektive „Scheinbefriedigung“. Endlich müsse Schluss sein damit, dass das Klima zwischen Eis- und Warmzeiten hin- und herpendelt, ohne die geringste Rücksicht auf unsere menschlichen Bedürfnisse zu nehmen. Das „Globalklima“ habe sich gefälligst an die errechnete „Globaltemperatur“ von +15 °C zu halten und sich künftig auf diesem „Tugendpfad“ zu bewegen. Und exakt hierzu, so der Wirtschaftsminister, sei die Ökosteuer notwendig, unabdingbar. Schlimmer, die Ökosteuer, die Professor Dr. Hartmut Graßl in Kioto als „Daumenschraube“ bezeichnete, müsse immer fester angezogen werden, damit vor lauter Schmerzen die Autofahrer ihr „klimakillendes“ Freiheits- und Mobilitätsbedürfnis endlich aufgeben. Die Autofahrer seien, so der Trierer Volksfreund am 1. September 2000, schuld an der „Klimawende“. Die Zeitung bezog sich dabei auf den Luxemburger „Klimaexperten“ Dirk Mertes. Der weiß: „Die Häufung von Wolkenbrüchen fällt nicht vom Himmel: Auch Deutschland wird vom Treibhauseffekt eingeholt“!

Was hat nun auf einmal das Klima mit dem Wetter zu tun? Auch wenn ich mich wiederhole, diese Frage ist keineswegs dumm, denn mit beiden Begriffen wird ein geschicktes Täuschungsspiel getrieben. Um den Leuten die Klimakatastrophe nachdrücklich vor Augen zu führen, muss man auf das Wetter zurückgreifen. Auch wenn wir ständig von Klima reden, in der Natur zeigt sich kein Klima. Dieses ist eine vom Menschen errechnete statistische Größe. Klima gibt es nicht und tut daher nicht weh. Klima erwärmt sich auch nicht. Wir können eine Tagesmitteltemperatur weder messen noch spüren, wir müssen sie errechnen! Statistische Werte sind Orientierungs- und Vergleichswerte, sie sind „Hausnummern“. Nach Festlegung der Weltorganisation für Meteorologie in Genf ist Klima das „mittlere Wettergeschehen“ einer 30jährigen Periode. Das „mittlere Wettergeschehen“ hat keine Wirklichkeit. Wirklich ist einzig und allein das ruhelose Wetter mit seiner Launenhaftigkeit, ja Unbeständigkeit. Warum haben wir dann Angst vor der „Klimakatastrophe“? Dies ist ein psychologisches Problem. Diese Angst wurde uns von „Klimaexperten“ über Wort, Schrift und Bild durch die Medien solange eingeredet, bis wir nicht mehr fragten, sondern blind glaubten und uns widerstandslos von dem ach so für- und vorsorglichen „Vater Staat“ die Ökosteuer aus der Tasche ziehen ließen.

Eine Klimakatastrophe gibt es nur in unserer Einbildung. Sie ist eine Scheingefahr, aber keine reale. Sie wird auch nie eine Gefahr werden, denn das Klima folgt als gleitendes Mittel dem Wetter wie das 200-Tage-Mittel dem täglichen DAX an der Börse. So wie der gemittelte DAX keinen Börsencrash auslösen kann, so kann das Klima auch keine Klimakatastrophe auslösen. Das Wort „Klimakatastrophe“ gehört zu den Unworten der Öko-Bewegung, die den Ruf nach „Klimaschutz“ geradezu provozieren und jeden, der dieses Scheinproblem beim Namen nennt, gleich ins argumentative und damit gesellschaftspolitische Abseits stellen. Im Begriff Klimakatastrophe wurde trickreich Ursache und Wirkung vertauscht und das macht ihn zum Kampfbegriff der angestrebten „Transformation der Industriegesellschaften“. Bleibt als Erinnerungsposten festzuhalten: Es gibt nur Wetter, und nur dieses allein kann uns Katastrophen bescheren, gegen die wir allerdings machtlos sind.

Wenn schon allen politischen Parteien der Mut fehlt, vom Vorhaben Klimaschutz wieder wegen Unsinnigkeit abzurücken und die Ökosteuer abzuschaffen, so sollte wenigstens der Bürger nicht zögern, dies durch nachhaltigen Protest zu erzwingen. Er darf nicht zulassen, dass das Ökosteuergesetz als eine Art „Ablasshandel auf Ewig“ eingerichtet wird, zumal das Versprechen nie eingehalten werden kann, weil etwas prinzipiell Unmögliches damit erreicht werden soll. Wer Klimaschutz verspricht, sollte erst einmal darlegen, wie er uns vor dem launischen und wahrhaft gewalttätigen Wetter schützen will. Hat je ein Politiker darüber nachgedacht? Es ist das Wetter, das mit Hagel die Ernte zerschlägt, mit Orkanen Wälder umknickt, mit Hochwasser Städte unter Wasser setzt, Sturmfluten verursacht etc. Niemand hat das Wetter im Griff, kann dem Wetter vorschreiben, was es zu tun und zu lassen hat. Wer will einem Wirbelsturm vorschreiben, welche Zugbahn er zu nehmen hat? Allein die Vorstellung daran ist lächerlich und scheitert an der Macht der Natur. Es ist eben nicht alles machbar! Selbst ein Raketenstart ist vom Wetter abhängig.

Das Wetter entzieht sich dem Begehren, es nach eigenem Willen planen und gestalten zu wollen. Das Wetter bezieht seine schier unendlichen Energien, auch seine ungeheuren Zerstörungskräfte, von der Sonne. Täglich gehen auf der Erde rund 45 000 Gewitter nieder, dabei werden Energien umgesetzt, die etwa 900 000 Hiroshimabomben entsprechen. Kein Wunder, dass die Experten einen Klimaschutz erfunden haben und keinen Wetterschutz, wobei der Begriff „Regen- oder Wetterschutz" bedeutet, dass man sich vor dem Wetter schützen will und nicht das Wetter selbst.

„Klimaschutz" ist für Politiker wie Wissenschaftler ein Goldesel, ebenso für die Medien, für die sich Meldungen nur lohnen, wenn sie die Leute aufregen, einen Nervenkitzel verursachen. Der Staat soll den Goldesel der Wissenschaft immer gut mit Forschungsgeldern füttern, die dieser zuvor dem Goldesel „Steuerzahler" abnehmen muss. Denn der Bürger hat schließlich die Zeche zu zahlen. Er bekommt dafür ein Nichts, den „Klimaschutz"! Es wird Zeit, dass er sich wissend macht, den „Treibhauseffekt" als Schwindel erkennt, den Klimaschutz als Betrug entlarvt und die sofortige Außerkraftsetzung der „Ökosteuer" fordert. Das Aktien- und Arbeitsmarktklima, das Konjunktur- wie das Wirtschaftsklima ließen sich dadurch in der Tat verbessern."

Die Erde ist kein Treibhaus, die Lufthülle kein Glasdach

In dem schon erwähnten Umweltbrief des Bundesinnenministers vom 21. Januar 1980 hat der „Treibhauseffekt“ noch einen anderen Namen. Er wird wie folgt begründet:

„Von der einfallenden kurzwelligen Sonnenstrahlung (100%) werden im Mittel ca. 19% von der Atmosphäre absorbiert und ca. 30% wieder in den Weltraum reflektiert. Der Rest von ca. 51% wird von der Erdoberfläche absorbiert. Hiervon werden wiederum ca. 21% als langwellige Rückstrahlung und ca. 30% als fühlbare (7%) und latente (23%) Wärme an die Atmosphäre abgegeben. Von der langwelligen Rückstrahlung werden 15% in der Atmosphäre absorbiert und 6% erreichen den Weltraum. Die Atmosphäre wirkt also ähnlich wie ein Glashaus. Sie lässt auf der einen Seite einen großen Teil der Sonnenstrahlung durch, absorbiert auf der anderen Seite aber die Rückstrahlung der Erde (Glashauseffekt).“

Zum Kohlendioxid und den anderen Spurengasen heißt es: „Trotz geringer Konzentration können diese Gase einen Einfluss auf den Temperaturhaushalt der Atmosphäre ausüben, weil ihre Absorptionsbanden innerhalb des atmosphärischen Transmissionsfensters für thermische Strahlen der Erdoberfläche und Atmosphäre liegen, nämlich im Bereich 7 bis 14 Mikrometern.“ Die Fenster seines Hauses kann der Mensch beliebig öffnen und schließen, doch auf das „Strahlungsfenster“ hat er keinen Einfluss. Es ist Realität und doch Fiktion!

Nach intensiven Forschungen veröffentlichte das Umweltbundesamt im August 1983 im Rahmen seiner „Texte“ eine Zusammenfassung des damaligen Kenntnisstandes „Die Auswirkungen von Kohlendioxid auf das Klima“. Dr. Jürgen Pankrath schreibt im Vorwort: „In den letzten Jahren ist vor Klimaänderungen gewarnt worden, die sich aufgrund menschlicher Aktivitäten – insbesondere durch die Freisetzung von Kohlendioxid – ergeben könnten. Die wissenschaftlichen Unsicherheiten sind jedoch zur Zeit noch sehr groß, so dass Angaben über Art und Ausmaß solcher Änderungen und über den Anteil, die Einflüssen durch menschliche Aktivitäten zuzuschreiben wären, noch nicht möglich sind." In dem Text selbst heißt es: „Das atmosphärische CO_2 ist für die sichtbare Sonnenstrahlung durchlässig, absorbiert aber einen Teil der von der Erde ausgehenden Wärmestrahlung (Treibhauseffekt). Eine Zunahme der atmosphärischen CO_2-Konzentration kann daher zu einer Erhöhung der globalen mittleren Temperatur führen."

Erstaunlich ist, dass Unsummen von Geld ausgegeben werden, um etwas zu erforschen, was nicht zu erforschen ist, aber als Klischeevorstellung seit Jahrzehnten in der populärwissenschaftlichen Literatur verbreitet wird. Zu den „eingeweihten" Kreisen und frühen Propagandisten gehörte Professor Dr. Hermann Flohn von der Universität Bonn. In seinem 1968 erschienenen Buch „Vom Regenmacher zum Wettersatelliten – Klima und Wetter" heißt es im Kapitel Strahlungs- und Wärmehaushalt: „Physikalisch verhält sich die Atmosphäre wie die Fenster eines Glashauses. Auch diese lassen die kurzwellige Lichtstrahlung fast ohne Verlust durch, absorbieren aber die nach außen gehende langwellige Wärmestrahlung und halten so das Innere des Glashauses warm." Warum muss man diese „Tatsache" Jahrzehnte „erforschen", wenn keine neuen Fakten dazukommen?

Wer es noch etwas einfacher und anschaulicher haben möchte, der braucht nur das Bändchen „Das Wetter" aus der Reihe „Wunder der Natur", das 1957 in den Vereinigten Staaten und 1963 in Deutschland erschien, aufzuschlagen. Die Autoren sind Paul E. Lehr vom United Staates Air Force Weather Central, sowie R. Will Burnett, Professor of Science Education und Herbert S. Zim, Professor of Education, beide von der University of Illinois. Gleich zu Beginn lautet eine Überschrift: „Die Erde ist wie ein Gewächshaus". Die Erklärung?: „Das Glas eines Gewächshauses lässt die kurzwelligen Sonnenstrahlen durch. Diese werden von den im Innern aufgestellten Gegenständen absorbiert und dann als langwellige Wärmestrahlen wieder ausgestrahlt. Da diese das Glas nicht durchdringen können, werden sie nach und nach im Inneren absorbiert. So kommt es, dass sich das Gewächshaus an kalten Tagen lauwarm hält. Die Erd-Atmosphäre lässt wie ein Gewächshaus den größten Teil der Sonnenstrahlung durch; während diese allmählich von der Erde absorbiert wird, wird sie in Form von Wärmewellen wieder ausgestrahlt, deren größerer Teil von dem in der Atmosphäre enthaltenen

Wasserdampf aufgenommen wird; auf solche Weise hält sich die Erde „lauwarm“.“

Auf der nächsten Seite steht: „Die Atmosphäre regelt automatisch den Wärmehaushalt der Erde wie ein Thermostat in irgendeiner Heizanlage. Sie schützt die Erde vor einer übermäßigen Sonnenstrahlung während des Tages, indem sie den schädlichen Strahlen den Weg versperrt, und während der Nacht verhält sie sich wie ein Isolierschirm, der den größeren Teil der Wärme hindert, sich zu verflüchtigen. Ohne die Atmosphäre würde die Erde Temperaturen ähnlich denen des Mondes haben, die während des Tages (der zwei Wochen dauert) 100° Celsius überschreiten und während der langen Nacht bis unter -150° absinken. Die Erde kühlt sich in klaren und heiteren Nächten schneller ab als in bewölkten, weil ein ganz bedeckter Himmel einen großen Teil der empfangenen Wärme gegen den Boden reflektiert, der sie seinerseits wieder absorbiert.“

Was sich so flott liest und der Volksbildung dienen soll, ist eher Volksverdummung. Zum Glück verlässt sich kein Mensch auf diese wissenschaftlichen „Erklärungen“, sondern vertraut lieber seinen eigenen Sensoren für Kälte- und Wärmeempfinden im Hypothalamus seines Großhirns. Bezogen auf die Körpertemperatur von etwa 37 °C melden die etwa 200 000 in die Körperoberfläche eingebauten Wärmesensoren, wenn es dem Körper zu kalt oder zu warm wird. Alle Lebewesen sind mit „Instinkten“, mit einem „Urwissen“, ausgestattet, das ihnen das Überleben ermöglicht. Eine Eiche hat es nicht in der Baum-Schule gelernt, trotzdem weiß sie, wann der Winter kommen wird und wirft vorher das Laub ab. Sie weiß nicht, ob dieser atlantisch-mild oder sibirisch-kalt sein wird. Sie weiß aber, dass die Temperaturen unter den Gefrierpunkt absinken werden, die für sie in vollem Blattgrün den sicheren Tod bedeuten würden. Daher entzieht die Eiche im Herbst den Blättern zuerst das wertvolle Chlorophyll, den für die Photosynthese unverzichtbaren grünen Farbstoff, so dass sich die Blätter verfärben, um sie dann ganz abzuwerfen. Sie verrotten, bilden Humus und setzen wieder Kohlendioxid frei für das nächstjährige Wachstum durch CO_2-Assimilation. Auch der Mensch braucht weder lesen, rechnen noch schreiben zu können, um instinktiv zu wissen, dass er ständig Wärme abgibt. Er friert von Natur aus, wie jeder lebende oder tote Körper. Jeder Körper, dessen

Temperatur oberhalb des absoluten Nullpunktes bei -273° Celsius oder 0 Kelvin liegt, strahlt unentwegt Energie in Form elektromagnetischer Strahlung ab. Diese Strahlung ist eine „Information" mit bestimmter Wellenlänge oder Wellenzahl. Die Information muss erst aufgenommen oder absorbiert werden, bevor sie in Wärme umgewandelt werden kann. Maß für die Wärme wiederum ist die Temperatur, die ein Maß für die Intensität der Molekülbewegung eines Körpers ist. Wird ein Körper wärmer, so wird diese hektischer, er dehnt sich aus. Darauf beruht die Temperaturmessung. Die Höhe der abgegebenen Energie oder Strahlung hängt einzig und allein von der Temperatur des Körpers ab. Er führt ein Eigenleben. Die Umgebungstemperaturen haben darauf nicht den geringsten Einfluss! Die Energieabstrahlung erfolgt unabhängig davon, ob dieser Körper wie die Erde von einer Atmosphäre oder Lufthülle umgeben ist oder auch nicht wie der Mond. Die elektromagnetischen Strahlen benötigen kein Transportmedium; sie breiten sich auch im Vakuum aus. Wäre dies nicht der Fall, die Sonnenstrahlen könnten nie die 150 Millionen Kilometer bis zu Erde überbrücken. Die Ultraviolettstrahlen, das sichtbare Licht und die an das Rot angrenzenden unsichtbaren Wärme- oder Infrarotstrahlen sind elektromagnetische Strahlen, die sich nur in der Frequenz oder Wellenlänge unterscheiden. Ansonsten verhalten sie sich physikalisch völlig gleich und breiten sich stets geradlinig durch den Raum mit Lichtgeschwindigkeit aus. Diese beträgt 300 000 Kilometer pro Sekunde. Ein Lichtstrahl benötigt für die Strecke Sonne – Erde rund acht Minuten.

Ein unsichtbarer von der Erde ausgehender Wärmestrahl benötigt exakt die gleiche Zeit, um zur Sonne zu gelangen. Die Erde strahlt also unentwegt in Abhängigkeit von ihrer jeweiligen Oberflächentemperatur Energie radial in den Weltraum ab. Sie wäre finster, öd und leer, wenn sie nicht ständig frische „Lebensenergie" von einem anderen Körper erhalten würde. Dieser ist die Sonne! Sie strahlt der Erde soviel Energie zu, wie für das Leben auf der Erde notwendig ist. Hätte die Erde ebenso wie der Mond keine Atmosphäre, dann würden auf der Erde dennoch nicht die gleichen Oberflächentemperaturen wie auf dem Mond herrschen. Dies liegt einfach an der unterschiedlichen Umdrehungsgeschwindigkeit beider Körper. Der Mond braucht für eine Umdrehung 14 Tage oder 336 Stunden, die Erde aber nur 24 Stunden. Die

Erde kann gar nicht so stark unterkühlen wie die Nachtseite des Mondes, weil am nächsten Morgen schon wieder frische Energie von der Sonne eingestrahlt wird, um den Boden wieder zu erwärmen. Durch die Neigung der Erdachse, die Schiefe der Ekliptik, schwankt in den unterschiedlichen Breiten der Erde zudem die Länge von Tag und Nacht. Das verursacht die Unterschiede der Jahreszeiten, von Frühling, Sommer, Herbst und Winter. In 50 Grad nördlicher Breite beträgt zur Sommersonnenwende die Tagesdauer 16 Stunden und die der Nacht 8 Stunden. Zur Wintersonnenwende ist es genau umgekehrt. Daher ist es im Allgemeinen im Winter kälter als im Sommer, weil die Nächte und damit die reinen Ausstrahlungsperioden länger sind. Wohl gemerkt, wir sprechen jetzt von der Erde als hätte sie keine Atmosphäre. Und noch eine Schwankung ist bemerkenswert. Anfang Januar erhält die Erde nämlich etwa 100 Watt pro Quadratmeter mehr Strahlung als Anfang Juli. Der Grund? Weil sie der Sonne zu diesem Zeitpunkt um ca. 5 Millionen Kilometer näher kommt als Anfang Juli. Die angebliche „Solarkonstante" ist schon von Natur aus nicht konstant, weil die Erdbahn um die Sonne keine Kreisbahn ist, sondern einer Ellipse gleicht.

Der oben angeführte Vergleich mit dem Mond stimmt demnach nicht. Nehmen wir zu unseren Überlegungen die Atmosphäre hinzu, unterstellen der Erde aber eine ähnlich langsame Umdrehungsgeschwindigkeit wie sie der Mond aufweist, dann träten auf ihr zwar nicht ganz so große Temperaturextreme zwischen Tag und Nacht auf wie auf dem Mond, sie wären aber groß genug, um jeweils auf der Nachtseite, das heißt für jeweils 14 Tage, tiefsten Winter zu erzeugen. Unseren Pflanzen dürfte es außerordentlich schwer fallen, sich auf einen solchen Rhythmus einzustellen. Können doch jetzt schon auf der Erde im Hochsommer mit seinen kurzen Nächten bei extrem trockener Luft und klarem Wetter unter Hochdruckeinfluss Nachtfröste auftreten. Hinzu kommt die Möglichkeit von Kaltlufteinbrüchen wie bei den „Eisheiligen" oder der „Schafskälte". Wie sähe es erst aus, wenn die Nächte nicht nur 8 bis 16, sondern „unendliche" 336 Stunden dauern würden? Die verheerenden Folgen waren den Verfassern der Schöpfungsgeschichte bekannt, denn sonst hätten sie zur „Schöpfung" nicht geschrieben, „und siehe, es war sehr gut".

Hier stellt sich nun die Frage: Warum wird es nachts überhaupt kalt? Die Erklärung ist ganz einfach oder trivial: Weil die Wärmestrahlung der Erde zum überwiegenden Teil, ohne durch die Absorptionslinien irgendwelcher Gase gehindert zu werden, durch das stets offene „Strahlungsfenster" in die unendlichen Weiten des Weltalls verschwinden kann. Dies ereignet sich überall auf der Erde. Besonders extrem geschieht das in den trockenen Wüstengebieten, wie es Hartmut Graßl am Beispiel Sahara erwähnt hat. Die Atmosphäre „physikalisch" mit einem „Glasdach" gleichzusetzen, ist völlig unangemessen, ja grundfalsch. Ein solches „Gleichnis" zu verwenden ist schlicht Betrug. Der lässt sich schon daran erkennen, dass in den entsprechenden „Erklärungen" verschwiegen und verheimlicht wird, was es mit den Absorptions- und Emissionslinien der „Treibhausgase" im Einzelnen auf sich hat. Kein Mensch soll die Metapher: „ein Loch ist im Eimer, Karl Otto, ein Loch" durchschauen. Während man das Loch im Eimer notdürftig mit Stroh zustopfen könnte, fehlt uns beim stets offenen „Strahlungsfenster" der Atmosphäre selbst diese Möglichkeit.

Der Bildvergleich Atmosphäre = Glasdach und damit Erde = Treibhaus ist falsch und damit eine bewusste Irreführung von Öffentlichkeit und Politik durch die Wissenschaft. Kein ausgebildeter Naturwissenschaftler, sei er Physiker, Chemiker oder Meteorologe mit Diplom, Promotion oder Habilitation, kann sich damit herausreden, er habe von der 1859 von Kirchhoff und Bunsen begründeten Spektralanalyse keine Ahnung, weil er in der Stunde gerade gefehlt habe. Im Gegenteil, das bewusste Verschweigen oder Verzerren solch elementarer naturwissenschaftlicher Grundtatbestände deutet darauf hin, dass hier ein bewusst geplantes Täuschungsmanöver, ein Akt der betrügerischen Desinformation vorliegt.

Infrarotthermographie widerlegt Treibhaustheorie

Ausgangspunkt für alle Strahlungsgesetze und auch für die moderne Infrarotthermographie, die thermische Erkundung der Erde aus dem Weltraum, ist Kirchhoffs Definition eines „schwarzen Körpers“, ist das Wien’sche Verschiebungsgesetz. „Schwarz“ ist ein Körper, wenn er alle Strahlen aller Wellenlängen restlos aufnimmt oder absorbiert, in Körperwärme überführt und entsprechend seiner Temperatur wieder emittiert oder aussendet. Die Erde ist annähernd solch ein „schwarzer Körper“. Sie empfängt energiereiche Strahlung von der Sonne mit einem Maximum im sichtbaren Bereich des Lichtes bei 0,5 Mikrometern Wellenlänge. Dadurch wird sie erwärmt. Wenn sie sich auf +15 °C oder 288 Kelvin erwärmt hat, dann liegt das Maximum der abgestrahlten Energie bei 10 Mikrometern Wellenlänge. Die Wärmestrahlung der Erde ist unsichtbar. Man nennt sie Infrarotstrahlung. Das gesamte Abstrahlungsspektrum der Erde ist breiter und reicht von etwa 5 bis 60 Mikrometern. Diesen breiten Wärmestrom kann ein Gas wie das Kohlendioxid mit seinen Absorptionslinien bei 15 Mikrometern weder verhindern noch stoppen. Dies ist physikalisch unmöglich und einleuchtend. Das so viel gescholtene und verhasste „Treibhausgas“ Kohlendioxid kann keinen „Treibhauseffekt“ verursachen und die Erde erwärmen. CO_2 hat zwar noch schwache Absorptionslinien bei 9,8 und 10,4 Mikrometern, aber die sind so unerheblich, dass selbst die Enquete-Kommission des Deutschen Bundestages ihnen keinerlei Bedeutung beigemessen hat.

Die Spektrallinien wurden im Jahre 1814 als dunkle Linien von Fraunhofer im Sonnenspektrum entdeckt. Ihre Deutung als Absorptions- und Emissionslinien gelang Bunsen und Kirchhoff im Jahre 1859. Daraus entwickelte sich die „Spektralanalyse“. Sie trug wesentlich zum Verständnis des Atomaufbaus bei. Das Geheimnis und die physikalische Bedeutung der Spektrallinien ist, dass man mit ihnen Atome und Moleküle identifizieren kann. Man sagt, die Linien sind stoffspezifisch. Auf diese Weise gelang es, die Zusammensetzung der Sonnenatmosphäre zu bestimmen. Man entdeckte dort auch das Element Helium, das man erst 30 Jahre später anhand seiner Spektraleigenschaften auf der Erde nachweisen konnte. Man kann jedoch nur gasförmige Stoffe anhand ihrer Spektrallinien identifizieren, nicht aber feste und flüssige Körper. Diese senden Strahlung über ein breites Wellenlängenspektrum aus, es sind kontinuierliche Strahler im Gegensatz zu Gasen, die man selektive Strahler nennt. Man spricht bei Atomen von Linienstrahlern, bei Molekülen von Bandenstrahlern und bei festen wie flüssigen Körpern von kontinuierlichen Strahlern. Eine Bande ist eine Anhäufung von Linien. Das CO_2 hat so eine Absorptionsbande bei 15 Mikrometern.

Fazit? Die Erde ist kein Treibhaus! Die Atmosphäre ist physikalisch nicht mit einem Glasdach zu vergleichen, sie bildet keine feste Umgrenzung wie die Glaswände eines Gewächshauses. Man kann am Boden erwärmte Luft unter freiem Himmel nicht einsperren, auch weil man die von allen „Klimaexperten“ ausgeblendete Konvektion oder Thermik nicht unterbinden kann, außer man baut einen Wintergarten. Die Absorptionslinien aller „Treibhausgase“ in der Lufthülle sind anschaulich vergleichbar einem sehr weitmaschigen Draht- oder Spinnennetz. Würde in ein solches Netz ein weiterer Draht eingezogen, würde es kaum mehr wärmen als zuvor. Von „Wärmestau“ kann also keine Rede sein. Im Gegenteil, nicht einmal die nächtliche Abkühlung kann verhindert werden. Die Menschen wussten das, seitdem sie auf der Erde leben. Wenn es ihm nämlich kalt wurde, hat sich schon der Neandertaler in Bärenfelle gehüllt und zudem in Höhlen verkrochen, die er beheizen konnte.

Weil die Atmosphäre eben nicht die Funktion eines Glasdaches hat, muss der Mensch Gewächshäuser bauen, wenn er Pflanzen außerhalb der natürlichen Wachstumsperiode züchten will. Aber jeder Gärtner weiß auch, dass Gewächshäuser extrem schwer zu beheizen sind, weil sie die Wärme nicht speichern, sondern diese sofort wieder aus ihnen verschwindet. Gewächshäuser können erwärmte Luft nur notdürftig einsperren, weil Glas ein recht guter Wärmeleiter ist. Ihre Aufgabe ist es vornehmlich, die in dem Glashaus billig durch die Sonne oder teuer durch Bodenheizung erwärmte Luft daran zu hindern, seitwärts vom Winde verweht zu werden und nach oben in den kalten Nachthimmel zu entschwinden. Wenn zum Beispiel im Winter die Landschaft verschneit ist, die Mittagssonne aber das Gewächshaus aufgewärmt hat, dann sinken trotzdem in der klaren Nacht die Temperaturen rasch unter den Gefrierpunkt. Warum ist das so, wenn das Glas angeblich die langwellige Infrarotstrahlung reflektiert und am Austritt hindert? Das liegt daran, dass Glas ein recht guter Wärmeleiter ist und die Strahlungswärme, die es an der Innenseite absorbiert, rasch durchs Glas nach außen leitet und auf der Außenseite an die Umgebung abgibt. Dieser Prozess ist so effektiv, dass sich Eisblumen an der Glasscheibe bilden können. Um dies zu verhindern, baut man Isolierglasfenster, die aus zwei oder gar drei durch einen Luftzwischenraum von einander getrennte Scheiben bestehen. Man nutzt dabei die Tatsache aus, dass Luft ein sehr schlechter Wärmeleiter ist, aber nur wenn sie stillgestellt und damit jegliche Konvektion unterbunden wird

Es gibt physikalisch keinen Treibhauseffekt. Die Atmosphäre hat weder die Funktion eines „Treibhauses“ noch die eines „wärmenden Strahlungsmantels“. So etwas behaupteten nur Professoren wie Dr. Reiner Kümmel von der Universität Würzburg, der dem Arbeitskreis Energie der Deutschen Physikalischen Gesellschaft e. V. vorsitzt, und Christian-Dietrich Schönwiese von der Universität Frankfurt. Damit klären sie Schüler auf, zum Beispiel auf einer Veranstaltung des Würzburger Schlossgymnasiums im Vorfeld der Klimakonferenz in Kioto. Ich schrieb dazu am 28. November 1997 den Fränkischen Nachrichten einen Leserbrief, der aber nicht veröffentlicht wurde. Hier sein Text:

„Wann hat die „Wissenschaft“ endlich den Mut, Professoren wie dem Würzburger Physikprofessor Dr. Reiner Kümmel wegen Verkündung physikalischen Unsinns die „venia legendi“ zu entziehen? Jeder Physiker muss zwischen festen, flüssigen und gasförmigen Körpern zu unterscheiden wissen. Jeder Physiker muss wissen, dass feste und flüssige Körper unentwegt Wärme in Form elektromagnetischer Strahlung aussenden, und zwar über ein breites kontinuierliches Spektrum. Jeder Physiker muss wissen, dass Gase nur auf ganz bestimmten, stoffspezifischen Linien oder Banden elektromagnetische Strahlung absorbieren und emittieren können. Keine Gashülle kann somit einen „schwarzen Körper“ an seiner Abkühlung hindern. Speziell das Kohlendioxid mit seinen Absorptionslinien bei 15 Mikrometern kann unter natürlichen Druckverhältnissen unmöglich das stets offene atmosphärische Strahlungsfenster zwischen 7 und 13 Mikrometern schließen. Jeder Physiker muss zudem den Zweiten Hauptsatz der Wärmelehre von R. Clausius kennen und wissen, dass Wärme freiwillig nur von Warm nach Kalt fließt und nicht umgekehrt. Wer das Gegenteil behauptet und die Atmosphäre als „Wärmenden Strahlungsmantel“ bezeichnet, dem sollte die akademische Lehrbefugnis entzogen werden.“

Wer sich in einer sternenklaren Winternacht seiner Kleider entledigen und sich in den „wärmenden Strahlungsmantel“ Luft hüllen würde, der würde hüllenlos jämmerlich erfrieren. In meinem Schulbuch „Lehrbuch der Physik, Oberstufe, Ausgabe B von Höfling aus dem Jahr 1956 stand: „Der Unterricht sollte immer der Tatsache Rechnung tragen, dass die Physik eine Erfahrungswissenschaft ist und dass die letzte Entscheidung über die Gültigkeit einer physikalischen Aussage nur durch die Erfahrung, d. h. durch die Naturbeobachtung oder das Experiment, geliefert werden kann.“

Das Bild der Erde als „Treibhaus“ widerspricht jeglicher Erfahrung. Es ist ein widernatürliches, verkürzendes oder verzerrendes Scheingebilde, das mit der Natur nichts zu tun hat und wesentliche physikalische Vorgänge ausblendet. Das Bild lenkt zum Beispiel von der Tatsache ab, dass Wärme bei direkter Berührung abgeleitet wird. Dies merkt jeder, der mit nackten Füßen auf einen kalten Steinboden tritt oder sich bei kühler Seebrise dennoch die Füße im heißen Dünensand verbrennt. Während Wärmestrahlung zunächst eine Information ist, entsteht die Wärmeleitung durch Molekülstoß zwischen sich berührenden Körpern. Jeder kennt den Unterschied zwischen gut und schlecht wärmeleitenden Körpern. Er braucht nur einen Eisenstab und einen Holzstab in ein Feuer zu halten, um die unterschiedlichen Wärmeleitungsqualitäten festzustellen. Gute Wärmeleiter sind in der Regel auch gute Stromleiter. Luft isoliert Strom und Wärme! Die Temperatur der Luft, die wir messen, ist Ausdruck der Intensität der Molekülbewegung aller Luftmoleküle, die Stickstoffmoleküle mit 78 % und der Sauerstoffmoleküle mit 21 % und keineswegs der CO_2-Moleküle mit einem Anteil von 0,035 %. Wärmestrahlung wird erst dann zu Wärme und damit in Molekülbewegung umgesetzt, wenn sie von Materie absorbiert worden ist. Schon Max Planck stellte fest, dass es im Weltall unendlich viele „Strahlungstemperaturen“, nämlich für jede Wellenlänge eine, aber nur eine Lufttemperatur gibt, die ein Maß für die Intensität der Molekülbewegung ist. Jede Mutter bringt ihrem Kleinkind bei, nicht mit den Fingern auf die heiße Herdplatte zu fassen. Was sich aus einem Meter Entfernung strahlend noch als angenehm warm anfühlt, wird bei direktem Kontakt zu einem bitteren Schmerz; die Haut verbrennt augenblicklich. Dies zum Unterschied zwischen Wärmestrahlung und Wärmeleitung.

Als drittes gibt es noch den Wärmeübergang durch Massentransport, die schon angesprochene Konvektion. Dies ist der in der Natur effektivste vertikale Wärmetransportmechanismus. Durch ihn steigt am Erdboden durch Leitung erwärmte Luft auf und zaubert die wunderbaren Haufenwolken an den Himmel. Daneben gibt es noch den horizontalen Transport warmer oder kalter Luftmassen, den man Advektion nennt. Dieser verfrachtet warme Luftmassen von Süden nach Norden, von Westen nach Ost und Polarluft von Nord nach Süd. Diesem horizontalen Luftmassentransport verdanken wir auch die Tiefdruckgebiete, die dann entstehen, wenn Warm- und Kaltluft verwirbeln.

Man denkt reduktionistisch und vernachlässigt die Komplexität allen Naturgeschehens, wenn man wie Hermann Henssen in seinem Buch „Energie zum Leben. Die Nutzung der Kernkraft als ethische Frage“, München 1993, argumentiert. Er beschreibt den „Treibhauseffekt“ wie folgt: „Jeder kennt den Wärmestau in einem Auto, das mit geschlossenen Fenstern in der Sonne steht. Das Frühbeet und das Gewächshaus sammeln unter ihren Glasflächen die Wärme der Frühjahrssonne. Das kommt dadurch zustande, dass Sonnenlicht ungehindert das Glas durchdringt, aber die unsichtbare Rückstrahlung der erwärmten Gegenstände vom Glas abgefangen wird.“ Das ist zwar teilweise korrekt, aber nur eine Momentaufnahme, die keineswegs die volle Wahrheit wiedergibt. Kommt ein böser Bube und schmeißt die Scheiben eines Gewächshauses oder eines Autos ein, dann ist es plötzlich mit den „Treibhaus-Träumereien“ vorbei. Die befreite Warmluft entweicht postwendend und kühle Luft aus der Umgebung strömt nach. Wir stünden somit wieder „im Freien“. Das Bild mit dem Treibhaus erweist sich als raffiniertes Trugbild. Hier wird der Strahlung eine Wirkung zugeschoben, die eigentlich nur etwas mit der Verhinderung von Luftaustausch und Konvektion zu tun hat.

Lässt man das Auto ruhig stehen und kommt nach klarer Nacht am frühen Morgen zum Auto, dann ist es im Sommer häufig voller Tau und so beschlagen wie eine gekühlte Bierflasche, die man aus dem Kühlschrank holt. Das liegt daran, dass das Auto wie jeder andere Körper auch unentwegt, ohne dass Treibhausgase dies verhindern könnten, Energie abstrahlt. Hat der strahlende Körper keine große eigene Energiespeicherkapazität, ist er schon bald so kalt wie seine Umgebung. An der erkalteten Außenhaut kondensiert der unsichtbare Wasserdampf der Luft zu sichtbaren Wassertröpfchen. Im Auto selbst ist es auch nicht „lauwarm“ geblieben, sondern es ist so kalt wie draußen auch. Die Wärme hat sich nicht um den theoretischen „Treibhauseffekt“ gekümmert und hat das Weite gesucht. Wenn sie es schafft, sogar aus der bekannten Thermosflasche zu entfleuchen, dann ist die Flucht aus dem Treibhaus eine Leichtigkeit. Fazit? Nicht auf die theoretischen Modelle kommt es an, sondern auf die Praxis. Die Wirklichkeit ist immer aussagekräftiger als ihr allzu häufig ideologisch gefärbtes Abbild, mag es auch „grün“ angehaucht sein.

Wenn es den Treibhauseffekt gäbe, dann bräuchte kein Mensch mehr Angst zu haben, in seinem Auto zu erfrieren, wenn er einmal im Schnee stecken geblieben sein sollte und der Treibstoff ausgegangen ist. Seine Körperwärme, sein Angstschweiß, die mit jedem Atemzug abgegebenen Treibhausgase Wasserdampf und Kohlendioxid, alles zusammen hilft nicht, die Aus- und Unterkühlung des Autos zu verhindern und den Fahrer vor dem Erfrieren zu retten. All dies wissen natürlich auch die klugen Klimaexperten, doch die Wahrheit ist langweilig und an ihr ist in dem derzeitigen gesellschaftspolitischen Klima, das weiß ich aus eigener Erfahrung, kaum jemand interessiert. Vor allem ist damit kein Geld zu verdienen. Die Wahrheit bringt weder Schlagzeilen noch Zeilengeld; sie beschert der Wissenschaft keine Forschungsmittel und würde dem Staat das Argument aus der Hand schlagen, für das Vorhaben „Klimaschutz“ eine zusätzliche Ökosteuer eintreiben zu können.

Die Erde ist ein „offenes Ökosystem“ und kein geschlossenes „Treibhaus“. Dies wird auch durch den ersten Zwischenbericht der Enquete-Kommission Vorsorge zum Schutz der Erdatmosphäre, der am 2. November 1988 als Bundestagsdrucksache 11/3246 veröffentlicht wurde, unmissverständlich bestätigt. Darin heißt es:

„Der Treibhauseffekt durch CO_2 wird im Wesentlichen durch seine Absorptionsbande bei 15 Mikrometern bewerkstelligt. ... Die energetisch wichtigsten Fensterbereiche sind das offene atmosphärische Wasserdampffenster (7 bis 13 Mikrometern), in dem die IR-Ausstrahlung der Erdoberfläche zumindest für Temperaturen zwischen -20° C und +50° C am größten ist, ...“ In dem 1990 erschienenen Bericht des Intergovernmental Panel on Climate Change (IPCC), dem zwischenstaatlichen Schiedsgericht in Klimafragen, ist dieser eklatante „Fehltritt“ bereinigt und damit die Wahrheit eliminiert. Das IPCC behauptet in der Zusammenfassung für politische Entscheidungsträger oder Politikmacher („policymakers“) schlicht und einfach:

„The greenhouse effect is real; it is a well known effect, based on established scientific principles.“

So wird „die“ Politik durch hochqualifizierte und von ihr selbst sorgfältig ausgesuchte Klimaexperten belogen und betrogen!

Nichts ist verstanden und die sogenannten „etablierten wissenschaftlichen Prinzipien“ pure Desinformation. Über die Effizienz der Ausstrahlung, die ein Beweis für das offene Strahlungsfenster ist, finden sich grundlegende Aussagen in dem Buch „Heat considered as a Mode of Motion“, „Wärme betrachtet als eine Art von Bewegung“, des englischen Experimentalphysikers John Tyndall aus dem Jahre 1868. In der Lecture XIII vom 10. April 1862 beschreibt Tyndall die Erklärung der Taubildung, die von Dr. Wells in Indien aus dem Jahre 1818 stammt. Tyndall liefert ein unwiderlegbares Argument gegen die Hypothese eines „Treibhauseffektes“:

„Wells was the first to explain the formation, artificially, of ice in Bengal, where the substance is never formed naturally. Shallow pits are dug, which are partially filled with straw, and on the straw flat pans, containing water which had been boiled, is exposed to the clear firmament. The water is a powerful radiant, and sends off its heat copiously into space. The heat thus lost cannot be supplied from the earth – this source being cut off by the non-conducting straw. Before sunrise a cake of ice is formed in each vessel. This is the explanation of Wells, and it is, no doubt, the true one.“

Wenn durch die Wärmeausstrahlung des Wassers in einer klaren Nacht in Bengalen (Indien) Eis erzeugt werden kann, vorausgesetzt der Wärmenachschub aus dem Boden durch Wärmeleitung ist unterbunden, dann ist diese experimentell jederzeit wiederholbare Erfahrung der definitive Beweis für die Unhaltbarkeit der Behauptung, die Atmosphäre hätte die Funktion eines „wärmenden Strahlungsmantels".

Zum Wissenschaftsethos der Max-Planck-Gesellschaft

Am 19. Dezember 1900 hielt Max Planck vor der Deutschen Physikalischen Gesellschaft in Berlin einen Vortrag. In ihm stellte er seine „Quantenphysik" vor. Sie sollte das Tor in eine neue physikalische „Welt" öffnen. Die Quantentheorie beendete die Zeiten, in denen der Physik noch mit gesundem Menschenverstand beizukommen war. Fünf Jahre zuvor hatte Planck begonnen, das Geheimnis der „schwarzen Wärmestrahlung" zu entziffern. Dabei fand er das „Planck'sche Strahlungsgesetz" mit der unscheinbaren Formel e = h v. Viele Jahre mussten vergehen, bis Physiker erkannten, dass sich dahinter ein neuer Kosmos verbarg. 1907 wurde Max Planck erstmals für den Nobelpreis vorgeschlagen, er erhielt ihn schließlich im Jahre 1919 rückwirkend für 1918, so unverstanden war seine Quantentheorie.

Die Quantenmechanik versucht die Bewegung von Teilchen, die kleiner als Atome sind, zu verstehen, wie sie zirkulieren und wie sie „springen". Von ganz besonderem Interesse sind die Vorgänge, die elektromagnetische Strahlung wie sichtbares Licht entstehen lassen. Max Planck beschäftigte sich besonders mit dem von heißen „schwarzen Körpern" in verschiedenen Frequenzen oder Farben ausgestrahltem Licht. Bis dahin war man davon ausgegangen, dass Licht im Wesentlichen eine wellenförmige Energie sei. Plancks Ergebnisse machten nur Sinn, wenn man von dieser Vorstellung abwich und annahm, dass sich Licht in kleinen Explosionen partikelartiger „Pakete", die er „Quanten" nannte, ausbreitete. Unklar blieb zunächst, wie diese überhaupt entstehen. Da Licht von der Materie freigesetzte Energie ist, muss sie irgendwie aus den Atomen stammen. Der Physiker Nils Bohr lieferte eine hierzu passende Theorie, die er aus dem um 1910 entwickelten Atommodell ableitete.

Nach dem Bohr'schen Atommodell ähnelt jedes Atom einem winzigen Sonnensystem, bei dem sich der Atomkern an der Stelle der Sonne befindet und die Elektronen an der Stelle der Planeten, die den Kern auf festgelegten Bahnen umkreisen. Wenn man nun ein Atom mit Energie beschießt, kann man die Elektronen veranlassen, in eine andere Umlaufbahn zu springen. Die so energetisch angeregten Elektronen springen aber sehr rasch wieder auf ihre ursprüngliche Umlaufbahn zurück und setzen bei diesem Vorgang Energie frei. Das ist der berühmte „Quantensprung", den Bohr erstmals 1913 beschrieb. Wenn also ein Elektron von einer äußeren auf eine innere Umlaufbahn springt, wird Energie in Form eines Lichtquantums, des so genannten „Photons", frei. Auch Albert Einstein befasste sich mit diesem Thema und schrieb 1917 die Abhandlung „Zur Quantenmechanik der Strahlung". Darin erklärte er die spontane und die stimulierte Emission von Photonen. Er legte damit die theoretischen Grundlagen für die Lasertechnologie.

An diesem Punkt ist es wichtig, die Frage „Was ist Licht?" zu erörtern. Das ist Friedrich Katscher in seinem Buch „Das ist Physik" aus dem Jahre 1960 recht gut und sehr anschaulich gelungen:

„Das ist das Wesentliche: Ob eine Strahlung verschluckt und für eine Arbeitsleistung verwendet wird, hängt von der mitgeführten Energie der einzelnen sie zusammensetzenden Photonen ab. Strahlung, die nicht das richtige Energiequant „trägt", hat keine Wirkung. Die Materie ist „durchsichtig" für sie. Aber wenn die richtige Energiemenge an einem Atom oder Molekül nahe genug vorbeikommt, dann wird sie sofort eingefangen und ausgenützt. Jedes Atom und jedes Molekül hat seine bestimmten Energie„wünsche", so wie ein Automat nur verschiedene bestimmte Münzen entgegennimmt und alle anderen zurückweist. Zum Unterschied von den Warenautomaten, in denen die Münzen erhalten bleiben und gesammelt werden, verschwinden die Photonen der richtigen Größe in der Welt des Allerkleinsten, nachdem sie ihre Energie hergegeben haben, sie lösen sich sozusagen in nichts auf – allerdings lassen sie die mit ihrer Hilfe getane Arbeit zurück: Das Atom oder Molekül ist auf ein „höheres Energieniveau gehoben."... „Der Zustand mit der niedrigstmöglichen Energie, in dem sich ein Atom oder Molekül normalerweise befindet, wird „Grundzustand" genannt; die Zustände höherer Energie, die also nur nach Beistellung der richtigen Energiequanten eintreten, heißen „angeregte Zustände". Für jede „Anregung" ist ein bestimmter Energiebetrag, das heißt eine bestimmte Strahlung mit bestimmten Quanten, notwendig: ... „auch bei der Rotation von

Molekülen sind nur bestimmte Drehzahlen und damit zusammenhängend nur bestimmte Rotationsenergien möglich. Die gleiche Beschränkung gilt auch für die Schwingungen der Moleküle: Nicht jede Schwingungsenergie und nicht jede Schwingungsweite ist „erlaubt", sondern nur gewisse ausgezeichnete „gequantelte" Werte. Das ist ein Kennzeichen der Welt des Allerkleinsten: In ihr herrschen die Quantengesetze, die aus der unendlich großen Zahl der theoretisch möglichen und denkbaren Bewegungen ganz bestimmte aussondern und zulassen. Es sind nur bestimmte Zustände und nur Übergänge von einem Zustand zu einem anderen erlaubt. Dies ist die eigentliche Ursache der Energiestufen und das Geheimnis der Lichtquanten.

Licht entsteht beim Sprung zurück: „Das Wort „Anregung" zeigt schon, dass es sich nicht um etwas Dauerhaftes, sondern nur um etwas Abnormales, rasch Vorübergehendes handeln kann: Die Atome und Moleküle bleiben tatsächlich nur eine kurze Zeit, von einer Hundertmillionstelsekunde bis zu einigen Sekunden, im angeregten Zustand. Dann springen sie in tiefere Zustände der Rotation, der Schwingung oder des Elektronenumlaufs, dann fallen sie direkt oder über Zwischenstufen in den Grundzustand. Nun muss die zuerst hineingesteckte Energie natürlich wieder zum Vorschein kommen. In welcher Form tritt sie auf? Nun, ganz einfach, zumeist wieder als Strahlung. ... Das ist also das Geheimnis der Erzeugung von Strahlung, von Wärme, Licht und auch von Röntgenstrahlung: Durch Energiezufuhr werden Atome oder Moleküle in angeregte Zustände gehoben, und wenn sie wieder in den Grundzustand zurückspringen, geben sie die Energiedifferenz in einer oder mehreren Portionen wieder zurück. ... Zwei Dinge sind hierbei wesentlich: Die Anregung muss keineswegs immer optisch geschehen, sondern kann auch thermisch (durch Wärme) oder mit Hilfe von schnellen Elektronen oder Atomen, also durch Stöße, bewerkstelligt werden."

Weiter: „Wenn die Photonen, die beim Zurückspringen eines Elektrons von einer höheren auf eine niedrigere Bahn entstehen, gerade eine Energie zwischen 1,6 und 3,45 Elektronenvolt haben, dann kann man sie mit dem menschlichen Auge sehen – die Quanten innerhalb dieses Bereichs sind das sichtbare Licht. (Man nennt in der Physik auch unsichtbare Strahlung Licht.) Die energieärmeren Strahlungsteilchen, die mit 1,6 bis 1,97 Elektronenvolt, werden als rot, die von

1,97 bis 2,1 Elektronenvolt als orange, die von 2,1 bis 2,15 Elektronenvolt als gelb, die von 2,15 bis 2,5 Elektronenvolt als grün, die von 2,5 bis 2,7 Elektronenvolt als blau, die von 2,7 bis 2,85 Elektronenvolt als violett empfunden. (Die genauen Grenzen sind persönlich verschieden.) Unsichtbare Strahlung mit einer Photonenenergie von weniger als 1,6 Elektronenvolt heißt ultrarot (oder infrarot), solche mit mehr als 3,45 Elektronenvolt ultraviolett." ... „Ein ununterbrochenes Farbenband, das heißt Photonen aller möglichen sichtbaren Energien, wird von glühenden festen oder flüssigen Körpern oder von heißen, sehr, sehr stark verdichteten Gasen ausgesendet, gewöhnlich leuchtende Gase oder Dämpfe dagegen schicken nur bestimmte Lichtquanten aus, und daher sieht man beim Durchgang des von ihnen ausgestrahlten Lichts durch ein Prisma einzelne feine farbige Linien anstelle eines Bandes ineinander übergehender Regenbogenfarben.... Wegen dieser spektralen Zerlegung des von leuchtenden Körpern ausgestrahlten Lichts, wegen dieser spektralen Trennung der einzelnen Photonen je nach ihrer Energie, nennt man die Methode, das von Atomen ausgestrahlte Licht als Erkennungszeichen für die betreffende Atomart zu benutzen, Spektralanalyse."

Der Schluss daraus? Da jede Art Atom oder Molekül – also auch das Kohlendioxid wie das Methan und die anderen Spurengase – nur ganz bestimmte, für sie charakteristische Quanten absorbiert und wieder emittiert, kann man die Absorptions- und Emissionslinien als Erkennungszeichen, als molekularen „Fingerabdruck", benutzen. Man kann somit auch die These vom „natürlichen Treibhauseffekt" ad absurdum führen, allein durch logisches Denken. Bei der Berechnung der „Strahlungsbilanz der Erde" gehen alle Klimaexperten von der Annahme aus, dass Sonne und Erde in guter Näherung als schwarze Körper anzusehen sind. Deren Besonderheit liegt darin, dass sie nicht nur sämtliche eingestrahlte elektromagnetische Energie jeglicher Wellenlänge absorbieren, sondern selbst Energie jeglicher Wellenlänge abstrahlen. Bei der Erde reicht der Spektralbereich nach Aussage des Enquete-Berichtes vom 2. November 1988 von „etwa 3 bis 60 pm". Kein Gas als selektiver Strahler kann somit einen kontinuierlichen Strahler an seiner Abkühlung hindern. Wird die Erdoberfläche erwärmt, dann einzig und allein durch die absorbierten und den Boden erwärmenden Sonnenstrahlen.

Kommen wir noch einmal zurück auf das Newton'sche Abkühlungsgesetz. In der Sprache von Friedrich Katscher lautet es: „Es ist eine triviale Erfahrung des Alltags, dass ein heißer fester Körper, also ein Körper, der eine höhere Temperatur hat als seine Umgebung, seine überschüssige Wärme (genauer: seine Wärmeenergie in Form von Schwingungsenergie der Atome und Moleküle), wenn kein Nachschub erfolgt, mit der Zeit verliert, bis er wieder die Temperatur der Umgebung angenommen hat. Die umgebenden Stoffe leiten die Überschusswärme von Molekül zu Molekül fort (Wärmeleitung) oder führen sie durch Strömung davon (Wärmeströmung, Konvektion). Aber selbst im vollkommenen Vakuum, wenn der heiße Körper mit keinem anderen festen, flüssigen oder gasförmigen Stoff in Kontakt ist, so dass es keine Wärmeleitung und auch keine Konvektion gibt, wird er allmählich kälter, sofern ihm nicht dauernd neue Wärme zugeführt wird. Es gibt also noch eine dritte Möglichkeit, Wärme abzugeben, nämlich durch Ausstrahlung, durch Umwandlung von Molekularenergie in Strahlungsenergie."

„Im Falle verschiedener Temperaturen strahlt also nicht nur der wärmere Körper dem kälteren Wärme zu, sondern auch der kältere dem wärmeren; auch ein Stück Eis, ja selbst flüssiges Helium, das nur einige Grad über dem absoluten Nullpunkt hat, senden Wärmestrahlung aus. Nur überwiegt die Strahlung des wärmeren Körpers die des kälteren um so mehr, je größer der Temperaturunterschied der beiden Körper ist. Hält man die Hand nahe an ein Stück Eis, dann scheint von ihm Kälte auszustrahlen; in Wirklichkeit sendet auch das Eis Wärmestrahlung aus – Kältestrahlung gibt es nicht –, und dieser Eindruck kommt nur dadurch zustande, dass die Hand mehr Wärme verliert, als sie ihrerseits von ihm bekommt. Erfolgt beim wärmeren Körper keine neue Wärmezufuhr aus einer anderen Quelle, dann gleichen sich die Temperaturen im Laufe der Zeit aus."

Damit bricht die Kernaussage, dass sich die eiskalte Erde allein durch die Wirkung des „natürlichen Treibhauseffektes" von -18 auf + 15 um ganze 33 Grad Celsius „erwärmen" könne, völlig in sich zusammen. Es ist schon eine ungeheure Kunst von Physikern, so die Physik auf den Kopf zu stellen und wider alle Naturerfahrung die „Welt" über die „Politik" und die zwischengeschaltete Macht der Medien glauben zu machen, es gäbe diesen Effekt und er könnte vom Menschen noch verstärkt werden, denn jenseits dieser „Normalität" begänne die Anormalität, die unweigerlich zur Klimakatastrophe führe. Nein, im Gegenteil: Es ist unser theoretisierendes und auf gewisse Ideen starr fixiertes Denken, das jegliche Komplexität ausgeschlossen und damit den Boden der Tatsachen verlassen und sich in ideologische Scheinwelten erhoben hat. Diesem „Treiben" mit fiktiven Weltuntergangsszenarien, denen jegliche reale Basis fehlt, muss mit aller Entschiedenheit Einhalt geboten werden.

Max Plancks Vorstellungen sind absolut unvereinbar mit denjenigen der heutigen Max-Planck-Gesellschaft zu Förderung der Wissenschaften e. V. Sie hielt vom 7. bis 9. Juni 2000 in München vor mehr als 1000 Teilnehmern ihre 51. Jahresversammlung ab. Die Ansprache des Präsidenten Hubert Markl galt dem Thema „Die Grenzenlosigkeit der Wissenschaften und die Knappheit der Talente". Seine Ansprache begann mit den bezeichnenden Worten, dass virtuelle Vorstellungen mehr bedeuten können als alle Tatsachen. Im Folgenden einige markante Sätze aus der Rede von Markl:

„Die Verfügbarkeit menschlicher Leistungskraft ist nicht nur die wichtigste, sondern langfristig betrachtet sogar die einzige Quelle menschlichen Reichtums, des materiellen genauso wie des geistigen und kulturellen Reichtums. ... In spätestens hundert Jahren könnte die Knappheit an Talentnachwuchs durchaus drückender empfunden werden als die Knappheit an Rohstoffen, Nahrung, Energie und Wasser. ... Vor allem müssen wir alle gemeinsam die Leistungen von Schülern, Schulen, Studierenden und Hochschulen nachhaltig verbessern. Das ist auch im Interesse einer reinen Forschungsorganisation unverzichtbar, denn auch die Max-Planck-Gesellschaft hat den Satzungsauftrag der Nachwuchsförderung. ... Besonders schmerzlich ist, wenn andere Nationen ohne Zögern vorwärts streben und keineswegs warten, bis Deutschland und Europa endlich die Weichenstellung von der geistigen und materiellen Besitzstandswahrung zu verstärkter Förderung kreativer Innovation geschafft haben werden. ... Wahrlich ich sage euch, was ihr gerade für die besten unserer Universitäten tut, das habt ihr auch für die Max-Planck-Gesellschaft getan. ... Ohne die Innovationskraft, die aus neuen wissenschaftlichen Entdeckungen, Erkenntnissen,

Erfindungen kommt, fehlt auch der Wirtschaft die unerschöpfliche Quelle aller Erneuerung und Verbesserung, die menschliches Handeln antreiben... Vielleicht gibt es doch eine Art Leibniz'scher prästabilisierter Harmonie zwischen den Nöten und den Mitteln, die uns gegen sie helfen können – wenn wir nur mutig und tüchtig genug sind, um sie zu nutzen. Der Max-Planck-Gesellschaft fehlt es weder an der Bereitschaft noch am Geschick, ihren Beitrag in dieser Gemeinschaftsaufgabe der Menschheit zu leisten."

Diese Sätze möchte ich zunächst unkommentiert auf Sie einwirken lassen. Speziell zur Aufgabe und zum Selbstverständnis der Wissenschaft ergänzt Hubert Markl: „Wissenschaft ist nicht eine beliebige Art, der Wirklichkeit zu begegnen; sie steht – anders als andere Gedankengebäude und Kunstgebilde – unter der selbstgewählten Verpflichtung, die Wirklichkeit so zuverlässig wie möglich, so wahr wie möglich zu erkennen und verstehbar zu machen. Science is about knowledge that works – oder wie Giovanni Battista Vico schon 1710 festgestellt hat: Factum et verum convertuntur, gleichsam ein Ingenieursideal der Wissenschaft, die zwar nicht jedem Wunsch zu Diensten, aber für die Erfüllung vieler Wünsche dienlich sein kann."

Alle diese Worte des Präsidenten geraten schnell in das Reich „virtueller Vorstellungen", wenn man sich die Wirklichkeit anschaut. Wer über einen Gesamtetat von gut 2 Milliarden Mark verfügt und zu mehr als 90 % von der staatlichen Förderung oder Subventionierung abhängt, gerät fast zwangsläufig in eine „Politikverflechtungsfalle" oder auch „Globalisierungsfalle", die alle hehren Worte von der Wirklichkeitsnähe der Forschung und Wissenschaft rasch relativiert. Das ließ bereits der Festvortrag von Professor Dr. Ernst-Detlef Schulze, Direktor am Max-Planck-Institut für Biogeochemie in Jena, über das Thema „Der Einfluss des Menschen auf die biogeochemischen Kreisläufe der Erde" erkennen.

Detlef Schulze behandelte ausführlich den Kohlenstoffkreislauf und seinen Einfluss auf das Klima. Wie weggefegt ist der Blick auf die Realität, dafür tauchte der Vortragende tief in die virtuelle Welt der Modellvorstellungen ein und ließ seinen Klimaphantasien freien Lauf. Der harte und steinige Pfad der Naturwissenschaften wurde vertauscht mit der weichen Promenade der Umweltwissenschaften. Dabei unterhielt der Professor das aufmerksame Auditorium mit Geschichten über „katastrophale Missernten in Europa" als Folge dessen, dass in den „zurückliegenden 1.000 Jahren die durchschnittlichen Temperaturen bis 1900 geringfügig aber ständig abgenommen" haben. Doch dann lässt er die Katze aus dem Sack und heraus kommt das Gespenst des klimakillenden Kohlendioxids: „Im Jahr 1998 hat sich die globale Durchschnittstemperatur deutlich vom Trend der vergangenen 1.000 Jahre abgehoben. Die Erhöhung der Temperatur um 0,75° Celsius übertrifft sogar die höchsten Temperaturwerte der letzten 1.000 Jahre."

Wir erfahren nicht, wie das hochkarätige Wissenschaftlerpublikum diese Verbeugung vor dem Zeitgeist aufgenommen hat. Im Grunde war der Zweck der Veranstaltung eine devote Verbeugung, denn auf ihr wurde zum ersten Mal der neuvergebene „Max-Planck-Preis für öffentliche Wissenschaft" verliehen. Den Sonderpreis in Höhe von 5000 DM für die beste Einzelleistung eines Wissenschaftlers der Max-Planck-Gesellschaft bei der allgemeinverständlichen Vermittlung von Forschungsergebnissen erhielt Dr. Mojib Latif vom Max-Planck-Institut für Meteorologie in Hamburg. Die Begründung: „Neben seiner umfangreichen wissenschaftlichen Arbeit hat sich Latif die Presse- und Öffentlichkeitsarbeit am Institut zu seiner Aufgabe gemacht und über die Forschungsergebnisse des Max-Planck-Instituts für Meteorologie in zahlreichen Presseartikeln und Fernsehinterviews berichtet. Damit hat Mojib Latif nach Auffassung der Jury seit vielen Jahren in der Öffentlichkeit zum besseren Verständnis der komplexen Zusammenhänge des Klimageschehens beigetragen und ist zum beliebten Ansprechpartner für die Medien zu Themen rund um Klima und Klimaveränderungen geworden, wie etwa globale Erwärmung, Häufigkeit von Stürmen oder zu den El-Nino-Erscheinungen."

Das Max-Planck-Institut für Meteorologie wurde 1975 ins Leben gerufen, um sich ganz speziell der Klimaforschung zu widmen. Zum Direktor wurde Professor Dr. Klaus Hasselmann berufen. Er wurde bei eben dieser Veranstaltung für seine 25-jährige MPG-Mitgliedschaft ausgezeichnet. Die Figur der römischen Göttin der Wissenschaft, Minerva, ziert die goldene Ehrennadel, mit der herausragende Förderer und Wissenschaftler der Max-Planck-Gesellschaft für 25-jährige Mitgliedschaft geehrt werden. In trauter Runde sind in dem Festheft auch die Professoren Dr. Hartmut Graßl und Dr. Lennart Bengtsson aus Hamburg sowie der Chemie-Nobelpreisträger Professor Dr. Paul Crutzen.

Max Planck, der am 4. Oktober 1947 verstarb, hat die Anfänge der „Klimaforschung“ nicht erlebt. Es ist daher müßig, darüber zu spekulieren, ob er sich heute „systemkonform“ verhalten, schweigen oder sich gegen den physikalischen Unsinn vom „Treibhauseffekt“ auflehnen würde. Was er jedoch zur Wissenschaft gesagt hat, das sei jedem Wissenschaftler zum Nachdenken anheim gegeben und ist in seinem Buch „Vom Wesen der Willensfreiheit und andere Vorträge“, Frankfurt am Main 1990, nachzulesen. Max Planck hat einen völlig anderen Denkansatz als der MPG-Präsident Hubert Markl. Sein Ausgangspunkt für die exakte Wissenschaft ist die reale und nicht die virtuelle Wirklichkeit: „Wir müssen unser Augenmerk richten nicht auf das, was wir gerne wissen möchten, sondern zunächst einmal auf das, was wir sicherlich wissen.“ Wissenschaft kann also niemals ansetzen bei der Erforschung eines statistischen Konstruktes wie dem „Klima“, sondern muss mit der Erforschung des Wetters, dessen physikalischem Verhalten beginnen.

Max Planck fährt fort: „Was ist nun unter allem, was wir wissen und was wir uns gegenseitig mitteilen können, das Allersicherste, das, was nicht dem geringsten Zweifel unterliegt? Darauf gibt es nur eine einzige Antwort: Es ist das, was wir selber an unserem eigenen Leibe erfahren. Und da die exakte Wissenschaft es mit der Erforschung der Außenwelt zu tun hat, so dürfen wir gleich weiter sagen: Es sind die Eindrücke, die wir im Leben unmittelbar durch unsere Sinnesorgane: Auge, Ohr usw. von der Außenwelt empfangen. Wenn wir etwas sehen, hören, fühlen, so ist das einfach eine gegebene Tatsache, an der kein Skeptiker rütteln kann.“ Tatsache ist, dass man eine Windböe fühlen, das Brausen des Windes hören und den verursachten Winddruck spüren kann. Doch was bewegt die mittlere jährliche Windgeschwindigkeit von 4 m/s oder 15 km/h? Nichts! Sie spiegelt ein statistisches Potential wider, eine Rechengröße, mehr aber auch nicht. Doch zurück zu Max Plancks Aussage:

„Wenn wir die Gesamtheit der Sinneseindrücke als die Welt der Sinne bezeichnen, so können wir kurz sagen, dass die exakte Wissenschaft ihren Ursprung nimmt von der erlebten Sinnenwelt. Die Sinnenwelt ist es, welche der Wissenschaft sozusagen das Rohmaterial für ihre Arbeit zu Verfügung stellt. ... Wenn wir nun den Inhalt unserer Sinnenwelt überblicken, so zerfällt er offensichtlich in so viele getrennte Gebiete, als wir verschiedene Sinnesorgane besitzen, je eines für das Sehen, Hören, Tasten, Riechen oder Schmecken und für die Wärme. Diese Gebiete sind an sich völlig verschieden und haben zunächst nichts miteinander zu tun. Es gibt von vornherein keine Brücke zwischen dem Empfinden für Farben und dem Empfinden für Töne. Eine Verwandtschaft, wie sie von manchen Kunstliebhabern etwa zwischen einer bestimmten Farbe und einer bestimmten Tonart angenommen wird, ist nicht unmittelbar gegeben, sondern ist eine durch persönliche Erlebnisse angeregte Schöpfung der reflektierenden Einbildungskraft. Da die exakte Wissenschaft es mit messbaren Größen zu tun hat, so kommen für sie in erster Linie diejenigen Sinneseindrücke in Betracht, welche quantitative Angaben gestatten, also die Gesichtswelt, die Gehörswelt und die Tastwelt. Diesen Gebieten entnimmt die Wissenschaft das Material für ihre Forschung und bearbeitet es mit den Werkzeugen des logischen, mathematisch und philosophisch geschulten Denkens."

Max Planck sagt aber auch in der Bescheidenheit eines großen „Meisters": „Nicht nach der Qualität, sondern nur nach dem Grad der Feinheit und Vollständigkeit unterscheidet sich das wissenschaftliche von dem gewohnheitsmäßigen Denken, etwa ebenso, wie sich die Leistungen eines Mikroskops von den Leistungen des bloßen Auges unterscheiden. Daß das gar nicht anders sein kann, erhellt sich schon einfach daraus, daß es nur eine einzige Art von Logik gibt, daß also aus gegebenen Voraussetzungen die wissenschaftliche Logik nichts anderes ableiten kann als die des ungeschulten praktischen Verstandes. Wir werden daher auch für die Resultate, welche die Wissenschaft bei dieser ihrer Arbeit erzielt hat, ein anschauliches Verständnis dafür gewinnen, daß wir an die Erfahrungen anknüpfen, welche uns aus dem Verlauf des täglichen Lebens bekannt und vertraut sind."

So lange auch jemand in seinem Leben zurückblicken mag, er hat im Verlauf seines täglichen Lebens nur Erfahrungen mit dem Wetter gemacht. Das Wetter ist unser ständiger Begleiter, ob es uns passt oder nicht. Wie können es nicht ändern und müssen es nehmen, wie es kommt.

Unser Bestreben geht einzig dahin, möglichst frühzeitig und genau zu wissen, welches Wetter wir zu erwarten haben, damit wir unsere Planungen und Wünsche danach ausrichten.

Mit dem Klima hat noch kein Mensch auf Erden je Erfahrungen sammeln können, weil es in der Natur kein Klima als physikalischen Vorgang gibt. Das Klima entsteht durch Kopfarbeit in der Wetterstation oder Studierstube und neuerdings im Computer, der mit den entsprechenden Daten gefüttert wird. Klima beginnt mit der Addition und Division von zu bestimmten Uhrzeiten gemessenen Temperaturen. Im Gegensatz zum Wetter mit seinen Sturmfluten, Tornados oder Wirbelstürmen hat das Klima noch niemals je einem Mensch ein Haar gekrümmt. Es ist eine Schöpfung unseres „Intellekts". Dieser kann an das Klima Wünsche richten, er kann ihm auch alle Untaten des Wetters zuschieben, um daraus den Wunsch nach dessen Disziplinierung und Domestizierung zu begründen. Daher resultiert wider alle Realität der unbändige politische Wunsch nach „Klimaschutz". Doch das alles spielt sich nur im Bereich der massenpsychologischen Ersatzbefriedigung, im Wolkenkuckucksheim der Utopie ab.

Weil jedem Klima das Wetter vorangeht, ja das Wetter Grundvoraussetzung dafür ist, dass wir Klimawerte berechnen und die Welt dann in Klimazonen einteilen können, ist und bleibt der in der Erdgeschichte rekonstruierte „Klimawandel" ein ewiges Rätsel. Auch wenn wir in der Klimageschichte Warm- und Eiszeiten festgestellt haben, so können wir doch nichts über das zugrunde liegende Wetter aussagen. Einzig die statistische Aussage ist möglich, dass es in den Warmzeiten im Durchschnitt „wärmer" war als in den Eiszeiten. Die Frage nach dem „Warum" bleibt offen und kann durch keine der bisher vorgelegten Hypothesen beantwortet werden. Die Schlüsselgröße für ein Verständnis für Klima ist und bleibt das Wetter; daran führt definitionsgemäß kein Weg vorbei! Nur das Wetter ist sinnlich erfahrbar, aber nicht der statistisch abgeleitete Klimawert. Es waren Jahre „schlechten Wetters", die zu Beginn des 14. Jahrhunderts zum Aussterben der Wikingersiedlungen auf Grönland geführt haben, nicht eine Verschlechterung des Klimas. Dieses hätte man erst im Nachhinein bei Auswertung der Wetteraufzeichnungen durch ein Absinken der Mitteltemperaturen rechnerisch ermitteln können, wenn es Temperaturmessungen schon gegeben hätte.

Zur Entspannung mal ein wenig Schulphysik

Jeder macht die alltägliche Erfahrung, dass er schnell friert, wenn er aus seinem beheizten Raum hinaus in die Kälte tritt. Er spürt keine „Gegenstrahlung“, die ihn erwärmen könnte. Trotzdem ist es modisch geworden, die Behauptung vom „natürlichen Treibhauseffekt“ uneingeschränkt nachzuerzählen. Obwohl diese nirgends mit den eigenen Erfahrungen übereinstimmt, wird sie einfach geglaubt und für wahr erachtet. Sind unsere Schulbücher daran schuld, dass uns Professoren mit Medienverstärkung solch einen gewaltigen „Bären“ aufbinden können? Oder haben wir einfach in der Schule nicht aufgepasst oder aus Bequemlichkeit das Fach Physik zu früh abgewählt? Für die älteren unter uns mag letzteres zutreffen, für die jüngeren Leser kann man sagen: Sie haben es nicht besser gelernt!

Doch was sagen die Schulbücher wirklich? Greifen wir eines aus dem Klett Verlag und zwar Grimsehl Physik II für die Oberstufe aus dem Jahre 1986 heraus. Bearbeitet haben es die Gymnasiallehrer Dr. Wilhelm German, Adolf Klein, Dr. Hermann Lambertz, Richard Leute und Dr. Max Neunhöffer. Die folgenden Merksätze sind alle aus dem Kapitel V. „Allgemeine Eigenschaften der elektromagnetischen Strahlung“:

„Glühende feste und flüssige Körper ergeben ein kontinuierliches (zusammenhängendes) Spektrum. Sie senden im sichtbaren Gebiet Licht aller Farben (d. h. aller Frequenzen) aus. Leuchtende Gase und Dämpfe ergeben ein Linienspektrum (nicht-zusammenhängendes Spektrum). Sie senden nur Licht ganz bestimmter Farben (Frequenzen) aus. Das Licht jedes chemischen Elementes im gasförmigen Zustand zeigt unter gleichen Bedingungen immer dasselbe, nur für dieses Element charakteristische Linienspektrum.

Jedes glühende Gas absorbiert von auffallendem Licht nur diejenigen Frequenzen, die es selbst ausstrahlen kann.

Infrarote und ultraviolette Strahlen sind nicht wesensverschieden von sichtbarem Licht. Sie werden von jeder Lichtquelle zusammen mit sichtbarem Licht ausgesandt.

Die infraroten Strahlen heißen auch Wärmestrahlen.

Die ultravioletten Strahlen üben chemische und biologische Wirkungen aus.

Die Ausbreitung des Lichtes ist durch wellenförmiges Fortschreiten elektromagnetischer Felder gekennzeichnet.

Alle Wellenstrahlen, die wir im leeren Raum kennen, sind elektromagnetischer Natur. Die Ausbreitung erfolgt durch elektromagnetische Felder mit der Lichtgeschwindigkeit $c = 3 \times 10^8$ m sec^{-1}

Dunkle und raue Flächen eines Körpers haben unter sonst gleichen Umständen ein stärkeres Emissionsvermögen und auch ein stärkeres Absorptionsvermögen als helle und glatte.

Für gegebene Wellenlänge und gegebene Temperatur ist das Emissionsvermögen eines Körpers seinem Absorptionsvermögen proportional.

Für gegebene Wellenlänge und gegebene Temperatur ist der Quotient „Emissionsvermögen / Absorptionsvermögen“ für alle Körper gleich und zwar gleich dem Emissionsvermögen des vollkommen schwarzen Körpers für die betreffende Wellenlänge und Temperatur.

Das Emissionsvermögen des schwarzen Körpers ist größer als das irgendeines anderen Körpers bei gleicher Temperatur.

Die Leistung der von einem schwarzen Körper ausgesandten Gesamtstrahlung im Vakuum ist der Flächengröße A und der vierten Potenz der absoluten Temperatur T proportional (Stefan-Boltzmann'sches Gesetz).

Die Wellenlänge der maximalen Strahlung im Vakuum ist der absoluten Temperatur des strahlenden Körpers umgekehrt proportional (Wien'sches Verschiebungsgesetz).“

Was hatte Max Planck als Werkzeug jedweden Wissenschaftlers empfohlen? Das logische, mathematisch und philosophisch geschulte Denken. Zur Widerlegung der Behauptung des „natürlichen Treibhauseffektes“ von 33 Grad, durch den sich die Erde von einer „mittleren

Temperatur“ von -18 °C auf eine „mittlere Temperatur“ von +15 °C erwärmen soll, genügt allein ein wenig Logik. Zur Widerlegung reichen schon die beiden ersten Merksätze aus. Sie besagen zusammengefasst: Wenn ein Körper über ein kontinuierliches Spektrum Energie abstrahlt, dann kann eine ihn umgebende Gashülle, die nur diskontinuierlich Energie absorbiert, weder an der Abkühlung hindern noch erwärmen. Etwas anders ausgedrückt: Wenn ein Körper Licht aller Farben emittiert und nur das Licht gewisser Farben wird von der Gashülle absorbiert, dann gibt es darin „Fenster“, durch die Licht ungehindert entweichen kann. Ein „natürlicher Treibhauseffekt“ ist also unmöglich; er ist ein „spektroskopisches Artefakt“, wie sich der Chemiker Dr. Heinz Hug in der Chemischen Rundschau vom 20. Februar 1998 ausdrückte.

Immer wieder bewahrheitet sich das der Natur abgelauschte Newton’sche Abkühlungsgesetz. Es bestätigt unsere Alltagserfahrung und entspricht dem Vorschlag von Max Planck, unser Augenmerk auf das zu richten, was wir sicher wissen. Ich wiederhole mich: Wenn jeder Körper entsprechend seiner Temperatur unentwegt Energie abstrahlt, dann „friert“ er schlicht und wird kälter. Es ist dabei völlig gleichgültig, ob dieser Körper von einer Atmosphäre umgeben ist oder nicht, er strahlt elektromagnetische Energie ab. Die Gasatmosphäre ist wegen des Spektralverhaltens der Gase einem weitmaschigen Netz vergleichbar und ein solches „wärmt“ bekanntlich nicht, weil es die Wärme nicht zurückhalten kann, die durch die weiten Maschen entweicht. Man kann nun untersuchen, wie viel der abgestrahlten Energie die Atmosphäre absorbieren und wie viel sie davon so zielgerichtet „re-emittieren“ muss, damit der Energieverlust des strahlenden Körpers wieder ausgeglichen werden kann. Dies wäre nur bei hundertprozentiger Rückstrahlung der Fall. Eine darüber hinausgehende „Erwärmung“ ist absolut ausgeschlossen und würde voraussetzen, dass die Atmosphäre über eine eigene Energiequelle verfügt. Doch diese gibt es nicht!

An dieser Stelle wäre die Frage zu stellen, welche Rolle der Wissenschaftsjournalismus spielt. Würde er auf die „Freiheit der Presse“ pochen, müsste er die Expertenaussagen kritisch hinterfragen. Er dürfte sich nicht in die Rolle eines „Konsumenten“ zwängen lassen, der nichts anderes tut, als die Masse an Leser-Konsumenten in eine Richtung zu informieren, die gewünscht wird. Höchst interessant ist in diesem Zusammenhang das Buch „Medienwelten – Schein und Wirklichkeit in Bild und Ton“ von Jan Reetze aus dem Jahre 1993. Nach dem einleitenden Vers „Am Heimcomputer sitz’ ich hier, programmier’ die Zukunft mir...“ schildert Jan Reetze umfassend die Entwicklung von Film, Funk und Fernsehen bis hin zur Computertechnologie und Digitalisierung. Er fasst zusammen:

„Spätestens nach dem Golfkrieg haben wir mit einigem Erschrecken registrieren müssen, dass manche Wirklichkeiten ausschließlich in elektronischen Medien existieren. Wirklichkeiten, die „wirklich“ und doch nicht „wahr“ sind. Wir haben lernen müssen, dass man nichts begriffen haben muss und sich dennoch bestens informiert fühlen kann. Medien vermitteln immer gleichzeitig Informationen und Illusionen.“

„Treibhauseffekt“ und „Klimakatastrophe“ sind informative Illusionen oder illusionäre Informationen. Sie werden nicht am Heimcomputer programmiert, sondern im Deutschen Klimarechenzentrum in Hamburg, das durch Steuergelder finanziert wird. Es hat am 1. Januar 1988 seine Arbeit aufgenommen. Gesellschafter sind die „Max-Planck-Gesellschaft zur Förderung der Wissenschaften e.V“, die „Freie und Hansestadt Hamburg“ sowie die „GKSS – Forschungszentrum Geesthacht GmbH“. Das „Bundesministerium für Forschung und Technologie“ oder BMFT hat die Ausbau-Investitionen getragen und trägt einen Teil der laufenden Betriebskosten.

Im Klimarechenzentrum wird Klimaforschung, Umweltforschung und Zukunftsforschung in einem Atemzug betrieben. Von hier aus werden über den MPG-Preisträger Dr. Mojib Latif die Medien mit Informationen über unsere Klimazukunft bedient. Um das richtig würdigen zu können, ist interessant, was der MPG-Präsident Hubert Markl zu den Möglichkeiten der Zukunftsvorhersage zu sagen weiß. In der Frankfurter Allgemeinen vom 23.Oktober 1999 schrieb er einen Artikel „Vom Unbekannten herausgefordert – Die Wissenschaft zwischen Ohnmacht und Überschätzung“. Markl stellt hier das Ende des mechanistischen Weltbildes mit seiner deterministischen Sichtweise fest, und fährt für viele ernüchternd fort: „Wer sich für Wissenschaft gegen Zukunftsangst ausspricht, sollte daher gleich von Anfang an klarstellen, dass eines nicht damit gemeint sein kann: Das Streben nach einem Zustand des Wissens, welcher der Zukunft alles unvorhersagbare Bedrohliche nimmt und uns daher auch von allen Ängsten vor dem, was sich künftig alles ereignen könnte, befreien würde. Im historischen Zeithorizont von einigen hundert oder tausend Jahren wird wohl – insbesondere nach der Entzauberung der vermeintlichen Vorhersagemacht des historisch-dialektischen Materialismus – kaum jemand solchen Allwissenheitsträumen über die menschliche Zukunft nachhängen."

Das Klimarechenzentrum geht ganz klar von der „Vorhersagemacht des historisch-dialektischen Materialismus" aus, denn sonst würde es nicht unentwegt Zukunftsängste produzieren aufgrund der Behauptung, man könne das „Klima" über hundert und mehr Jahre voraussagen. Dabei weiß im Grunde jeder, der logisch denkt, dass man keine statistische Größe vorhersagen kann, wenn man ihre Ausgangsgröße, in diesem Fall das Wetter, nicht für mehr als eine Woche verlässlich vorhersagen kann. Das bestätigt auch Hubert Markl:

„Die erste Wurzel der grundsätzlichen Unbestimmtheit und damit der niemals gänzlichen Vorauserkennbarkeit der Zukunft liegt in der unabänderlichen Herrschaft des Zufalls, der die quantenphysikalische Kausalität in der atomar-molekularen Mikrostruktur der gesamten physischen Welt und damit auch in der gesamten belebten Welt bestimmt. Sie ist die Quelle der Variabilität, und zwar einer im Einzelfall prinzipiell unvorhersagbaren Variabilität aller Lebensformen. Von Tag zu Tag, von Generation zu Generation vollzieht sich ein unaufhörlicher Wandel alles Lebendigen, der die Daseinsbedingungen der Zukunft für das Leben niemals vollständig aus den heute gegebenen Daseinsbedingungen vorhersagen lässt. Im Schauspiel des Lebens bestimmen nämlich immer neue Akteure, was gespielt wird."

Wer im Schauspiel des ständig variablen Wetters die Akteure sind, das wissen wir nicht und werden es zu unseren Lebzeiten mit an Sicherheit grenzender Wahrscheinlichkeit auch nicht ergründen.

Mit „Klimaängsten“ zur Klimaschutzpolitik

In der Süddeutschen Zeitung vom 9. Oktober 2000 berichtete Christiane Schlötzer zum Stand der Diskussion bei der „Ökosteuer“ wie folgt:

„Bundeskanzler Gerhard Schröder und die Grünen machen sich offenbar Gedanken darüber, wie Klimaschutz und Ökosteuer attraktiver werden könnten. Schröder sprach bei einem Festakt zum 50-jährigen Bestehen des Deutschen Naturschutzrings in München von einer „Ökologisierung der Steuerreform“. Das Prinzip der Ökosteuer stehe nicht in Frage, betonte er, über die Instrumente aber könne man diskutieren. Der damalige FDP-Generalsekretär Guido Westerwelle wertete dies als „Abschied auf Raten von der Ökosteuer“. CSU-Chef Edmund Stoiber sagte, Schröder sei offensichtlich außerordentlich unwohl bei dieser Ökosteuer“. Die Grünen zeigten sich dagegen erfreut. Sie würden die Einnahmen der Ökosteuer künftig lieber für ökologische Projekte und die Bahn ausgeben, als wie bisher für die Rente. Grünen-Chef Fritz Kuhn sagte, bis 2003 stehe die Steuer wie geplant. ... Regierungssprecherin Charma Reinhardt wiederum versicherte: „Es gibt keine neue Linie.“ Auch Finanzminister Hans Eichel hatte angeregt, die Ökosteuer künftig nicht mehr für die Rente zu verwenden. Schröder kündigte zudem für diesen Monat ein Klimaschutzprogramm an. ... Die Grünen möchten als Beitrag zum Klimaschutz Abwrackprämien für Altautos einführen. ...“

Bei aller Kraftmeierei und allem politischen Kampfgetöse um die Ökosteuer, eine „heilige Kuh“ bleibt gewahrt, weil sie kein Politiker antastet. Sie ist der Dukatenesel, die Gans, die „goldene Eier“ legt. Doch ob sich die Politik als „Vorreiter“ oder „Macher“ aufspielt, eines bleibt von alledem völlig unbeeindruckt, das Wetter. Es macht wie seit Urzeiten, als die Menschen noch die „Wettergötter“ um gutes Wetter anflehten, das, was es will. Keine Vulkanausbrüche, keine Weltkriege, keine Atombomben können es nachhaltig aus der Ruhe bringen oder der Bahn werfen. Die Zugbahnen von Orkantiefs wie „Wiebke“ und „Lothar“ ergeben sich aus den großräumigen Luftdruckkonstellationen wie der Höhenströmung; sie sind nicht beeinfluss- oder steuerbar! Der ganze Politlärm um den Klimaschutz mutet wie eine zornige Ersatzbefriedigung an, welche die menschliche Ohnmacht vor den Naturgewalten kaschieren soll. Was will der Klimaschutz eigentlich schützen? Er will die „Globaltemperatur“ konstant halten, zumindest erreichen, dass sie nicht wesentlich von dem errechneten Wert von + 15 °C ab weicht. Als „Königsweg“ wird die Reduktion der Emissionen von „Treibhausgasen“ angesehen.

In Deutschland, dem Heimatland von Karl Marx und der Geburtsstätte der neomarxistischen „Kritischen Theorie“ der „Frankfurter Schule“ bewegt der Gedanke „Klimaschutz“ mehr Gemüter als anderswo in der Welt. Man ist verbissen bei der Sache, die Natur zur „wahren Natur“ anthropogen umzumodeln, und unterdrückt jeden Einwand als „politisch unkorrekt“. Dies bestätigt den Eindruck, dass unsere geistige „Elite“ noch überwiegend den Denkschemata des „historisch-dialektischen Materialismus“ verhaftet ist. Außerdem scheinen wir unverbesserliche „Idealisten“ zu sein, die eine Idee verabsolutieren, daraus ein Sendungsbewusstsein entwickeln und dann in die Welt hinausposaunen: „Am deutschen Wesen soll die Welt genesen!“ Wir sind die „Vorreiter“!

Doch selbst das ist alles nur Etikettenschwindel. Weder die deutsche Wissenschaft, noch die deutschen Medien und schon gar nicht die deutsche Politik haben den „Klimaschutz“ erfunden. Diese Errungenschaft stammt ganz eindeutig aus den Vereinigten Staaten. Amerikanische Wissenschaftler hatten als erste erkannt, dass man, wenn Wissen Macht ist, das Kapital Wissen in den Markt werfen muss, um Macht auszuüben, denn „money makes the world go round“. Vorbei sind die Zeiten, wo Wissenschaft allein um der Erkenntnis willen betrieben wurde. Marc Bovenschulte und Olaf Gaus schrieben hierzu in der Frankfurter Allgemeinen Zeitung vom 15. September 2000:

„Beide Forscher – Michael Faraday und Justus Liebig – demonstrierten auf ihre Weise ein Verständnis von Wissenschaft, das der römische Philosoph Seneca in seinen bekannten Ausspruch fasste: Non scholae, sed vitae discimus. Nicht für die Schule, sondern für das Leben lernen wir.“

Das Wetter ist zwar für jedermann von großem Interesse, die Wetterforschung ein extrem spannendes Kapitel der Wissenschaft, doch viel interessanter ist die Spekulation um das Klima. Es beschert Schlagzeilen, erzeugt das notwendige kollektive Gruseln, das die Politik aufnimmt und instrumentalisiert. Hier kann sie sich zum „Macher", zum „Klimaschützer" aufschwingen und sich für diesen heroischen Kampf belobigen und belohnen lassen. Während Erfolg und Misserfolg bei der Wettervorhersage direkt kontrollierbar sind, kann man ungestraft über das Klima fabulieren, ohne je zur Rechenschaft gezogen zu werden. Für die numerische Vorhersage des Unvorhersagbaren stellt die Gesellschaft riesige Computer zur Verfügung. Doch auch die größten und schnellsten Computer helfen nicht. Dies hat Edward Lorenz, Professor für Meteorologie am Massachusetts Institute of Technology, bereits 1963 nachgewiesen. Edward Lorenz hatte ein mathematisches Modell des Wettergeschehens entworfen und damit experimentiert. Er musste feststellen, dass der Computer völlig andere Vorhersagen lieferte, wenn er die Anfangswerte nur ganz minimal veränderte. Er entdeckte die „Chaostheorie"! Wir wissen heute um das deterministische wie das stochastische Chaos, das kein Computer je überlisten kann. Lorenz entdeckte das prinzipiell „chaotische" Verhalten des Wetters. Allein daran liegt es, dass jede numerische Wettervorhersage trotz leistungsfähigster Rechner bereits nach wenigen Tagen ins „Chaos" abdriftet und nicht mehr brauchbar ist. Die Empfindlichkeit, mit der das Lorenz'sche System der unverändert gültigen nichtlinearen Differentialgleichungen auf kleinste Änderungen bei den Eingabedaten reagierte, ließ ihn vom „Schmetterlingseffekt" sprechen. Mit diesem recht anschaulichen Bild wollte er zeigen, dass kleinste Ereignisse in einem chaotischen System gewaltige Auswirkungen haben können. Der Flügelschlag eines Schmetterlings auf einer Alpenwiese – so das Bild – kann dazu führen, dass der nächste Orkan statt über den Ärmelkanal über Jütland hinwegzieht. Dies mag übertrieben klingen, folgt aber aus den Gesetzmäßigkeiten des mathematisch-numerischen Rechenansatzes.

Diese Schwierigkeit ignorierten die Klimaexperten und hatten einen „genialen" Einfall. Er bestand darin, sich erst gar nicht mit dem Wetter zu befassen, sondern auf seine statistische Verallgemeinerung, das Klima, zu setzen. Man versprach langfristige „Klimavorhersagen“, wenn von der Politik gewisse Randbedingungen erfüllt würden, nämlich hinreichend große Computer und entsprechend viel Geld. Um diese Voraussetzungen beim Steuerzahler auch politisch durchsetzen zu können, empfahl es sich, das Klima zu dramatisieren und mit möglichen Katastrophen zu drohen. Der Empfänglichkeit für derartige wirkliche oder nur virtuelle Androhungen im Bereich „Umwelt“ hatte das 1962 erschienene Buch von Rachel Carson „The silent spring“ oder „Der stumme Frühling“ den Weg bereitet. Dieses Buch kann als „Katalysator“ für die modernen Umweltwissenschaften angesehen werden. Es zeigte auch, wie man mit realen oder vermeintlichen „Umweltängsten“ in das Räderwerk der Politik gestaltend und partizipierend eingreifen kann. Der Schulterschluss zwischen Wissenschaft und Politik war geglückt, wie die damalige Reaktion des US-Präsidenten John F. Kennedy zeigte. Den Klimaexperten kam das Wetter zu Hilfe. Zwei wetterbedingte Missernten in den Vereinigten Staaten 1972 und 1974 rissen das Tor für Spekulationen über künftige „Klimakatastrophen“ weit auf. Man musste nur den Menschen dafür verantwortlich machen und Schuldkomplexe in ihm wecken.

Als Reaktion auf die Diskussion in den USA wurde 1975 das Max-Planck-Institut für Meteorologie, man scheute bewusst den Namen Klimatologie, gegründet. Im Jahre 1987 brachte das damalige Bundesministerium für Forschung und Technologie eine Broschüre „Klimaprobleme und ihre Erforschung“ heraus. Sie berichtete auch über die „Lage der Klimaforschung in anderen Ländern“ und beschrieb ausführlich die Situation in den USA:

„Die staatlich geförderte Klimaforschung wird in den USA vom National Climate Program Office (NCPO) koordiniert, das der Kongreß mit dem am 17. 9. 1978 verabschiedeten National Climate Program Act (NCPA) geschaffen hat. Das NCPO ist der National Oceanic and Atmospheric Administration (NOAA) angegliedert, die zum Department of Commerce gehört. NCPO koordiniert die Klimaforschungsaktivitäten von 17 Ministerien und Bundesbehörden. Ein erster Fünfjahresplan für die Klimaforschung wurde 1980 veröffentlicht. Die letzte Fortschreibung ist im Juni 1985 als „Fy 1984 – 1986 Interim Plan“ erschienen.“ Es wird auch mitgeteilt, dass in dem Zeitraum von 1980 bis 1986 für die Klimaforschung in den USA insgesamt 971,7 Millionen, also fast eine Milliarde US-Dollar, ausgegeben wurden.

In der Bundesrepublik Deutschland hatte das Bundeskabinett am 14. November 1979 beschlossen, ein Klimaforschungsprogramm aufzustellen, nachdem bereits im Mai 1979 der 8. Kongress der Weltorganisation für Meteorologie den Plan eines Weltklimaprogramms angenommen hatte. Wir waren weder Vorreiter, noch sind wir Spitzenreiter! In der Broschüre des Forschungsministeriums heißt es zum Stichwort „Treibhauseffekt":

„Der „naturgegebene Treibhauseffekt" – wie er sich aus der „natürlichen" Konzentration von sog. „Treibhausgasen" in der Atmosphäre ergibt – verhindert eine schnelle Auskühlung der Oberfläche unseres Planeten und der erdnahen Atmosphäre: Er sichert der Erde das lebensfreundliche Klima.

Der Mechanismus des „Treibhauseffektes" kann wie folgt veranschaulicht werden:

Das einfallende Sonnenlicht wird von den „Treibhausgasen" bis zum Erdboden hin durchgelassen.

Die von der Erdoberfläche absorbierte Sonnenstrahlung wird nach einer Reihe von Energieumwandlungen als Infrarot- Wärme) Strahlung wieder abgestrahlt.

Diese Infrarotstrahlung wird von den „Treibhausgasen" absorbiert. Die Atmosphäre erwärmt sich, und diese Gase strahlen die Wärme zum Teil wieder zur Erdoberfläche zurück. Dadurch wird die Erdoberfläche weiter erwärmt („Treibhauseffekt").

Nimmt die Konzentration solcher Treibhausgase in der Atmosphäre zu – das ist heute der Fall –, so müsste immer mehr Infrarotstrahlung in der Atmosphäre festgehalten werden. Die Temperatur der unteren Atmosphäre müsste ansteigen, während sich die obere Atmosphäre abkühlt, weil die Wärmestrahlung in den unteren Schichten stärker zurückgehalten wird."

Wer sich derart verdreht ausdrückt, hat mit Sicherheit etwas zu verbergen. Das könnten die eigenen „Töpfchen" sein, die sich einige Klimaexperten im Rahmen des Klimaforschungsprogramms zu sichern verstanden. Im November 1989 gab der Bundesminister für Forschung und Technologie das Informationsheft „Förderschwerpunkt zum Treibhauseffekt" heraus. Darin ist dem „anthropogenen Treibhauseffekt" ein eigenes Kapitel gewidmet:

„Seit der vorindustriellen Zeit (etwa Mitte des 18. Jahrhunderts) ist die Verbrennung fossiler Energieträger wie Kohle, Erdöl und Erdgas drastisch gestiegen und hat zum wesentlichen Anteil die Zunahme des atmosphärischen CO_2-Gehalts um rd. 25% bewirkt. ... Auch die Konzentrationen der anderen Treibhausgase haben aufgrund verschiedener anthropogener Aktivitäten z. T. erheblich zugenommen. ... Ihre besondere Bedeutung liegt darin, dass sie in dem sog. „atmosphärischen Fenster", das bislang für die langwellige Wärmestrahlung der Erdoberfläche „offen" war, gerade diese Wärmestrahlung absorbieren. Sie „schließen" damit dieses Fenster, durch das sonst die in diesem Wellenlängenbereich emittierte Wärmestrahlung fast ungehindert in den Weltraum entweichen könnte."

Für den neuen Förderschwerpunkt „Treibhauseffekt" wurden folgende Mittel aufgebracht: 1989 -10,2; 1990 – 11,3; 1991 – 12,0; 1992 – 12,6; 1993 – 14,7 Millionen DM. Das sind insgesamt 60,8 Millionen Mark! Ein Blick in ein Physikbuch hätte genügt, um das „wissenschaftliche Problem" als ein Scheinproblem zu entlarven. Doch die Ausgaben für die Klimaforschung nahmen statt dessen weiter zu. In der Informationsschrift „Umwelt" Nr. 5/1997 des Bundesumweltministeriums im Zusammenhang mit dem Zweiten Bericht der Regierung der Bundesrepublik Deutschland entsprechend der Rahmenübereinkommen der Vereinten Nationen über Klimaänderungen, auch 2. Nationalbericht genannt, werden alle Politiken und Maßnahmen in Sachen Klimaschutz aufgeführt. Zu ihrer Finanzierung heißt es: „Die Forschungs- und Entwicklungsausgaben des Bundes für Umwelt- und Klimaforschung betrugen 1994 1.030 Millionen DM, ..." Das sind nach dem bescheidenen Start im Jahre 1989 mit 10 Millionen DM mehr als eine Milliarde DM im Jahre 1994! Ist uns die Klimaforschung wirklich dieses Geld wert?

Darüber hinaus finden wir im Nationalbericht die Sätze: „Das Thema „Klimaschutz" stellt in der ersten Hälfte der 90er Jahre in der Umweltbildung einen inhaltlichen Schwerpunkt dar, der auch den gesellschaftlichen Diskurs zu den globalen Klimaveränderungen widerspiegelt. ... Darüber hinaus findet eine Vielzahl von Aktivitäten der Bundes- und Landesregierungen, von Nichtregierungsorganisationen, Medien, Kommunen, Verbraucherverbänden und -zentralen statt, die der Information und Bewusstseinsbildung zur Klimavorsorge dienen."

Man hat den Eindruck, dass es nichts Wichtigeres in Deutschland gibt als „Klimaschutz"! Milliarden und Abermilliarden Mark werden ausgegeben zur Erforschung eines Phänomens, das es als solches gar nicht gibt, aber vorzüglich geeignet ist, zur Bewusstseinsformung beizutragen und zur Indoktrination einer Gesellschaft mit dem Ziel zu dienen, diese auf das „Ökoparadies", für das kein Opfer zu hoch ist, einzustimmen. Wer sich als Wissenschaftler brav klimakonform oder systemkonform verhält, kann auch sicher sein, entsprechend belohnt zu werden.

Unter den vielen Preisen vergibt die Deutsche Bundesstiftung Umwelt in Osnabrück den mit 1 Million DM höchstdotierten Umweltpreis in Europa. Die Bundesstiftung wurde 1990 von der Bundesregierung gegründet und finanziell mit den Privatisierungserlösen der Salzgitter AG in Höhe von 2,5 Milliarden DM ausgestattet. Am 8. November 1998 wurde dieser Preis an drei Wissenschaftler des Max-Planck-Institutes für Meteorologie in Hamburg verliehen, an die Professoren Dr. Hartmut Graßl, Dr. Klaus Hasselmann und Dr. Lennart Bengtsson sowie den Freiburger Solarunternehmer Georg Salvamoser. Ausgehändigt wurde der Umweltpreis von Bundesumweltminister Jürgen Trittin. Nach Mitteilung der „Stromthemen" 12/98 der Vereinigung der deutschen Elektrizitätswerke (VDEW) in Frankfurt am Main betonte Trittin, dass gerade für die neue Bundesregierung eine zukunftsfähige Energieversorgung und der Klimaschutz besondere Schwerpunkte darstellen. „Die Professoren Lennart Bengtsson, Hartmut Graßl und Klaus Hasselmann erhalten die Hälfte des Preises dafür, dass sie außerordentliche wissenschaftliche Erfolge bei der Verbesserung der globalen und regionalen Klimamodelle" erzielen konnten. Die Jury hob außerdem hervor, dass die Wissenschaftler dazu beigetragen hätten, Forschungsergebnisse zu Klimafragen einem breiten Publikum seriös und fundiert zu vermitteln. Die Forscher konnten nachweisen, dass der Einfluss des Menschen auf das Klima bereits heute mit einer Wahrscheinlichkeit von 95% nachweisbar ist. Nach ihrem Modell wird bis zum Jahr 2100 die mittlere Temperatur um 1 bis 4 °C ansteigen, wenn die von Menschen verursachte Emission an Treibhausgasen nicht deutlich reduziert wird. Hasselmann sagte angesichts der parallel laufenden Verhandlungen in Buenos Aires im Rahmen der UN-Klimarahmenkonvention, dass die „Signalwirkung dieses Preises gerade zu diesem Zeitpunkt wichtig“ sei. Man ist international „vernetzt“ und beherrscht sein Metier!

Ziemlich ein Jahr vor dieser Preisverleihung und kurz vor der Kioto-Konferenz stand am 11. November 1997 in der Süddeutschen Zeitung ein Bericht „Es gibt kein CO_2-Problem“, der auf einem Interview mit dem international anerkannten deutschen Physiker Professor Dr. George W. Stroke zurückging. Ich lobte die Äußerungen von George W. Stroke und schrieb einen Leserbrief, der sogar veröffentlicht wurde. Darin stand:

„Jeder Meteorologe weiß, dass es keinen „CO_2-Treibhauseffekt“ gibt und negiert ihn bei der Vorhersage der nächtlichen Tiefsttemperaturen bei klarem Himmel. Gerade an wolkenlosen Strahlungstagen verschwindet die tagsüber eingestrahlte Sonnenenergie besonders schnell durch das angebliche „Glasdach“. Niemand merkt etwas von der angeblichen CO_2-bedingten „Gegenstrahlung“, die ja eine Abkühlung verhindern und – schlimmer – eine Erwärmung bewirken soll. Dies hat auch einen einfachen physikalischen Grund: Wärmestrahlung ist wie sichtbares Licht eine elektromagnetische Strahlung und pflanzt sich mit Lichtgeschwindigkeit fort. In 0,12 Sekunden ist dieser Wärmestrahl bei dem Wettersatelliten in 36 000 km Höhe, der dann von der Erdoberfläche gestochen scharfe, auf Temperaturunterschieden beruhende Infrarotaufnahmen macht. Die Infrarotthermographie, auch über U2-Spionageflugzeuge in 20 km Höhe, wäre unmöglich, wenn es in 6 km Höhe ein reflektierendes „Glasdach“ gäbe. Die Temperaturstrahlung kann spektralanalytisch so fein aufgelöst werden, dass man sogar abgestorbene von lebenden Blättern thermisch unterscheiden und so mit Laub getarnte Panzer enttarnen kann. Es gibt halt ein vom Menschen nicht verschließbares „stets offenes Strahlungsfenster“, durch das die Abwärme der Erde in den Weltraum entweichen kann. Doch wann entweicht der „Mief“, der sich unter den Talaren der „68er“ Physikprofessoren angesammelt und zu der „Treibhauspsychose“ verdichtet hat? Es wäre zu wünschen, dass es mehr mutige Physiker gäbe!“

In dem Deutschen Energiemagazin „BRENNSTOFFSPIEGEL“ Heft 7/1997 hatte ich zuvor schon einen Artikel veröffentlich „Die „Klimakatastrophe“ ist paradox“. Dieser Artikel wurde als Sonderdruck allen Abgeordneten des deutschen Bundestages vom Ceto-Verlag in Kassel zugeleitet. Die Reaktion war „Null“, nicht ein einziger Abgeordneter reagierte! Natürlich rief mein Artikel auch Widerspruch hervor, doch dieser kam vom Umweltbundesamt in Berlin. Der für Klimafragen zuständige Referent, der Chemiker Dr. Rolf Sartorius, bestritt vehement meine Aussagen von der Nichtexistenz des „Treibhauseffektes“. Nach entsprechender „Aufklärung“ in Sachen Spektralanalyse durch den Herausgeber des Brennstoffspiegel, Dr. Colin Wulff, schrieb Dr. Sartorius am 14. August 1997:

„Glücklicherweise kann CO_2 das Strahlungsfenster zwischen 7 und 13 Mikrometern in der Tat nicht schließen – die Folgen müssten dramatisch bis katastrophal sein. Bei dem Bereich von 7 bis 13 Mikrometern handelt es sich um das so genannte große atmosphärische Fenster, das streng genommen über 13 Mikrometer hinaus etwas geöffnet ist, und sich erst jenseits von 20 Mikrometern vollständig schließt. ... Die vom CO_2 ausgehende Treibhauswirkung beschränkt sich im Wesentlichen auf eine schwache Absorption von IR-Strahlung im Bereich der 15 Mikrometer-Bande.“

Wenn das Umweltbundesamt als Bundesoberbehörde diesen Sachverhalt der Politik verweigert, dann wäre dies mehr als nur eine Untersuchung wert. Dr. Sartorius hat recht: Es wäre in der Tat für alles Leben auf der Erde, nicht nur für die Menschen „dramatisch bis katastrophal“, wenn das Strahlungsfenster im infraroten Bereich schließbar und nicht „offen“ wäre. Dann würde von der Sonne ständig neue Nutzenergie in das Ökosystem Erde gelangen, ohne dass die Erde ihre Abwärme in den Weltraum entsorgen könnte. In diesem Fall hätten wir echte Überlebensprobleme. Oder nein, wir hätten sie nicht, weil es uns nie gegeben hätte, um solch abstruse Ideen wie den „Treibhauseffekt“ in die Welt zu setzen. Wäre er physikalische Realität, die Erde hätte sich in ihrer Geschichte nie abkühlen und damit Leben ermöglichen können. Doch die Erde hat sich abgekühlt, obgleich die Uratmosphäre noch keinen Sauerstoff enthielt, dafür aber aus Unmengen angeblicher „Treibhausgase“ – aus Wasserdampf, Kohlendioxid und Methan – bestand.

Welch einträgliches und von vielen Regierungen fürstlich entlohntes Geschäft die weltweite Klimaforschung ist, zeigte der polnische Wissenschaftler Professor Dr. Zbigniew Jaworowski in einem Beitrag, der im Winter 1999-2000 in der Zeitschrift „21 st Century Science and Technolgy“ (Vol. 12/4) veröffentlicht wurde. Der Artikel trägt die Überschrift „The Global Warming Folly“. Darin heißt es: „Despite billions of dollars and millions of Propaganda headlines, the global warming prophesied by the climate modelling industry is not scientifically real.“ Trotz Milliarden von Dollars und Millionen von Schlagzeilen ist die von der Klimamodellindustrie prophezeite globale Erwärmung nicht wissenschaftlich wahr.

Der Artikel beginnt: „The amount spent on climate studies worldwide has now reached the astonishingly high level of about $5 billlion per year. In the United States alone, more than $2 billion is spent annually for climate studies, not including the costs of satellites, ships, and laboratory construction. Climatologists have obtained this immense amount of funding by creating the Vision of a man-made planetary climate catastrophe.“ Diesen Worten ist ob ihrer Klarheit nichts hinzuzufügen. Die Welt muss wahnsinnig reich oder irgendwie verrückt sein, inzwischen mehr als 10 Milliarden US-Dollar jährlich regelrecht hinauszuschmeißen, um die angeblich katastrophalen Folgen eines Effektes zu erforschen, den es in Wirklichkeit gar nicht gibt. Handelt es sich hier etwa um die Alimentierung einer Art „Obskurantentum“, von dem A. N. Whitehead in seinem 1974 erschienenen Buch „Die Funktion der Vernunft“ spricht? Er schrieb:

„Obskurantentum ist die Weigerung, frei über die möglichen Begrenztheiten traditioneller Methoden zu spekulieren. ... Vor einigen Generationen war ... ein nicht unbeträchtlicher Teil der Geistlichkeit... Repräsentant des Obskurantentums. Aber inzwischen sind ... die Wissenschaftler an ihre Stelle getreten. In jedem Zeitalter rekrutieren sich die Obskuranten vor allem aus der Mehrheit derjenigen, die die dominierenden Methoden praktizieren. Heute herrscht die wissenschaftliche Methodik, und die Obskuranten sind Wissenschaftler.“

Die Herrschaft der Lüge in Wissenschaft und Politik

Der Vorwurf der Lüge ist hart und darf nicht leichtfertig erhoben werden, obgleich „Lügen“ zu unserem Alltag gehört. Wer dies nicht glaubt, lese bitte das 1997 erschiene Buch „Die Kunst zu lügen – Warum wir nicht immer die Wahrheit sagen“ der Italienerin Gianna Schelotto. Bereits im Jahre 1990 hatte der Franzose Jean-Francois Revel sein Buch „Die Herrschaft der Lüge“ oder „La Connaissance inutile“ publiziert. Er erhielt dafür den Prix Chateaubriand, den Jean-Jacques-Rousseau-Preis und den Konrad-Adenauer-Preis. Worum geht es dem Pariser Professor Revel in seinem Buch?

Im Zeitalter der Medien stellt die öffentliche Meinung zweifellos die größte politische Macht dar. Um so wichtiger für eine verbindliche demokratische Politik wäre die Weitergabe objektiver, wahrheitsgemäßer Informationen, wenn der Politik an der Sicherung oder am Ausbau des gemeinsamen menschlichen Wohls liegt. Tatsächlich werden aber entscheidende Informationen von der Wissenschaft, den Medien, der Wirtschaft und den Politikern auf beispiellose Weise missbraucht und manipuliert. Die Öffentlichkeit wird mehr oder weniger bewusst getäuscht. Dr. Revel schildert in seinem Buch, in welchem Ausmaß solche Manipulationen weltweit betrieben werden. Er zeigt auf, wie aus handfesten materiellen und politischen Gruppeninteressen Wahrheiten verfälscht werden. Und er beweist, wie Medien, Politiker und Erziehungssysteme aller politischen Lager gesicherte Erkenntnissee verbiegen, dadurch die Demokratie gefährden und um ihre Entwicklungsmöglichkeiten prellen.

Wir leben in einer Zeit, die mehr als jede andere vor uns von Informationen abhängt. In einer Zivilisation aber, die nahezu ausschließlich auf Information aufgebaut ist, kann die Information zu einer äußerst gefährlichen Waffe werden. Die Versuchung ist also allgegenwärtig, Informationen einfach für irgendwelche Zwecke bei politischen Auseinandersetzungen zu manipulieren. In autoritären oder totalitären Gesellschaften ist verständlich, dass sich die Machthaber der Informationsmittel bemächtigen, dass sie Bild und Sprache benutzen, um das

Denken der Masse zu steuern. In einer freien Gesellschaft, in der Meinungsfreiheit, aber Parteienoligarchien herrschen, kommt man auch nicht umhin, zur Mehrheitsbeschaffung die Meinungen der Bevölkerung in die gewünschte Form zu bringen. Dazu sind allerdings subtilere und weniger plumpe Methoden nötig. Man muss die Lüge perfektionieren und davor schützen, dass sie kritisch hinterfragt wird.

Nachdem die „Klimaforschung" quasi handstreichartig die veröffentlichte und damit die öffentliche Meinung erobert hatte, steht sie unter einem starken Rechtfertigungsdruck. Sie muss alles verhindern und jeden Ansatz im Keime ersticken, der geeignet sein könnte, ihre Meinungsmache zu untergraben. Hiervon hängt der Einfluss, das Verdienst, die Macht und die Anerkennung vieler einflussreicher Leute ab! Extrem gefährdet war die Lage für die Klimaforschung Ende 1997 im Zusammenhang mit der Klimakonferenz im japanischen Kioto. In der Ausgabe vom 15. Dezember 1997 brachte der „Spiegel" einen Artikel „Der Weltuntergang fällt aus". Der Verfasser stellte die Frage: „Kommt den Klimapropheten die Katastrophe abhanden? Bei der Konferenz in Kioto einigten sich die Delegierten auf eine geringe Drosselung der Treibhausgase". Entsprechend beschränkten sich die Forscher in ihrer damaligen aktuellen Vorhersage auch auf eine viel langsamere Erwärmung der Erde.

Während Professor Schönwiese im „Spiegel" wettert, dass sich manche Kollegen zu weit aus dem Fenster gehängt hätten und die Leute nicht mehr „unseren Vorhersagen trauen", wetterte Professor Hasselmann, „Kritiker beschimpfen uns als „Klima-Mafia", doch richtig sei, dass wir uns in den Prognosen fast immer einig sind." Bestätigt er damit nicht sogar den „Mafia"-Vorwurf? Weltweit gibt es nur fünf „Großcomputer", die den medialen Klima-Markt mit Prognosen bedienen. Absprachen fallen da nicht schwer – wenn es der „guten" Sache dient. Die Modellierer vergleichen natürlich ihre Modellrechnungen und stimmen sie bis auf feine Unterschiede aufeinander ab. Dabei macht es auch keinen großen Unterschied, ob die Klima-Vorhersagen numerisch oder statistisch errechnet wurden. Störungen in der virtuellen Welt, in der man sich bewegt, werden durch sogenannte „fudge-factoren" herausgerechnet. Das sind „anerkannte" Fluss-Korrekturen der Rechenergebnisse, die sich zu weit von vorstellbaren Klimazuständen entfernt haben. Man eicht Modell mit Modell, verifiziert Modelle mit Modellen, die Natur spielt in diesen virtuellen Computerwelten nur noch am Rande eine Rolle, dort wo die virtuelle Welt gewöhnlichen Kunden als reales Zukunftsszenario verkauft werden soll. Zum Wesen der Numerik habe ich Edward Lorenz zitiert. Zur Statistik äußerte sich der einstige englische Premierminister Benjamin Disraeli vor weit über 100 Jahren ironisch: „Es gibt drei Arten von Lügen: Lügen – große Lügen – und Statistik!“ Dem späteren Premier Winston Churchill wird der Ausspruch nachgesagt: „Glaube keiner Statistik, die du nicht selbst gefälscht hast“. Und Klima ist nichts als Wetter-Statistik! Das Klima wird als „mittleres Wettergeschehen“ vom Wetter abgeleitet und nur dieses hat Realität.

Es ist durchaus gerechtfertigt im Fall komplexer Zusammenhänge, bei denen viele Faktoren wechselseitig aufeinander einwirken, mit Hilfe der Statistik mögliche Zusammenhänge und Wechselwirkungen aufzustöbern. Man bedient sich dabei der Korrelationsrechnung, das heißt, man vergleicht verschiedene Kurven auf eine bestimmte Weise und berechnet den Korrelationskoeffizienten als Ausdruck für die Ähnlichkeit der Kurvenverläufe. Laufen zwei Reihen weitgehend parallel, so kann man eine gegenseitige Abhängigkeit im Sinne von Ursache – Wirkung vermuten; erwiesen ist damit ein Kausalzusammenhang allerdings nicht. Allzu häufig sind die beiden Größen, besonders beim Wettergeschehen, von einer dritten, vierten oder weiteren Größen gemeinsam abhängig, z. B. von der Zeit als Tages- und Jahreszeit, so dass sich Scheinkorrelationen ergeben. So richtig es ist, von einer Ursache auf die Wirkung zu schließen, so falsch kann es sein, einer Wirkung eine ganz bestimmte Ursache zuweisen zu wollen. Eine bestimmte Tagesmitteltemperatur kann ganz verschiedene Ursachen haben. Es kann sich dabei zum Beispiel um einen regnerischen Tag mit nahezu gleicher Temperatur am Tag und in der Nacht handeln oder um einen Tag mit warmem Sonnenschein und eiskalter Nacht. Als ausgesprochene Scheinkorrelation gilt die „berühmte“ Beziehung zwischen der Zahl der Storchennester und der Geburten in Schleswig-Holstein zu Beginn der zwanziger Jahre, die einen Korrelationskoeffizienten von 0,9 ergab. Doch daraus zu schließen, dass der Storch 90% der Kinder bringt, ist natürlich völlig unangebracht.

Zur Macht der Medien sagte der ehemalige Bundespräsident Roman Herzog am 12. Mai 1998 anlässlich der 31. Mainzer „Tage der

Medienkritik“: „Wenn wir ehrlich sind, müssen wir heute zugeben: Fast alles, was wir über die Welt wissen, wissen wir durch die Massenmedien. Realität, die wahrgenommen und zum Gegenstand öffentlicher Debatte wird, ist vor allem die Realität, die in den elektronischen Medien thematisiert wird. Das ist nicht ganz neu und auch nicht per se schlecht oder gar gefährlich, aber es kann gefährlich werden. Denn kein anderes Medium hat größere Suggestivkraft als das Fernsehen. Mehr noch als dem gesprochenen oder gedruckten Wort glauben wir den bewegten Bildern Was wir mit eigenen Augen sehen, so glauben wir, muss doch wahr sein. Fernsehbilder wirken so echt, dass wir zu leicht übersehen, dass sie bloß Fragmente der Wirklichkeit, montierte Ausschnitte, konstruierte Perspektiven sind.“

Recht hat der Bundespräsident, ein Bild sagt mehr als 1000 Worte. Wer als Erster gewisse Bilder der Öffentlichkeit präsentiert und ihnen seine eigene Deutung unterlegt, der beherrscht den Meinungsmarkt. So geht das Bild der Erde als einem Treibhaus nicht mehr aus unseren Köpfen. Trotz glaubwürdiger Widerlegung lässt es sich nicht so ohne weiteres wieder löschen. Auch der Begriff „Treibhauseffekt“ ist so geschickt gewählt, dass er sich in der Diskussion kaum mehr vermeiden lässt, so dass er im Unterbewusstsein weiterhin sein Unwesen treiben kann. Entsprechendes gilt für den Begriff „Klima“. Dieses Wort „Klima“ ist im alltäglichen Sprachgebrauch so allgegenwärtig, es kommt in so unendlich vielen Begriffskombinationen vor, dass es sich im Sprachgebrauch beim besten Willen kaum vermeiden lässt. Wenn es auch in der Natur und damit als natürlichen Vorgang nur Wetter und nichts als Wetter gibt, so führt die statistisch abgeleitete Größe „Klima“ dennoch ein besonderes „Eigenleben“. Es lebt in Begriffen wie Klimageschichte, Klimaänderungen, Klimawandel oder Klimaschwankungen und täuscht damit eigene und vom Menschen beeinflussbare „Aktivitäten“ vor, die möglicherweise katastrophal enden könnten. Hut ab, den Akteuren der „Klimaforschung“! Ihnen ist mit den Begrifflichkeiten „Treibhauseffekt“ und „Klimakatastrophe“ eine global medienwirksame geniale Erfindung gelungen. Die Klimaforschung ist ein wundersames Perpetuum mobile unendlicher Geldvermehrung für alle Mitspieler, nur nicht für den ökosteuergeschröpften Otto-Normalverbraucher als demjenigen, der die ganze Zeche bezahlen muss. Der Bürger ist in diesem hitzigen „Kampf ums Klima" der berühmte Letzte, den bekanntlich die Hunde beißen.

Schon Johann Wolfgang von Goethe unterschied in seiner „Farbenlehre" zwei Arten von Wissenschaftlern: „Die ersten, genial, produktiv und gewaltsam, bringen eine Welt aus sich heraus hervor, ohne viel zu fragen, ob sie mit der wirklichen übereinkommen werde. Entspringt in so einer tüchtigen genialen Natur irgendein Wahnbild, das in der allgemeinen Welt kein Gegenbild findet, so kann ein solcher Irrtum gewaltsam um sich greifen und die Menschen Jahrhunderte durch hinreißen und übervorteilen." Die zweiten bezeichnete er als die normalen Wissenschaftler, die „Wetterfrösche", die solide ihre Arbeit verrichten und auf dem Boden der Wirklichkeit bleiben. Das Wahnbild von der Erde als „Treibhaus" ist so eine geniale Schöpfung, wenn auch keine Einzelleistung, sondern ein politisches Gemeinschaftswerk, so dass die Vermutung, dahinter stehe eine „Klima-Mafia", keineswegs weltfremd erscheint. Man startete behutsam und vorsichtig einen Versuchsballon und landete einen Volltreffer.

Ähnlich wie der Arbeitskreis Energie der Deutschen Physikalischen Gesellschaft 1986 seine „Warnung vor der drohenden Klimakatastrophe" formulierte, hatte vorher eine Gruppe junger computerbesessener Meteorologen und Physiker in den USA ein Manifest erarbeitet, um erst einmal zu begründen, warum Klimaforschung notwendig ist. Ihre Idee fand im Zeitalter des „kalten Krieges" mit der UdSSR bei der U.S. National Academy of Sciences Gehör und gelangte somit in den „Report of the Panel on Climate Variation". Damit war die politische Bühne betreten und mit „Washington" die Politik zur Forschungsförderung aufgerufen. In dem Bericht heißt es völlig unverfänglich und scheinbar objektiv:

„Eine größere Klimaänderung würde ökonomische und soziale Umstellungen weltweiten Ausmaßes erzwingen, denn die bisher entwickelten globalen Systeme der Nahrungsmittelproduktion und Bevölkerung hängen vom Klima unseres Jahrhunderts ab. ... Unsere Verwundbarkeit durch Klimaänderungen erweist sich als um so ernster, wenn wir erkennen, dass unser gegenwärtiges Klima in Wirklichkeit höchst abnormal ist und dass wir vielleicht schon durch unsere eigenen Aktivitäten Klimaänderungen hervorrufen. Diese Abhängigkeit des

Wohlergehens der Nation ebenso wie der internationalen Gemeinschaft als Ganzes sollte als ein Warnsignal dienen, das uns sagt, dass wir es uns einfach nicht leisten können, einer natürlichen oder vom Menschen ausgelösten Klimakatastrophe unvorbereitet entgegenzugehen."

Wenn man den Text nicht nur flüchtig überfliegt, sondern etwas näher analysiert, so fällt nicht nur das rückversichernde „wir" als unbestimmter „Verursacher" auf, es schimmert die Angst der Autoren durch, beim Schummeln erwischt zu werden. Sie betraten damals noch Neuland, appellierten an das nationale Wohlergehen, machten große Versprechungen, hatten aber keinen Boden unter den Füßen und standen zudem mit leeren Händen da. Zu der jungen Garde der amerikanischen Klimaexperten gehörte auch ein Stephen H. Schneider, der 1976 mit seinem Buch „The Genesis Strategy – Climate and Global survival" Aufsehen erregt hatte. Es erschien 1978 auf dem deutschen Markt unter dem Titel „Klima in Gefahr – Strategien zur Beherrschung des Wetters". Er sprach darin offen über „seine" Ambitionen: „Ich halte mich an John Kenneth Galbraith' Rat an die Wissenschaftler, über die traditionellen und bequemen Grenzen der vertrauten Gelehrsamkeit hinauszugehen und öffentlich zu wirken in der tatsächlichen Welt der Politik – vor allem, wenn die Politik zu der eigenen wissenschaftlichen Sachkenntnis im Widerspruch steht."

Die Wissenschaft hat in der Tat eine „Bringschuld" an neutralen und objektiven Informationen, um die Politik vor Fehlentschlüssen zu bewahren, die Wissenschaft hat aber keineswegs die Aufgabe, über Lüge und Betrug durch das Erfinden einer Gefahr, die absolut utopisch ist, sich bereichernd in das Räderwerk der Politik einzuschalten. Ohne die wissenschaftliche Fehlinformation wäre nie in der Politik die Vermessenheit aufgekommen, so ein Unding wie das „Globalklima" schützen zu wollen.

Ganz im Stile eines marxistischen „Weltverbesserers" übermittelte Stephen Schneider eine ganz „persönliche Botschaft": „Die meisten der wesentlichen Überlebensprobleme, mit denen die Menschheit in den nächsten Jahrzehnten konfrontiert werden wird, werden ethische und politische Werturteile erfordern – Entscheidungen darüber, wie man angesichts von Ungewissheiten zu handeln hat." Die Politik soll den Boden der Tatsachen verlassen und mit „Ungewissheiten" jonglieren.

Wissenschaft und Politik sollen der Wirklichkeit entsagen und abheben ins Reich der Utopie. Diese intellektuelle Geisteshaltung ist dem Erfolg der weltweit agierenden neomarxistischen Bewegung zu verdanken, die in Europa wie den USA eine ganze Studentengeneration infiziert und die „Kulturrevolution" des Jahres 1986 ausgelöst hat. Nach ihrem vordergründigen Scheitern wurde „der langen „Marsch durch die Institutionen" propagiert und angetreten. Eine wichtige Institution war neben dem Bildungsbereich wie dem Justizwesen insbesondere die Politik. Man bemächtigte sich der Forschungspolitik als schier unbegrenzter Geldquelle. Doch der Staat erwies sich bei der Vergabe von Drittmitteln nicht uneigennützig und stellte seinerseits Bedingungen und verlangte politischen Gehorsam. Auch wenn die Klimawissenschaftler von der Wissenschaft gezwungen würden, den „Treibhaus-Schwindel" zuzugeben, so könnten sie aus ihm nicht kampflos aussteigen. Sie würden einen gewaltigen Ansehensverlust erleiden, aber auch dem Staat kann an der Wahrheit nicht gelegen sein, will er seine milliardenschwere Einnahmequelle „Ökosteuer" nicht zum Versiegen bringen.

Mit der Umwandlung der Naturwissenschaften in Umweltwissenschaften vollzog sich leise und unterschwellig eine radikale Veränderung unseres Wissenschaftsverständnisses. Diese Mutation hat Arno Baruzzi in seinem Buch „Philosophie der Lüge" aus dem Jahre 1969 wie folgt beschrieben:

„Es schlägt aber jede Bewegung ihren eigenen Weg ein. Dass es sich hier um Bewegungen handelt, die unaufhörlich wie unaufhaltsam sich zur Gewissheit vorantreiben, verdeutlicht sich schon in dem für die Bewegung gefundenen Namen. Die erste Bewegung, welche die Gewissheit im Visier hat, ist der Rationalismus. Dessen Nachfolger sind der Kritische Rationalismus, aber auch andere Bewegungen wie der Konstruktivismus, die Kritische Theorie, insbesondere die Systemtheorie. Ich möchte nur festhalten, dass wir bei all diesen Bewegungen schon deshalb auf das Problem der Lüge stoßen, weil sie nicht nur die Wahrheit in Gewissheit umwenden, verkehren, vielmehr sich auch von der Wahrheit in der Weise wegwenden und abkehren, als sie die Wahrheitsfrage teils für obsolet, teils transzendent, metaphysisch und jedenfalls unwissenschaftlich ansehen. Es mischen sich hier die Nahsicht auf Gewissheit mit der Fernsicht auf Wahrheit, die dann so weit hinausgeht, dass man nichts mehr von der Wahrheit sieht. Aber so rational, kritisch wie konstruktiv, so systematisch sind diese Theorien allemal, um mit dem Wahrheitsproblem doch fertig zu werden. Alle diese Ismen oder Theorien heutiger Philosophie versuchen letztlich nur das eine, nämlich sich einen Weg, sprich Methode, zu bahnen, in welcher man eben zu jenem kommt, was dann der Name der jeweiligen Theorie selbst nennen will: zu einer kritisch rationalen, zu einer kritisch theoretischen, zu einer systemtheoretischen, zu einer konstruktivistischen Wahrheit."

Arno Baruzzi, Professor für Philosophie an der Universität Augsburg, kommt zu dem Schluss: „Zur Meinungsfreiheit gehört wohl auch und gerade die Freiheit zur Lüge. Wir können die Freiheit in bezug zur Lüge wie folgt zu ordnen versuchen: 1. Die Freiheit der Lüge. Wir können in der Lüge eine, gar die Freiheit überhaupt sehen. Es ist die Freiheit zur und in der Lüge. Wir können anderen oder uns selbst alles sagen, was uns gerade einfällt, uns passt. Und wir können zu allem etwas sagen, auch wenn wir eigentlich nichts dazu zu sagen haben. Das geschieht heute besonders in den Medien. Ich möchte vor allem auf jenes Lügen hinweisen, das uns Besitz bringen soll. Es ist die mit Hab- und Selbstsucht verbundene Lüge. Hier ist die Lüge ein, ja das Mittel zum Besitz. Wenn wir den Menschen als das mehr-haben-wollende Lebewesen erfahren, dann gehört die Lüge dazu."

Wer in die Politik strebt, wer in den Besitz von Macht und Mehrheiten zu kommen sich bemüht, der kommt offenbar ohne Lügen nicht ans Ziel. „Lug und Trug" scheinen ein legitimes Mittel zum Zweck zu sein, das gesellschaftspolitisch kaum mehr Anstoß erregt. Da die „Klimaexperten" nach Stephen Schneider unverändert die feste Absicht haben, sich einerseits die Politik als Geldbeschaffer gefügig zu machen und andererseits selbst Politik zu gestalten, müssen sie zur Lüge, besser zur des-informierenden Information als dem Mittel der Meinungs(ver)formung, greifen. Folgerichtig bezeichnete sich der Klimaexperte Professor Dr. Hartmut Graßl im FOCUS vom 6. Januar 1997, dem Fest der „Heiligen Drei Könige" als trimorphe Persönlichkeit, als „Forscher, Priester und Politiker"! In der Tat, er spielt diese Rolle ganz ausgezeichnet.

Merkel/Graßl – „Ist das Klima noch zu retten?“

Unter diesem Titel veröffentlichte die Konrad-Adenauer-Stiftung e. V. das Heft 30 der Reihe „Aktuelle Fragen der Politik“. Es enthält zwei Aufsätze, einen von Hartmut Graßl „Zum Stand der Klimaforschung“ und einen von Angela Merkel zur „Klimakonferenz in Berlin“. Offensichtlich sollte der enge Schulterschluss von Wissenschaft und Politik gezeigt werden. Professor Dr. Hartmut Graßl war zu dem Zeitpunkt als Direktor des Max-Planck-Instituts für Meteorologie in Hamburg zur Weltorganisation für Meteorologie (WMO) nach Genf berufen worden, um das Weltklimaforschungsprogramms der Vereinten Nationen zu koordinieren. Nachfolgend einige markante Sätze aus seinem Aufsatz:

„Der folgende Beitrag soll den aktuellen Stand der Klimaforschung zusammenfassen, und zwar aus Sicht des Intergovernmental Panel on Climate Change (IPCC). Dabei wird nicht direkt auf die Enquete-Kommission oder andere deutsche Gruppen eingegangen, denn wenn man international etwas bewegen möchte, muss man eine wissenschaftliche Basis vorlegen, die auch international abgestimmt ist. ... Der Spurengasanstieg ist etwas gedämpft worden, und zwar sowohl durch bewusstes als auch durch eher zufälliges Handeln sowie auch durch die „Raffinesse der Natur“. ... Es geht nicht mehr um die Vermeidung von Klimaänderungen, sondern nur noch um deren Verlangsamung! ... Das Ziel der Konvention ist hehr. Es wird immer noch von vielen Politikern missverstanden, allerdings nicht in der Bundesrepublik Deutschland, denn hier gibt es gute Ratgeber aus der Wissenschaft. Das hehre Ziel lautet verkürzt: Stabilisierung der Treibhausgasemissionen auf einem Niveau, das schwere Schäden durch Klimaänderungen verhindert. ... Die Umsetzung der Klimakonvention wird auch daher noch unsere Kinder und Enkel beschäftigen. Wir müssen davon ausgehen, dass die Klimakonvention vielleicht im Jahre 2050 ein erstes grobes Etappenziel erreicht hat. Wobei die wichtigen Entscheidungen allerdings bis etwa 2010 getroffen sein müssen. Das sahen die Autoren der Konvention voraus und sie wollten daher jedes Jahr eine Vertragsstaatenkonferenz, um eine ständige Verbesserung und Überprüfung, also auch eine ständige Begleitung durch wissenschaftliche Gremien, die jeweils im Abstand von vielleicht 5 Jahren wieder wesentlich Neues berichten könnten, zu gewährleisten."

Hartmut Graßl glaubt möglicherweise selbst, die Wahrheit zu sagen. Offensichtlich hat er sich schon so in seinen Denkmodellen verfangen, dass er nicht mehr die größenwahnsinnige Anmaßung seiner Aussage bemerkt, es gehe nicht mehr um die Vermeidung, sondern nur noch um die Verlangsamung von Klimaänderungen. Klimaänderungen sind grundsätzlich nicht zu vermeiden, wie Herr Graßl in dem Kapitel „Daten der Klimageschichte" schreibt. Anhand der Rekonstruktion der Klimageschichte lautet seine zentrale Schlussfolgerung: „So ruhig wie in den letzten 10.000 Jahren, d.h. mit so geringer Variabilität, ist das Klima in den gesamten 250.000 Jahren, die wir überblicken können, nicht verlaufen. Unser jetziges Erdzeitalter, das Holozän, war diesbezüglich ein Paradiesgarten." Auf dieses Paradies steuert Herr Graßl zu. Seine Einschätzung ist allerdings sehr subjektiv und beschönigend. Die Wikinger, die im Jahre 982 Grönland entdeckten und dort siedelten, werden die winzige „Variabilität" des Klimas, die am Ende des „Klimaoptimum des Hochmittelalters" und dem Übergang zur „Kleinen Eiszeit" zu ihrem Aussterben führte, kaum als „paradiesisch" empfunden haben.

In dem über das Internet zugänglichen Profil des Max-Planck-Instituts für Meteorologie, in dem Professor Dr. Hartmut Graßl als Geschäftsführender Direktor ausgewiesen ist, ist zu lesen: „Eine der auffälligsten Erscheinungen des Klimasystems ist seine natürliche Variabilität, die in allen Zeitskalen von Wochen bis zu Jahrmillionen beobachtet wird." Solange das Klima definiert ist als das „mittlere Wettergeschehen" über eine bestimmte Periode, solange ist bei Erforschung der Ursachen der Klimavariabilität nach den Gründen der Wettervariabilität zu fragen. Das Wetter ist Grundvoraussetzung für die Klimadefinition. Doch ob das Wetter sich von Herrn Graßl vorschreiben lässt, wie es sich künftig zu verhalten habe, das ist auszuschließen. Bleibt der fade Geschmack, dass hinter der harmlos klingenden Forderung nach „Klimaschutz" der fanatische Machbarkeitswahn eines Besessenen steckt, der täglich vom Wetter selbst ins Lächerliche gezogen wird. Einzig das Wetter bestimmt das „mittlere Wettergeschehen“ und damit das Klima! Das Wetter verursacht das, was wir uns aus sprachlicher Bequemlichkeit und im zeitlich komprimierten Rückblick angewöhnt haben, „Klima“ zu nennen. Damit ist auch jede Klimaänderung auf eine Veränderung des Wetters zurückzuführen. Bei Beantwortung dieser Frage stecken wir absolut im Dunkeln, was natürlich jeder Spekulation über die Klimaänderungen Tür und Tor öffnet.

Politisch wichtiger ist die Aussage, dass in Deutschland die „Politiker“ offensichtlich besonders lernfähig sind, – dank „guter Ratgeber aus der Wissenschaft“. Hier offenbart sich nicht nur eine maßlos überzogene Selbstüberschätzung, hier wird die Umarmungs-und Vereinnahmungsstrategie der Politik durch die Wissenschaft sehr deutlich. An dem Großprojekt „Gesellschaftsveränderung“ beteiligen sie sich beide, jeder auf seine Weise, die „Achtundsechziger“, die es zu überbezahlten Posten in der Politik und kaum minder überbezahlten Posten in der „anerkannten“ Wissenschaft gebracht haben. Natürlich ist dieses Projekt „Gesellschaftsveränderung“ von sehr langer Hand angelegt und geht auf die Sit-Ins der 68er Revolte zurück.

Während Politiker in Wahlperioden denken, denken die Wissenschaftler, soweit sie von der „Kritischen Theorie“ zur „Umweltwissenschaft“ übergegangen sind, über die eigene Pensionsgrenze hinaus in Generationen. Denn wer wollte schon wie der legendäre „Club of Rome“ mit seinen Prognosen von der Wirklichkeit eingeholt, widerlegt und somit der Modell-Phantasterei überführt werden? Deshalb geben die Herren „Klimaexperten“ nur noch Klimaprognosen über Zeiträume von mehr als 100 Jahren ab. Man will auch nach dem aktiven Dienst unbehelligt bleiben und eventuelle Regressforderungen zu Lebzeiten erst gar nicht aufkommen lassen. Um nicht seine Fehlprognosen vorgehalten zu bekommen, hat Hartmut Graßl das „erste grobe Etappenziel“ auf das Jahr 2050 hinausgeschoben. Dann lebt mit hoher Wahrscheinlichkeit keiner der heutigen Klimaexperten mehr, um zur Rechenschaft gezogen zu werden. An die Stelle von dem „Prinzip Hoffnung“ des „Neulinken“ Ernst Bloch setzt Graßl das „Prinzip Vertröstung“. Wie gut die Berater gearbeitet und die Politiker gehorcht haben, demonstriert in dem zweiten Artikel die damalige Bundesumweltministerin und spätere CDU-

Vorsitzende und Bundeskanzlerin Dr. Angela Merkel. Sie bekannte ehrerbietig:

„Der Klimaschutz ist eine der größten umweltpolitischen Herausforderungen heute und in Zukunft. ... Mit der Klimarahmenkonvention, die anlässlich der VN-Konferenz für Umwelt und Entwicklung in Rio 1992 von über 150 Staaten gezeichnet wurde und die am 21. März 1994 in Kraft getreten ist, wurde eine völkerrechtliche Basis zur Bekämpfung des anthropogenen Treibhauseffektes geschaffen.... Der Klimaschutz ist ein globales Problem. Ein Land allein kann seine zu erwartenden Folgen nicht abwenden: ... Ungeachtet dessen ist es natürlich wichtig, dass es auch Vorreiter gibt, Staaten, die mit ihren nationalen Programmen vorangehen. ... Die 1. Vertragsstaatenkonferenz zur Klimarahmenkonvention der Vereinten Nationen fand vom 28. März bis zum 7. April in Berlin statt. 170 Länder einschließlich der Europäischen Union nahmen teil. Rund 1.000 Delegierte, 1.000 Beobachter – insbesondere von 165 Nichtregierungsorganisationen – und ca. 2.000 Vertreter der Medien waren in Berlin vertreten. ... Das „Berliner Mandat“ für Verhandlungen über verschärfte Verpflichtungen der Industrieländer zur Begrenzung und Reduktion von Treibhausgasemissionen wurde verabschiedet. ... Das Ständige Sekretariat der Konvention wird in Bonn angesiedelt werden. ... Bundeskanzler Dr. Helmut Kohl hat in einer vielbeachteten Rede zu Beginn des Ministerteils der Berliner Konferenz klare Aussagen und Forderungen für einen nachhaltigen Klimaschutz getroffen. Er machte u. a. deutlich, dass Deutschland an dem Ziel festhält, bis zum Jahr 2005 seinen CO_2-Ausstoß gegenüber 1990 um 25 Prozent zu senken. Bundeskanzler Kohl machte weiterhin deutlich, dass die Bewahrung der Schöpfung und die Sicherung einer nachhaltigen Entwicklung eine Aufgabe der gesamten Menschheit ist, der sich niemand, kein Staat, keine Volkswirtschaft und auch der Einzelne nicht entziehen darf.“

Wieder wurde es angestimmt, das hohe Lied des Klimaschutzes. Natürlich darf auf dem Jahrmarkt der politischen Eitelkeiten nicht der Hinweis fehlen, dass man den Vorreiter spielen und weltweit der Klassenbeste sein wolle. Wenn Angela Merkel den Klimaschutz auf die Ebene des Schöpfungsschutzes stellt, offenbart die „christliche“ Politikerin, dass sie die geistige Führerschaft längst an die „grüne“

Vordenkerschaft abgegeben hat. Das Klima ist eine vom Wetter abgeleitete Größe und damit als Zahlenwert zwar eine Schöpfung des Menschen, doch das hat mit „Schöpfung" im christlich-abendländischen Sinne und „Schöpfungsschutz" absolut nichts zu tun.

Schon Bundeskanzler Dr. Helmut Kohl war Symbol für die sprichwörtliche Ahnungslosigkeit und Sprachlosigkeit des „deutschen Michel", wie es auch die beiden christlichen Kirchen gegenüber der kulturrevolutionären Herausforderung durch die neomarxistisch indoktrinierte Öko-Bewegung sind. Wer in einer Mediendemokratie sprachlos ist, wird auch bald wehrlos sein.

Gab es keinen in der CDU und CSU, der das 1989 von Crutzen/Müller herausgegebene Buch „Das Ende des blauen Planeten? – Der Klimakollaps – Gefahren und Auswege" gelesen und den Kanzler entsprechend gewarnt hat? Darin hatten für „Die Grünen" Dr. Wilhelm Knabe und Reinhard Loske in ihrem Artikel „Treibhauseffekt und Ozonloch zwingen zur Umwertung vieler Werte" offen bekannt, was sie alles „umzuwerten" gedenken. Das ist so ehrlich wie Hitlers „Mein Kampf", den hinterher niemand gelesen haben wollte. Sie bekennen offen:

„Im Treibhauseffekt nämlich bündeln sich quasi alle Fehlentwicklungen moderner Industriegesellschaften. CO_2 steht als Synonym für unseren verschwenderischen Umgang mit Energie, FCKW für die Chemisierung aller Lebensbereiche, Methan und Distickstoffoxid für die Industrialisierung der Landwirtschaft, bodennahes Ozon für die Form unserer (Auto-) Mobilität. Insofern wird die Debatte über die Reduzierung treibhausrelevanter Spurengase – gewollt oder ungewollt – immer auch Debatte über das zukünftige Aussehen der Industriegesellschaft sein. Soll eine superindustrialistische Durchbrecherstrategie gefahren werden, deren augenfälligste Inkarnation die Atomenergie ist, oder soll eine Entwicklung angestrebt werden, die auf dezentrale und angepasste Technologien setzt?"

Wenigstens einer hätte Helmut Kohl, den doppelten „Chef" als Bundeskanzler und als Parteivorsitzenden, informieren müssen, zum Beispiel sein früherer Minister für Umwelt, Naturschutz und Reaktorsicherheit, Professor Dr. Klaus Töpfer. Doch der vertrat in dem hochpolitischen Buch die „Union" mit einem Aufsatz „Die globalen Umweltgefahren“. Das Buch war allein deswegen hochbrisant, weil neben Professor Dr. Paul Crutzen der sozialdemokratische Bundestagsabgeordnete Michael Müller als Herausgeber auftrat und das Vorwort aus der Feder des SPD-Fraktionsvorsitzenden Dr. Hans-Jochen Vogel stammte. Doch niemand fühlte sich in der CDU/CSU verpflichtet, den Kanzler über die strategischen Ziele von „rot-grün“ zu unterrichten, obgleich am Anfang gewarnt wird: „Dieses Buch straft jeden Lügen, der jetzt oder später behauptet: Wir haben es nicht wissen können.“ Neben Autoren wie Hartmut Graßl und Stephen H. Schneider ist auch Iwan T. Frolow von der Akademie der Wissenschaften in Moskau zu finden.

In seinem Artikel „Sozialphilosophische Erfassung des globalen Ökologieproblems“ wartet Iwan Frolow mit der durchaus sensationellen Nachricht auf: „Deshalb bestand seit dem XX. Parteitag der KPdSU (1956) eine Aufgabe auch darin, die klassischen Auffassungen wiederherzustellen, wozu auch die Ökologieproblematik gehört. ... Die XIX. Unionskonferenz der Partei hat 1988 die Aufgabe formuliert, im Verlauf der Perestrojika einen qualitativ neuen Zustand der sowjetischen Gesellschaft zu erreichen, ein neues – humanes und demokratisches – Sozialismus-Bild zu entwickeln, bei dem der Mensch im richtig verstandenen Sinne zum „Maß aller Dinge“ wird. ... Die marxistisch-leninistische Philosophie nimmt traditionell die integrativen Funktionen wahr, indem sie das Zusammenwirken von Wissenschaften bei der Lösung von komplexen Problemen organisiert und lenkt, dem die prognostische Idee von Marx zugrunde liegt, die Idee der einheitlichen Wissenschaft von Mensch und Natur.“ Wenn der Mensch zum Maß aller Dinge gemacht wird, dann hat sich ihm natürlich auch das Klima zu unterwerfen. Dies mag auf ideologischer Ebene „geschehen“, doch das ändert nichts an der Tatsache, dass der Mensch unverändert den Launen des Wetters ausgeliefert ist.

Während die USA 1956 auf Initiative des Ozeanographen Roger Revelle eine CO_2-Meßstation ausgerechnet am Fuß des CO_2 ausgasenden Vulkan Mauna Loa auf Hawaii errichteten, um den Gleichlauf der Kohlendioxid- und der Temperaturkurve als „Beweis“ für deren Kausalzusammenhang aufzeigen zu können und es somit der „CO_2-freien“ Kernkraftindustrie zu erleichtern, die „klimakillenden“ fossilen Energieträger aus dem Strommarkt zu verdrängen, machte sich die KPDSU in der UDSSR ernste Gedanken, wie sich der zur Weltherrschaft bestimmte Sozialismus einen neuen glaubwürdigeren geistigen Überbau zulegen könne. Ganz im Sinne der marxistischen Philosophie verdammte man zwar die Religion als „Opium des Volkes“, um gleichzeitig an einer neuen Diesseitsreligion namens „Ökologie“ zu arbeiten. Das wurde bereits 1956 nötig, weil man damals entschied, dem Volk die von der kommunistischen Lehre zugebilligte bessere materielle Versorgung vorzuenthalten. Die Forderung aus der Revolutionszeit: „Butter statt Kanonen“ sollte durch die „modernere“ ersetzt werden: „Klimaschutz statt Butter“. Die westliche Sozialistische Internationale stand ihren östlichen Brüdern kaum nach. Ihre Vorsitzende Joe Brundtland führte 1987 auf Geheiß der UNO den Begriff „Nachhaltige Entwicklung“ („sustainable development“) in die internationale Politik ein. Die 1992 in Rio de Janeiro beschlossene „Agenda 21“ gebraucht den Begriff „Nachhaltigkeit“ als ein politisches Schlagwort, mit dem sich alles rechtfertigen oder erschlagen lässt. Fazit: Die Umweltwissenschaft bemächtigte sich der Politik und beide traten in den Dienst der neomarxistischen „Kritischen Theorie“ des Jürgen Habermas. Dieser geistige Vater der „Frankfurter Schule“ wurde vom Börsenverein des Deutschen Buchhandels mit dem „Friedenspreis 2001 „ ausgezeichnet.

Die eiskalte Erde? Ein ideologisches Trugbild!

Als die Deutsche Physikalische Gesellschaft am 22. Januar 1986 den Startschuss zur Bekämpfung der drohenden Klimakatastrophe abfeuerte, servierte sie den anwesenden Journalisten zwei „Temperaturen" und erklärte, ihre Differenz sei der „natürliche Treibhauseffekt". Die Deutsche Meteorologische Gesellschaft schloss sich 1987 dieser Auffassung an und bescheinigte den beiden „mittleren Temperaturen", internationaler Wissensstandard zu sein. Für eine Atmosphäre ohne Treibhausgase solle die „mittlere Temperatur" an der Erdoberfläche -18 °C betragen. Tatsächlich hätte die Erde eine „mittlere Temperatur" von +15 °C. Den Unterschied von 33 Grad nannte man den „natürlichen Treibhauseffekt". Er sei sozusagen eine „Naturkonstante" und stelle das ideale, ja paradiesische „Wetter- und Klimagleichgewicht" vorindustrieller Zeiten dar. Doch dieses hätten die „bösen" Industrienationen gestört und zerstört, woraus nun die herkulische Aufgabe erwachse, den vom Menschen angestoßenen verhängnisvollen „Klimawandel" zu stoppen. Dies ist die These von Dr. Gerd Tetzlaff, Meteorologieprofessor in Leipzig, im Handelsblatt zur Notwendigkeit von „Klimaschutz".

Für einen Journalisten und Laien kaum erkennbar, steckt schon in dieser Definition vom „Treibhauseffekt" eine faustdicke Lüge. Denn beide mittleren Temperaturen sind nicht vergleichbar, sie haben nicht die geringste Beziehung zueinander. Sie miteinander zu vergleichen ist so, als wolle einer sagen: die mittlere Temperatur des Januar beträgt in Chicago 23 Grad und in Hamburg 0 Grad und das beweise den Treibhauseffekt, denn die Amerikaner blasen pro Kopf doppelt soviel Kohlendioxid in die Luft wie wir Deutsche. Das mag auf den ersten Blick einleuchten, ist aber Unsinn. Der Schwindel in diesem Beispiel fliegt auf, wenn man erkennt, dass es sich um zwei völlig verschiedene Temperaturen handelt, um Fahrenheit-Grade in Chicago und Celsius-Grade in Hamburg. Wenn man als gemeinsames Bezugssystem die Celsius-Skala zugrunde legt, dann ist Chicago mit einer mittleren Januartemperatur von -5 °C deutlich kälter als Hamburg mit seinen 0 °C – und der „Treibhausspuk“ kehrt sich um.

Wie kommt man nun auf die angebliche „Gleichgewichtstemperatur“ der lufthüllenlosen Erde von – 18° C? Schafft die Sonne keine höheren Temperaturen auf der Erde? Haben der „Schöpfer“, der „liebe Gott“ oder die „Evolution“ Pfuscharbeit geleistet, als sie die Erde in ein „Strahlungsgleichgewicht“ mit der Sonne mit der „mittleren Temperatur“ von eiskalten -18 °C brachten? Leben, das Wasser im flüssigen Zustand braucht, ist bei solchen Temperaturen nicht möglich. Auch Sauerstoff und Stickstoff würden nichts nützen, wenn nicht gewisse „Spurengase“ in der Luft die Wärmestrahlung der Erde absorbieren und wieder zur Erde „re-emittieren“ würden. Jeder weiß, das dies nicht stimmt, doch jeder tappt in die „Globalisierungsfalle“! Doch verdankt das Leben, verdanken wir als Lebewesen unser Leben wirklich der Existenz der Treibhausgase? Das scheint uns nicht nur intuitiv fraglich, es ist auch falsch. Wir verdanken dem Wasserdampf wie dem Kohlendioxid keineswegs als „Treibhausgase“ unser Leben, sondern wir verdanken ihnen allein deswegen unser Leben, weil es ohne diese beiden Stoffe die Photosynthese der „grünen Pflanzen“ nicht gäbe. Beide Stoffe sind unverzichtbare und unersetzbare Grundnahrungsmittel für die grünen Pflanzen. Wer Kohlendioxid als „umweltschädlich“ bezeichnet, wie vielfach in parlamentarischen Anfragen aller Parteien geschehen, den könnte man ebenso gut „gemeingefährlich“ bezeichnen. Wenn die Mainzer-Rhein-Zeitung nach Abschluß des 7. Klimagipfels in Marrakesch am 12. November 2001 jubelt, „Mit Klimagipfel wird Luft reiner“, dann ist das Ausdruck eines nicht nur journalistischen Bildungsnotstandes.

Die volle Erkenntnis, was es auf sich hat, dass grüne Pflanzen mit ihren Blättern Kohlendioxid aufnehmen, es bei Lichte verarbeiten, dadurch wachsen und dabei Sauerstoff freisetzen, hat zum ersten mal der Genfer Naturforscher Theodor de Saussure im Jahre 1804 dargelegt. Die grüne Pflanze ist eine lichtchemische Vorrichtung, eine photochemische Apparatur oder „chemische Fabrik“, die es gestattet, die Lichtenergie der Sonne aufzufangen, auszunutzen und aus zwei „toten“ anorganischen Stoffen wertvolle organische Nahrung (Kohlenhydrate, Eiweiße, Fette) zu erzeugen. Pflanzen nennt man daher auch

„autotroph“. Die Pflanzen sind Primärproduzenten, von denen alles weitere Leben existentiell abhängt. Dieses Wissen drückt der Ausspruch: „Hab Ehrfurcht vor der Pflanze, alles lebt durch sie!“ aus, der über dem Eingang des Botanischen Gartens in Berlin zu finden ist. Wer aus Angst vor der „Klimakatastrophe“ sich bemühte, die Atmosphäre vom CO_2 zu befreien, würde ein gigantisches ökologisches Selbstmordprogramm in Gang setzen. Zuerst stürben mangels Luftnahrung die Pflanzen als Primärproduzenten und dann die Tiere und Menschen als Konsumenten beziehungsweise Destruenten.

Doch nach diesem nicht unwichtigen Seitensprung zurück zu der Frage, wie kommt man zu den -18 °C als angeblicher Durchschnittstemperatur der Erde, wenn es keine Treibhausgase gäbe? Hierüber breiten die Wissenschaftler den Mantel des Schweigens, um nicht beim Lügen ertappt zu werden. Dabei ist es kein Geheimnis, welche hypothetischen Annahmen der Berechnung zugrunde liegen. Sie sind für Jedermann nachzulesen in dem am 2. November 1988 dem Deutschen Bundestag mit der Drucksache 11/3246 vorgelegten Ersten Zwischenbericht der ENQUETE-KOMMISSION Vorsorge zum Schutz der Erdatmosphäre. Im Grunde ist der Rechenvorgang für jeden ganz einfach nachzuvollziehen. Doch warum einfach, wenn es auch kompliziert geht und den Anschein von Wissenschaft erweckt? Man stellt in der Wissenschaft zuerst eine These „in den Raum“, baut sich daraus ein vereinfachtes Modell, um mit seiner Hilfe Zusammenhänge zu konstruieren, die rechnerisch „richtig“ aber physikalisch unmöglich sind.

In unserem Fall lautet die Hypothese: Ungeachtet der Eis- und Warmzeiten ist die „Globaltemperatur“ als einigermaßen „konstant“ anzusehen. Folglich müssen sich die Einstrahlung der Sonne und die Wärmeabstrahlung der Erde in etwa die Waage halten. Unter dieser Annahme setzt man die Einstrahlung mathematisch gleich mit der Ausstrahlung und behauptet, Sonne und Erde stünden im „Strahlungsgleichgewicht“. Solange dies eine „Arbeitshypothese“ bleibt und so gesehen wird, kann man damit gedanklich arbeiten. Wird jedoch diese „Arbeitshypothese“ zum Faktum erhoben, um daraus ein „Naturgesetz“ abzuleiten, dem man wie in einem demokratischen Parlament aufgrund einer Mehrheitsentscheidung Geltung verschafft und es zur unumstößlichen Wahrheit erklärt, dann wird Wissenschaft zur Ideologie, zum Lieferant von Weltanschauungen. Mit der Akzeptanz oder Nichtakzeptanz dieser ideologischen Basis steht und fällt die Definition „Treibhauseffekt“, löst sich die Drohung „Klimakatastrophe“ in Wohlgefallen auf, bleibt das Klima das, was es immer war, eine unbekannte variable Größe.

Alle in der Klimaforschung tätigen Wissenschaftler, deren Zahl IPCC mit etwa 2500 angibt, haben sich „konsensual“ auf die Gültigkeit eines solchen „Strahlungsgleichgewichts“ geeinigt und „eingeschworen“. Dabei weiß jeder Naturwissenschaftler, ja praktisch jeder Mensch, der Handel betreibt oder Gerechtigkeit bei „Justitia“ sucht, was „Gleichgewicht“ bedeutet. Eine Waage ist dann und nur dann im horizontalen Gleichgewichtszustand, wenn die Körper in den Schalen gleiches Gewicht haben. Was für das gewichtsmäßige Gleichgewicht gilt, gilt natürlich auch für ein Wärme- oder Strahlungsgleichgewicht. Dieses wurde erstmalig von Pierre Prevost im Jahre 1809 definiert und ist in der Physik bekannt als der „Prevost'sche Satz“. Man kann ihn im Band 2 des „Lexikon der Physik“ von Hermann Franke aus dem Jahr 1969 nachlesen:

„Prevost'scher Satz. Von Prevost wurde zuerst konsequent folgende Auffassung des Wärmeaustausches durch Strahlung zwischen zwei verschiedenen Körpern ausgesprochen: Von zwei verschieden heißen Körpern A und B, die sich in einer wärmeundurchlässigen Hülle befinden, sendet der heißere Körper A dem kälteren B einen bestimmten Betrag Q_1 an Strahlungsenergie zu, empfängt aber auch von diesem einen – allerdings kälteren – Betrag Q_2. Q_1 stellt gleichzeitig die von B absorbierte, Q_2 die von B emittierte Strahlungsenergie dar. Da also A mehr Energie abgibt als er empfängt, kühlt er sich solange ab, bis er die gleiche Temperatur wie B hat. In diesem dynamischen Gleichgewichtszustand sind die Wärmemengen Q_1 und Q_2 gleich. Sowohl A wie B absorbieren genau soviel wie sie emittieren.“

Das versteht man in der Physik unter „Strahlungsgleichgewicht“. Es setzt immer „Temperaturgleichgewicht“ voraus und eine beide Körper umgebende „wärmeundurchlässige Hülle“. Sie ist unverzichtbare Voraussetzung für den gedachten Gleichgewichtszustand. Nimmt man diese Definition und vergleicht sie mit der Wirklichkeit, so kann es größere Kontraste nicht geben. Die Sonne ist ein glühender „Feuerball“, ein gigantischer Fusionsreaktor mit Kerntemperaturen von 15 bis 20 und

Koronatemperaturen von 1 bis 2 Millionen °C, die Erde dagegen ein kalter Körper mit Oberflächentemperaturen zwischen -60 und +60 °C, der nur unsichtbare Infrarotstrahlung aussendet. Modell und Wirklichkeit haben wahrlich keinerlei Gemeinsamkeit, beide Strahlungstemperaturen eine völlig andere Qualität. Mit der dunklen infraroten „Gegenstrahlung“ käme keine Photosynthese zustande, würde kein „Grün“ wachsen. Bei einem so riesenhaft gigantischen Temperaturunterschied ein „Strahlungsgleichgewicht“ zu unterstellen, ist an Unverfrorenheit kaum zu überbieten. Sonne und Erde „verbindet“ zwar die Schwerkraft, doch es sind zwei völlig verschiedene Körper. Sie sind jeder für sich „offene Ökosysteme“. Zudem ist unser Sonnensystem insgesamt ein „offenes Ökosystem“ inmitten der Unendlichkeit des Weltalls. Die alles entscheidende Randbedingung „wärmeundurchlässige Hülle“, die erst ein „offenes“ zu einem „abgeschlossenen“ System macht, ist weder für die Erde noch für die Sonne und auch nicht für beide gegeben. Die Annahme eines zu paradiesischen Urzeiten existenten „Strahlungsgleichgewichtszustandes“, der seit 1850 nicht von allen Menschen, sondern nur von den „reichen“ Industrienationen gestört wird, ist völlig abwegig und absurd. Diese Bedingung wäre dann und nur dann erfüllt, wenn beide Körper, Sonne und Erde, die gleiche Temperatur hätten und sich in einem bestens isolierten „Hohlraum“ befänden.

Die Erde – Ein unterkühlter solarer Hohlraumkörper!

Das „Strahlungsgleichgewicht“ zwischen Sonne und Erde ist eine reine Fiktion, ein rechnerisches Konstrukt ohne Wirklichkeitsbezug. Dieses „Gleichgewicht“ gibt es nicht, wie allein der tägliche Gang der bodennahen Lufttemperatur zeigt. Zur Messung der Temperatur schreibt Hellmut Berg in seinem 1948 in Bonn erschienenen Lehrbuch „Allgemeine Meteorologie – Einführung in die Physik der Atmosphäre“:

„Als oberste Forderung gilt in der Meteorologie, dass die Temperatur der Luft auf die Messinstrumente ausschließlich durch Leitung übertragen werde. Messungen der Temperatur „in der Sonne“ sind nicht definiert und deshalb unbrauchbar, die erhaltenen Werte hängen beispielsweise schon von der Glasbeschaffenheit der Thermometer ab. Jeglicher Strahlungseinfluss muss ausgeschaltet werden (Aufstellung der Instrumente in einer weißgestrichenen, allseitig mit Jalousien versehenen „englischen Hütte“).... Als Höhe der Instrumente wird 2 m über dem Erdboden vorgeschrieben. Es sollen die Thermometer dadurch dem unmittelbaren Einfluss des Klimas der untersten Schichten entzogen werden, in dem sich die Temperatur sehr rasch und in starker Abhängigkeit vom Untergrund ändert.“

Kein Student der Meteorologie hat in seinen Anfangsvorlesungen je etwas anderes gelernt. Er weiß, dass der Untergrund die solare Strahlung absorbiert und dann erst die Wärme an die aufliegende Luft weitergibt. So entstehen die unterschiedlichsten Luftmassen: Kontinentalluft ist im Sommer heiß und im Winter eiskalt, Meeresluft im Sommer kühl und im Winter mild. Entscheidend für die bodennahe Lufttemperatur sind die Absorptionseigenschaften des Bodens, seine Zusammensetzung, seine Farbe, der Feuchtigkeitsgehalt, der Bewuchs. Ein Drittel der eingestrahlten Sonnenenergie wird gar nicht zur Erwärmung des Bodens benutzt, sondern geht in die Verdunstung von Wasser zu Wasserdampf und wirkt kühlend. Die Verdunstung entzieht den bodennahen Luftschichten eine Menge Wärme. Hierin ist eine der Hauptursachen für den „Wärmeinseleffekt“ der Städte zu suchen. 30

Prozent der Solarstrahlung werden dem Strahlungshaushalt so entzogen und zerstören das „Gleichgewicht“. Diese 30 Prozent sind aber nicht verloren, sondern existieren weiter als latente Energie, die bei der Kondensation des Wasserdampfes in den Wolken wieder freigesetzt wird und diesen Auftriebsenergie liefert, wie man an den schnell wachsenden Kumuluswolken oder Gewittertürmen mit Faszination beobachten kann.

Es gibt kein „Strahlungsgleichgewicht“ auf der Erde, weil die Einstrahlung und die Ausstrahlung zwei völlig unabhängig voneinander ablaufende Prozesse sind! Die Erde muss erst trickreich in ein „Strahlungsgleichgewicht“ mit der Sonne hineingerechnet werden. Wie dies geschieht ist ebenso obskur wie simpel, doch für die meisten Wissenskonsumenten ein „Buch mit sieben Siegeln“. Sie glauben den Lehrern der Wissenschaft, so wie sie es in der Volksschule gelernt haben.

Wie gehen nun die „Klimaexperten“ vor? Sie gehen davon aus, dass die Erde eine „Scheibe“ ist, die senkrecht zur Sonne steht und von ihr 150 Millionen Kilometer entfernt ist. An der Obergrenze der Atmosphäre fällt eine Strahlungsenergie von 1368 Watt pro Quadratmeter ein. Diesen Wert nennt man „Solarkonstante“. Bei der weiteren Berechnung wird ausgeblendet, dass die Umlaufbahn der Erde um die Sonne keine Kreisbahn, sondern eine Ellipse ist, dass die Entfernung der Erde zwischen sonnennächstem und sonnenfernstem Punkt um 5 Millionen Kilometer schwankt. Da die Strahlung der Sonne mit dem Quadrat der Entfernung ab- oder zunimmt, erhält die Erde Anfang Januar 100 W/m^2 mehr an Strahlung als Anfang Juli. Doch dies nur am Rande.

Dann sagt man, dass am Erdboden nur 70 Prozent der Solarstrahlung ankommen und das sind 960 W/m^2. Nun verteilt man diese auf die „Erdscheibe“ auftreffende Menge auf die „Erdkugel“, indem man die 960 durch 4 teilt und 240 W/m^2 erhält. Rechnerisch ist alles richtig, doch hat man dabei die Natur „entnatürlicht“. Es gibt weder Tag noch Nacht, weder Äquator noch Pole: jeder Fleck Erde erhält zu jeder Zeit die gleiche Strahlung. Damit hat man die Erde zu einem eiskalten Planeten gerechnet, ohne Leben. Nun kann man die „Treibhausgase“ aus der Trickkiste ziehen und alles Leben in ihre Hände legen. Wie haben das die Experten gemacht? Sie haben das Stefan-Boltzmann’sche Gesetz genommen, das einzig und allein für die „schwarze Hohlraumstrahlung“ gilt und damit für ein „abgeschlossenes System“. Nur in ihm lässt sich fiktiv eine „Strahlungsgleichgewichtstemperatur“ berechnen, aber nie und nimmer in einem „offenen Ökosystem“, wie es die Erde von Natur aus ist. Jedenfalls errechnet sich für die mit 240 W/m^2 „beheizte“ Erde eine „Strahlungsgleichgewichtstemperatur“ von – 18 °C.

Mit dieser Temperatur würde die Erde strahlen, wenn man sie in einen Hohlraum stecken und in diesen ein winziges Loch bohren würde. Bildhaft macht man bei dem Scheibe-Kugel-Rechenvorgang folgendes: Indem die Solarstrahlung von 960 W/m^2 gleichmäßig über die Erdkugel verteilt wird, werden alle Unterschiede von Tag und Nacht, von Sommer und Winter ausgehoben. Jeder Quadratmeter der Erde erhält zu allen Zeiten die gleiche Menge Strahlung und zwar 240 W/m^2. Leben ist auf dieser eiskalten Erde natürlich nicht möglich. Die Erde ist „bildhaft“ in einer auf 150 Millionen Kilometer Radius aufgeblähten und rechnerisch heruntergekühlten Sonne, die einen schwarzen Hohlraum bildet, verschwunden. Dieser „Schöpfungsakt“ des menschlichen Intellekts hat nichts mit dem göttlichen Schöpfungsakt zu tun. Nach der biblischen Schöpfungsgeschichte schuf Gott Himmel und Erde, dann Tag und Nacht und zum Schluss gab er den Befehl: „Es werde Licht!“ Seitdem dreht die Erde sich im Strahlungskegel der Sonne. Wo die Sonnenstrahlen überwiegend senkrecht auf die Erde auftreffen, haben wir die Tropen; wo sie die Erde nur tangieren, sind die Polkappen. Wir haben ein natürliches Temperaturgefälle, denn Gott „mittelt“ nicht. Nur aus „Ungleichgewicht“ heraus entsteht Bewegung, entsteht Wetter!

Nochmals zurück zum Tagesgang der Temperatur. Hellmut Berg erklärt ihn wie folgt: „Durch die Einstrahlung wird der Untergrund zunächst erwärmt. Das feste Land erwärmt sich dabei stärker als das Meer; bei diesem erstreckt sich im Gegensatz zum festen Land die Erwärmung auf eine größere Tiefe, einmal weil die Strahlung tiefer eindringt, zum anderen, weil die Wärme durch Strömungen auf einen größeren Raum verteilt wird. Die Erwärmung bzw. Temperatur des Untergrundes überträgt sich durch direkte molekulare Wärmeleitung auf die untersten Zentimeter der Lufthülle und erwärmt diese dünne Schicht. Die weitere Temperaturzunahme der Luft, also der höheren Schichten, würde auf diese Weise durch molekulare Wärmeleitung sehr langsam vor sich gehen. Durch geringe lokale Unregelmäßigkeiten des Untergrundes entstehen aber Flächen mit größerer Erwärmung, über denen die dadurch leichtere Luft selbständig aufsteigt und die Erwärmung in die Höhe trägt. Zum Ersatz sinken kältere Luftquanten ab. Dieses Spiel schafft die Erwärmung schneller nach oben als die rein molekulare Wärmeleitung. ... Man spricht von einer „Scheinleitung“ oder von „Austausch“. Der Vorgang ist mit einem Massentransport verbunden. ...“ Diesen nennt man allgemein „Konvektion“, die daraus resultierenden Wolken folglich Konvektions- oder Haufenwolken.

Zur Nacht schreibt Hellmut Berg: „Auch in der Nacht wird so, allerdings langsamer, die Abkühlung des Bodens nach höheren Schichten übertragen; ... Da die Abkühlung von unten nach oben fortschreitet, nimmt die Temperatur mit der Höhe zu; es bildet sich eine Bodeninversion aus.“ Auch hier ein eindeutiger Hinweis, dass die bodennahe Lufttemperatur mit Strahlungsvorgängen praktisch nichts zu tun hat. Sie ist Ausdruck der Bewegungsenergie aller Luftmoleküle! Die durch molekulare Wärmeleitung in Bewegung gesetzten 78 % Stickstoff- und 21 % Sauerstoffmoleküle bestimmen mit ihrer Energie das Maß der Lufttemperatur, auch in der strahlungsgeschützten „englischen Hütte“.

Noch einmal ein Blick zurück: Den Unterschied zwischen einem „abgeschlossenen“ und einem „offenen“ System, als Zwischenstufe gibt es noch „geschlossene“ Systeme wie unsere Häuser, lernt man in der Sekundarstufe I. In dem von Friedrich Bergmann und Heinz Schröder herausgegebenen Schulbuch „Einführung in die Physik“ (Sekundarstufe I, Ausgabe E, Frankfurt a. Main 1979) steht, dass nur für den Idealfall „abgeschlossenes System“ der allseits bekannte Energieerhaltungssatz gilt: „In abgeschlossenen Systemen von Körpern bleibt die Summe aller Energien (chemische, elektrische, innere, kinetische, potentielle Energie) konstant.“ Der Energieerhaltungssatz gilt demzufolge nur für das gesamte Universum und weder für unser Sonnensystem als eines von vielen Milliarden Sonnensystemen insgesamt, noch einzelne Planeten wie Erde, Venus, Merkur, Mars oder Mond. Und noch etwas anderes lernt der aufmerksame Schüler:

„Perpetuum mobile. Es ist ein alter Traum der Menschheit, eine Maschine bauen zu können, die dauernd läuft, ein sogenanntes Perpetuum mobile. Eigentlich erwartete man von dieser Maschine sogar, dass sie mehr Nutzarbeit verrichtet, d. h. mehr Energie abgibt, als man ihr an Energie zuführt. Zahlreiche Vorschläge für die Konstruktion solcher Maschinen wurden gemacht. Aber alle blieben ohne Erfolg, so dass die Pariser Akademie der Wissenschaft schon 1775 beschloss, keine Konstruktionspläne mehr zu prüfen. Es hat lange gedauert, bis die Menschen zu der Einsicht gelangten, dass es unmöglich ist, abgeschlossene Systeme herzustellen. Infolgedessen wird stets ein Teil der in einem System von Körpern vorhandenen Energie durch Strahlung oder als Wärme an die Umgebung übertragen und damit innerhalb des Systems nicht mehr nutzbar sein. Systeme verlieren also höchstens Energie, aber sie erzeugen keine Energie."

Doch genau dieses Wunder soll der „Treibhauseffekt" bewirken. Wer -18 °C kalt ist und 240 W/m² abstrahlt, muss 390 W/m² zugestrahlt bekommen, um auf eine Temperatur von +15 °C aufgeheizt zu werden. Die „Gegenstrahlung" ist ein Ammenmärchen! Da Sonne und Erde in keinem „abgeschlossenen System" stecken, kann es also nie und nimmer ein „Strahlungsgleichgewicht" geben. Es gibt keine größere Diskrepanz zwischen Modell und Wirklichkeit. Hieran zeigt sich, dass die Mathematik keine Naturwissenschaft ist, und der Computer ein dummer Rechenknecht. Der „schwarze Hohlraum" entpuppt sich als finstere „Globalisierungsfalle". Lassen Sie hierzu Max Planck zu Worte kommen. In seinem Buch „Vom Wesen der Willensfreiheit" schreibt er:

„Dagegen stieß ich auf dem Gebiet der strahlenden Wärme auf Neuland. Schon im Jahre 1860 hatte G. Kirchhoff den Satz kennengelernt, daß in einem evakuierten, von total reflektierenden Wänden begrenzten Hohlraum, der ganz beliebig emittierende und absorbierende Körper enthält, sich mit der Zeit durch irreversible Vorgänge ein stationärer Strahlungszustand herausbildet, der von einer einzigen Variablen, der allen Körpern gemeinsamen Temperatur T, abhängt. Es ist der nämliche Strahlungszustand, der in dem Vakuum herrscht, wenn die umgebenden Wände schwarz sind und die betreffende Temperatur besitzen. Ihm entspricht eine ganz bestimmte Verteilung der Strahlungsenergie auf die einzelnen Schwingungszahlen v des Spektrums. Diese so genannte normale Energieverteilung wird also durch eine universelle, von keinerlei Material abhängige Funktion von T und v dargestellt, und da nach meiner Überzeugung ein Naturgesetz um so einfacher lautet, je umfassender es ist, so schien mir die Aufgabe besonders verlockend, nach dieser Funktion zu suchen.

Hierfür bot sich als direkter Weg die Benutzung der Maxwell'schen elektromagnetischen Lichttheorie an, die sich einige Jahre vorher, dank der großen Hertz'schen Entdeckung, den endgültigen Sieg errungen hatte. Ich dachte mir also den evakuierten Hohlraum erfüllt mit elektrisch schwingenden, Energie ausstrahlenden und absorbierenden Körpern und wählte, da es auf ihre Beschaffenheit nicht ankommt, solche von möglichst einfacher Natur aus, nämlich lineare Resonatoren oder Oszillatoren von bestimmter Eigenfrequenz v und schwacher, nur durch die Strahlung bewirkter Dämpfung. Meine Hoffnung ging dahin, dass für einen beliebig angenommenen Anfangszustand dieses Gebildes die Anwendung der Maxwell'schen Theorie auf irreversible Strahlungsvorgänge führen würde, die in einen stationären Zustand, den des thermodynamischen Gleichgewichts, ausmünden mussten, in welchem die Hohlraumstrahlung die gesuchte normale, der Strahlung des schwarzen Körpers entsprechende Energieverteilung besitzt."

Wenn man die Strahlungsgleichgewichtstemperatur der Erde berechnet, muss die Sonne die Rolle der „wärmeundurchlässigen Hülle" oder der schwarzen Wände des „abgeschlossenen" Hohlraumes spielen. Exakt dies wird gemacht, wie man dem Ersten Zwischenbericht der Enquete-Kommission „Vorsorge zum Schutz der Erdatmosphäre" vom 2. November 1988 entnehmen kann. Doch welcher Abgeordnete, der diesen Bericht im Bundestag demokratisch „absegnete", hatte ihn gelesen, geschweige denn die etlichen Widersprüche entdeckt? Auch das IPCC-Schiedsgericht verfährt entsprechend „demokratisch" und bildet „Konsensmeinungen".

Lassen wir noch einmal Fakten und nicht Meinungen zu Wort kommen. Nach Rodolfo Guzzi und Carl Gerald Justus Buch „Physical Climatology for Solar and Wind Energy" (1988) beträgt die mittlere Entfernung Erde – Sonne 1,4959789 x 10^8 km. Der sonnennächste Punkt, das Perihel, wird am 3. Januar durchlaufen (bei 1,4710 x 10^8 km Abstand) und der sonnenfernste, das Aphel, am 4. Juli (bei 1,5210 x 10^8 km Abstand). Da die Strahlung der Sonne mit dem Quadrat der Entfernung abnimmt, kommen an der Obergrenze der Atmosphäre am 4. Juli 1320 W/m^2 an und am 3. Januar insgesamt 1416 W/m^2. Geht man mit diesen verschiedenen „Solarkonstanten“ in das Stefan-Boltzmann-Gesetz und errechnet die rein hypothetische „Strahlungsgleichgewichtstemperatur“ oder „Effektivtemperatur“ für die Erde als schwarzem Körper, dann müsste die Erde im Winter – rein theoretisch – wärmer sein als im Sommer, weil sie insgesamt wegen der geringeren Entfernung ja mehr Sonnenstrahlung absorbieren kann. Doch dies nur als Nebenbemerkung am Rande. Globale Mittelwerte haben eine Eigenschaft: sie existieren nicht und gelten nirgends!

Die von den vielen gleichgeschalteten Expertengremien vorgeführten Rechenkunststückchen haben mit „Physik“ nichts zu tun. Man bewegt sich in ideologischen Wolkenkuckucksheimen und nicht im irdischen Tatsachenraum. Alle Modelle haben eines gemeinsam: Sie haben mit der Wirklichkeit nichts zu tun! Physik wird zur Metaphysik, zu einer Angelegenheit des Glaubens. Dabei leitet sich das Wort „Physik“ aus dem griechischen Wort „physis“ ab und das heißt eigentlich Natur!

Die „Strahlungsgleichgewichts“- oder „Effektivtemperatur“ eines „schwarzen Hohlraumkörpers“ hat natürlich mit der Vielfalt an wirklichen Oberflächentemperaturen auf der Erde absolut nichts zu tun. Sie ist ebenso wie die „Globaltemperatur“ ein Phantasie- oder Spielwert. Beide kann man nirgends messen, und daher muss man den „Experten“ bedingungslos glauben – muss man?

Es ist ein gigantischer wissenschaftlicher Schwindel, der hier aufgeboten wird, um die These eines nichtexistenten „natürlichen Treibhauseffektes“ von 33 Grad plausibel und glaubhaft zu machen. Es ist nicht zu leugnen, dass dieses Wissenschaftsmärchen einen grandiosen Erfolg hatte und die „Weltpolitik“ bewegt, wie die diversen „Klimagipfel“ bezeugen. Doch leider ist es kein Märchen, sondern ein langfristig akribisch geplanter wissenschaftlicher Betrug. Die große Anzahl an Physik- und Meteorologieprofessoren können nicht alle gleichzeitig einen schon viele Jahre andauernden geistigen ‚blackout’ haben. Ganz im Gegenteil, es sind ausnahmslos hochqualifizierte Wissenschaftler, die jedoch ihr Können nicht der Erforschung der wissenschaftlichen Wahrheit, sondern den beiden Hauptgötzen der Zeit „Geld und Macht“ geopfert haben. Wer beides hat, hat Ansehen, und darf als Prophet durch die Lande ziehen. Der vorsätzliche Betrug besteht darin, dass wider besseren Wissens beide Globaltemperaturen als „mittlere Temperaturen“ so hingestellt werden, als ob man sie direkt miteinander vergleichen könne. Dies ist aber nicht der Fall!

Als Entschuldigung kann auch nicht gelten, dass man sich auf den Nobelpreisträger (1903) Svante Arrhenius beruft, der 1896 bei seiner „Eiszeithypothese" einen kardinalen Rechenfehler beging. Diesen hat Professor Dr. Gerhard Gerlich vom Institut für Mathematische Physik der Universität Braunschweig 1995 bei einem Vortrag vor der „Europäischen Akademie für Umweltfragen" in Leipzig aufgezeigt. Der Grund: In der Wissenschaft schreibt man ab und zitiert, doch meidet tunlichst den Blick in die Originalarbeit. So kommt es zu der wundersamen Fehlerfortpflanzung wie bei der Legende vom Eisengehalt des Spinats. Doch wo liegt der Arrhenius'sche Fehler? Das Stefan-Boltzmann'sche Gesetz gilt streng genommen für einen mathematischen Punkt in einem schwarzen Hohlraum. Es wird ein gedachter Körper ohne Oberfläche mit einer einzigen Temperatur angenommen. Doch dieses Modell ist wiederum auf die Wirklichkeit nicht übertragbar. Die Erde hat eine Oberfläche von etwa 510 Millionen Quadratkilometer! Die Erde ist mit den Worten des Nobelpreisträgers Max Planck kein „winziges Kohlestäubchen" in einem Hohlraum, das man zu einem flächelosen mathematischen Punkt reduzieren könnte. Svante Arrhenius hatte 1896 noch keinen Computer als gehorsamen „Rechenknecht" und fand es persönlich wohl zu mühsam, für jede Temperatur einzeln die 4. Wurzel zu ziehen, um daraus einen „Globalwert" zu errechnen. Nein, er ging den bequemeren einfachen, aber falschen Weg und addierte zuerst die Temperaturen, bildete deren Mittelwert und zog dann daraus die 4. Wurzel. Wer meint, das sei doch nicht so tragisch, der irrt sich ganz gewaltig. Bei der faul-falschen Variante erhält man die überall abgeschriebenen -18 °C, rechnet man aber mühsam nach, dann kommt man auf den korrekten Wert für die „Effektivtemperatur" und der läge bei -129 °C. Offensichtlich erscheint der faulfalsche Wert irgendwie glaubhafter und daher auch brauchbarer. Ein „natürlicher Treibhauseffekt" von 144 Grad würde die Winter Sibiriens durch „Gegenstrahlung" zu Hitzesommern machen. Doch dies wäre nicht mehr vermittelbar! Schade, dass man den Arrhenius'schen Rechenfehler einfach immer nur abgeschrieben hat, ohne ihn zu überprüfen. Der Treibhaus-Schwindel wäre früher aufgeflogen und hätte sich nicht zu dem Spuk „Klimakatastrophe" verdichten können.

Der ewige Energieverlust durch Wärmestrahlung

Die unter völlig irrigen, ja unwirklichen Annahmen konstruierte und zudem noch falsch berechnete „Strahlungsgleichgewichtstemperatur" der Erde hat nichts mit der tatsächlichen Oberflächentemperatur der Erde zu tun. Diese ergibt sich aus der Bilanz zwischen Einstrahlung am Tage wie der Ausstrahlung während des ganzen Tages und natürlich der Konvektion als vertikalem, der Advektion als horizontalem Luftmassentransport und vielen anderen meteorologischen Vorgängen. Die Ausstrahlung selbst ist bei einem „schwarzen Körper" nur von der tatsächlichen Oberflächentemperatur abhängig. Ist der Erdboden +120 °C warm, dann strahlt er als „schwarzer Körper" 1353 W/m^2; ist er +80 °C warm, dann strahlt er 880 W/m^2; ist er +50 °C warm, dann strahlt er 617 W/m^2; ist er +30 °C warm, dann strahlt er 478 W/m^2; ist der +15 °C warm, dann strahlt er 390 W/m^2; ist er 0 °C warm, dann strahlt er 315 W/m^2 und ist er -18 °C warm, dann strahlt er 240 W/m^2 ab.

Diese Wärmestrahlung erfolgt völlig unabhängig davon, ob ein Körper von einer Lufthülle umgeben ist oder nicht. Sie hängt praktisch nur von der Temperatur der Oberfläche des Körpers ab. Es ist völlig verkehrt zu behaupten, die „Treibhausgase" würden die Abstrahlung der Erde be- oder verhindern. Die Energieabstrahlung ist eine körpereigene Eigenschaft und erfolgt unabhängig davon, ob man sich in der Antarktis oder der Wüste von Arizona befindet. Die Wärmestrahlung eines Körpers wird durch nichts beeinflusst, außer der Temperatur des Körpers. Ob man schwitzt oder friert, ist eine reine Bilanzfrage. Gibt man mehr Wärme ab, als man aus der Umgebung zugestrahlt bekommt, dann friert man. Ist die Umgebung wärmer, dann erwärmt man sich. Betreten 1000 Leute einen kalten Raum, dann frieren sie. Doch ihre Körperwärme erwärmt auch den Raum, in dem allerdings, wenn keine Frischluftzufuhr gewährleistet ist, irgendwann der Sauerstoffgehalt der Innenluft bedrohlich ab- und dagegen der Kohlendioxidgehalt ebenso bedrohlich zunimmt.

An jedem sonnigen Strahlungstag ist am Nachmittag die Wärmestrahlung des erhitzten Bodens sehr stark und bei untergehender Sonne der abendliche Temperaturrückgang entsprechend rasch, um sich im Laufe der Nacht mit abkühlendem Boden zu verlangsamen. Wenn noch vor „Sonnenaufgang" der Temperaturabfall aufhört, dann deswegen, weil die diffuse Himmelsstrahlung den permanenten Ausstrahlungsverlust auszugleichen beginnt und sich für kurze Zeit die Ein- und Ausstrahlung die „Waage" halten. Überwiegt mit zunehmender Sonnenhöhe dann die Einstrahlung, erwärmt sich der Boden wieder, strahlt wieder stärker aus. Er leitet aber gleichzeitig seine Wärme über Molekülstöße „mechanisch" weiter an die aufliegende Luft. Sie dehnt sich dabei aus und setzt automatisch die Konvektion oder die von den Segelfliegern geliebte Thermik in Gang. Doch weder Konvektion noch Wärmeleitung kommen in dem „Treibhausmodell" vor. Sie werden einfach unterschlagen, ausgeblendet. Kein Wissenschaftsjournalist hat diesen Verlust bemerkt und danach recherchiert. Dabei steht in jedem Lehrbuch der Physik, dass in der Natur alle drei Wärmeübertragungsprozesse immer nur gleichzeitig auftreten, so sehr man sie auch „analytisch" trennen kann: die Wärmeleitung, die Wärmestrahlung und die Konvektion.

Die angeblich im „Strahlungsgleichgewicht" mit der Sonne stehende eiskalte Erde mit einer „mittleren Temperatur" von -18 °C ist eine reine Fiktion, ein fehlerhaftes Rechengebilde und ein satter wissenschaftlicher Betrug. Er wiegt besonders schwer, weil er sehr gute Physikkenntnisse voraussetzt und eine raffiniert ausgeklügelte Täuschungsstrategie erfordert. Fazit: Die Behauptung eines „natürlichen Treibhauseffektes" ist ein vorsätzlicher wissenschaftlicher Betrug. Will keiner gemerkt haben, dass mit dieser Behauptung ein ehernes Naturgesetz, das „Newton'sche Abkühlungsgesetz", total auf den Kopf gestellt wird? So wie gegen die Schwerkraft kein Apfel wieder auf den Baum springt, so kann sich wider den 2. Hauptsatz der Wärmelehre kein Körper in einer kälteren Umgebung erwärmen. Damit bestätigt sich einmal mehr die Aussage von Hubert Markl, dass Lug und Trug integrale Bestandteile des Forschens seien, insbesondere bei einer auf Staatsgelder angewiesenen „Drittmittelforschung".

In dem Jahresgutachten des Wissenschaftlichen Beirates der Bundesregierung Globale Umweltveränderungen, das am 4. September 2001 als Bundesratsdrucksache 713/01 öffentlich wurde, wird die Frage gestellt: „Dürfen Menschen alles, was sie können?“ Das 12köpfige Professorengremium, in dem Professor Dr. Hans-Joachim Schelinhuber, Direktor des Potsdam-Intituts für Klimafolgenforschung, den Vorsitz hatte, antwortet ganz klar und unmissverständlich: „Intuitiv antwortet jeder auf diese Frage mit einem klaren „Nein“. Auf keinen Fall dürfen Menschen alles tun, was sie tun könnten. Das gilt auch für das Alltagshandeln. Viele Optionen des täglichen Lebens, vom Lügen bis zum kleinen Betrug sind offensichtlich Handlungen, die von allen gutwilligen Betrachtern als nicht akzeptabel angesehen werden.“

Recht so, Lügen ist unanständig und nach dem 8. Gebot eine Sünde! Lügen genießt keinen Rechtsschutz. Trotzdem ist es an der Tagesordnung. Oder sind die „Umweltexperten“ keine Alltagsmenschen, so dass sie in ihrem „Alltagshandeln“ von den bürgerlichen Verhaltensnormen entbunden sind? Haben sie sich aus ideologischen Gründen von den Fesseln der Wahrhaftigkeit emanzipiert und vertreten den Standpunkt, dass sich aus umwelterzieherischen Motiven jede Lüge rechtfertigt oder dass „Mehrheiten“ nicht lügen können, weil sie sich qua Mehrheit rechtfertigen und somit den Minderheiten ihren Willen aufzwingen können?

Jedenfalls scheint es auch kein Ruhmesblatt für die überwiegend „schweigende Mehrheit“ der Naturwissenschaftler zu sein, dass sie sich von einer kleinen Gruppe von „Klimaexperten“ den Glauben an den „natürlichen Treibhauseffekt“ hat aufschwätzen lassen, ohne – bis auf ganz wenige rühmliche Ausnahmen – den eigenen Verstand aktiviert zu haben. Auch Wissenschaftler sind offensichtlich verführ- und damit manipulierbar, wenn die Medienpropaganda und der politische Druck entsprechend groß sind. Aber ohne die mutige Unterstützung aus der Wissenschaft, man nennt diese Leute abwertend „Querulanten“, ist der Bürger völlig wehrlos gegen die geballte Macht der „Umweltwissenschaftler“, die dem Staat die Argumente für „Ökosteuern“ liefert. Doch mit dieser „Klimaschutzabgabe“ wird keineswegs das Klima geschützt, sondern werden die Haushaltslöcher staatlicher Misswirtschaft gestopft.

Wissenschaft kann manchmal auch zur Erheiterung beitragen. In der Frankfurter Rundschau vom 20. Oktober 2001 war zu lesen:

„Echt Wahnsinn oder: Londons Forscher erwischten die falschen Hirne". Aus London berichtete Peter Nonnenmacher: „Fast fünf Jahre lang analysierten Forscher im Auftrag der britischen Regierung Schafsköpfe, um dem Risiko eines Auftretens von Rinderwahn (BSE) bei Schafen auf die Spur zu kommen. Als sie aber diese Woche ihre mit Spannung erwarteten Ergebnisse vortragen sollten, standen die Wissenschaftler selbst belämmert da. Die angeblichen Schafshirne, die sie jahrelang untersucht hatten, stammten von Rindern. Die gesamte Arbeit war nutzlos."

In der in Speyer erscheinenden Tagespost vom gleichen Tage kommentiert Jörg-Peter Klotz: „Dass ausgewachsene Wissenschaftler sich vier Jahre lang derartig selbst an der Nase herumführen, verdient nur eine Bezeichnung: hirnlos. Traurig nur, was solche „Experten" mit dem Vertrauen der Verbraucher anstellen." Interessant dürfte es sein zu beobachten, wie die Medien reagieren werden, wenn ihnen das ganze Ausmaß des Treibhaus-Schwindels offenbar wird. Bei den „Hirnen" war es „nur" eine Verwechslung!

Zur Klimageschichte – von Konstanz keine Spur!

Das Alter der Erde wird auf etwa 4,6 Milliarden Jahre geschätzt. Die Ära des Menschen begann mit dem Quartär vor etwa 2 Millionen Jahren. Mit dem Quartär trat die dritte „große“ Eiszeit der Erdgeschichte ein. Das Quartär als bisher letztes Kapitel der Erdgeschichte wird wiederum in das „Pleistozän“, es dauerte bis vor etwa 11.000 Jahren, und das „Holozän“ unterteilt. Nach der von Roland Walter 1990 überarbeiteten „Erdgeschichte“ von Klaus Schmidt konnten allein während des Pleistozäns mindestens weitere sechs Kalt- oder Eiszeiten, die von Warmzeiten oder Zwischeneiszeiten unterbrochen waren, nachgewiesen werden. Es sind dies die Brüggen-Kaltzeit, die Eburon-Kaltzeit, die Menap-Kaltzeit, das Elster-Glazial, das Saale-Glazial und das Weichsel-Glazial. Die letzte Kaltzeit, die Weichsel-Eiszeit, erreichte vor etwa 20.000 Jahren ihren Höhepunkt und endete ziemlich abrupt vor etwa 11.000 Jahren.

Während der Weichsel-Eiszeit, die in Süddeutschland auch Würm-Glazial genannt wird und etwa vor 70.000 Jahren begann, starb vor etwa 30 – 40.000 Jahren der jüngere ‚Homo sapiens neanderthalensis’, ein besonderer Zweig des Hominiden-Stammbaums, aus. Nach Schmidt/Walter war der „neu erscheinende ‚Homo sapiens sapiens’ während der Weichsel-Würm-Eiszeit vermutlich in Vorderasien beheimatet. Von dort aus breitete er sich schnell über die Erde aus. Er drang über die Beringstraße nach Nordamerika vor und erreichte Australien. Diese sogenannten Cro-Magnon-Menschen lebten noch in der Altsteinzeit, aber sie besaßen schon Pfeil und Bogen und haben mit ihren Höhlenmalereien, Plastiken und Elfenbein-Kunstwerken Zeugnisse einer hochentwickelten Jägerkultur hinterlassen.

Am Ende des Pleistozäns setzte eine beschleunigte Entwicklung der „Technik“ ein. In der mittleren Steinzeit wurde als wesentlich neues Werkzeug das Beil entwickelt und in der Neusteinzeit, das war das Zeitalter, in dem man begann, die Steine schön glatt zu schleifen, züchtete man Haustiere und betrieb Feldbau. Im 8. – 7. Jahrtausend v. Chr. bildeten sich in Vorderasien die ersten Stadtkulturen wie Jericho 7.800

v. Chr. und Catal Hüyük 6.700 v. Chr. Heute, acht Jahrtausende nach der Entdeckung des Metalls, hat die Menschheit alle Lebensräume der Erde erobert.

Die Kulturentwicklung ist keine einfach fortschreitende Entwicklung gewesen. Es lässt sich hierbei ein ständiges Auf und Ab beobachten. Kulturen entstanden und vergingen, wie uns die Geschichte zeigt. Dabei hat das Wetter auch eine wesentliche Rolle gespielt, wie man sich es bei Agrargesellschaften leicht vorstellen kann. Da wir das Wetter nie werden rekonstruieren können, denken wir in Epochen und Zeiträumen und diktieren ihnen ein mehr oder weniger homogenes „Klima" zu. Klima ist eine „Generalisierung", halt das mittlere Wettergeschehen während einer Geschichtsepoche. Wenn auch die Begriffe Wetter und Klima keineswegs identisch sind, so wurden sie noch von Alexander von Humboldt Anfang des 19. Jahrhunderts synonym verwandt. Damals gab es die moderne WMO-Definition nicht, die „Klima" zum „mittleren Wettergeschehen" einer 30jährigen Periode erklärte und diesen Wert zur „Norm" erhob. So erschien 1989 mit dem wahrheitsgemäßen Untertitel „Der Einfluss des Wetters auf den Gang der Geschichte" das Buch „Klima und Kulturgeschichte" von Professor Dr. Hubert H. Lamb. Lamb ist Gründer des Instituts für historische Klimaforschung an der University of East Anglia in Norwich. Er versteht unter Klima die „Gesamtheit der Wettererscheinungen an irgendeinem Ort der Erde".

In seinem Buch lesen wir: „1935 wurde auf der Konferenz der Internationalen Organisation für Meteorologie. ... die Empfehlung ausgesprochen, die Beobachtungen aus den Jahren 1901 bis 1930 für alle klimatischen Anwendungsbereiche als sogenannte „klimatische Normalperiode" zu verwenden. Die Wahl des Wortes „normal" erwies sich als unglücklich, hat aber in der klimatologischen Praxis Bestand gehabt. Der Begriff vermittelt den Eindruck, das die Natur eine solche Norm kenne und die Verhältnisse stets zu dem Regime der ausgewählten Periode zurückkehren müssten. Heute gilt die Zeit von 1901 bis 1930 als eine überaus abnormale Periode, obwohl sie von den folgenden 30 Jahren (1931 bis 1960) übertroffen wurde, die ihrerseits den ersten Zeitabschnitt als „neue Normalperiode" ablösten. ... Man wusste, dass in der weit zurückliegenden „geologischen" Vergangenheit

Eiszeiten aufgetreten waren, doch schien sich das Klima in römischer Zeit nicht wesentlich von dem der Gegenwart zu unterscheiden. Und so nahm man an, dass dies ebenso für alle dazwischen liegenden Jahrhunderte gelten müsse. ... Der spätmittelalterliche Niedergang in Europa nach der Klimagunst des Hochmittelalters, die mit dem Höhepunkt der kulturellen Entwicklung im 12. und 13. Jahrhundert zusammenfiel, zeigt indirekt eine der für die Geschichte der Menschheit weniger erfreulichen Lehren auf. Aus der Aufgabe von Ackerflächen aufgrund von Missernten, aus dem Verlassen von Bauernhöfen und Dörfern. ... resultierten große Leiden und soziale Schwierigkeiten, auch Aufstände und Unruhen."

Hier tritt die ganze Inkonsequenz moderner Klimaforschung offen zutage, gepaart mit einem ausgesprochenen Mangel an logischem Denken. Obgleich jeder weiß, dass das Klima eine vom Wettergeschehen abgeleitete statistische Größe ist und damit weder eine Eigenexistenz hat, noch ein Naturvorgang ist, wird so getan, als ob dem Klima eine Realität und damit eine Eigendynamik innewohnt. Das Klima ist bestenfalls, charttechnisch mit der Börse verglichen, als DAX-Wert ein gleitendes 30-Jahres- oder 10957-Tages-Mittel, das dem stets volatilen Wettergeschehen folgt und es „glättet". Doch alle geologischen oder biologischen Rekonstruktions- und Interpretationsversuche sind und bleiben unvollkommen, sind idealisierender und damit subjektiver Natur. Der „Klimawandel" bleibt ein Rätsel!

Die Singularität des Verbrechens der Industrienationen am Klima hervorheben wollend schreibt Professor Dr. Hartmut Graßl: „So ruhig wie in den letzten 10.000 Jahren, d.h. mit so geringer Variabilität, ist das Klima in den gesamten 250.000 Jahren, die wir auf diese Weise überblicken können, nicht verlaufen. Unser jetziges Erdzeitalter, das Holozän, war diesbezüglich ein Paradiesgarten. Wir können nicht sagen, ob wir eine der häufigen Bifurkationen des Klimasystems, die z.B. Europa vor 11.000 Jahren für jeweils nur Jahrhunderte in ein Wechselbad getaucht haben, heute schon angestoßen haben, oder, wenn wir so weiter machen, in 20 oder 30 Jahren anstoßen werden. Diese Unsicherheit vermindert allerdings das Risiko einer anthropogenen Klimaveränderung nicht." Zur Dramaturgie gehört Verunsicherung!

Widersprüchlicher und sibyllinischer geht's wohl kaum. Da werden einerseits häufige „Wechselbäder“ angedeutet, für die es offensichtlich keine Erklärung gibt, andererseits wird von einem „ruhigen“ Klima gesprochen, das „anthropogen“ gestört werden könnte. Weil kein Mensch auch nur ansatzweise die wechselvolle Wettergeschichte erklären kann, bleibt auch die abgeleitete Klimageschichte im Dunkeln. Der IPCC-Experte Stephen H. Schneider sieht zumindest die Klimageschichte unter Berufung auf Hubert Lamb weitaus ideologiefreier und daher nicht so „ruhig“ wie sein Kollege Graßl. In seinem Buch „Klima in Gefahr“, das 1978 als Übersetzung seines Buches „The Genesis Strategy“ erschien, lesen wir:

„Die Periode von 400 bis 1200 n. Chr. war warm und trocken und in nördlichen Gewässern verhältnismäßig sturmfrei. Keltische Missionare aus Irland konnten bis nach Afrika und Island segeln. Die Wikinger besiedelten Island und die Ränder Grönlands und segelten wahrscheinlich nach Amerika, als sie auf Fahrten zwischen Grönland und Labrador Bauholz sammelten. ... Die milde Periode vor 1200 erlaubte es den Engländern sogar, Wein anzubauen. ... Unterdessen gab es ungewöhnlich strenge Fröste im Mittelmeerraum. ... Die Periode von 1200 bis 1400 n. Chr. war durch ungewöhnliche Klimaschwankungen in Westeuropa gekennzeichnet. Dürre und Überschwemmungen und sehr milde und strenge Winter wechselten einander ab. ... Zwischen 1348 und 1380 waren in Westeuropa Seuchen die häufigste Todesursache. ... Von 1400 bis 1500 wurde die Witterung in Europa wieder günstiger. ... Um 1500 baute man in England die Häuser gern auf nordseitigen Hängen mit der Vorderseite nach Norden und Osten, da man den ungesunden Südwind und den heftigen Westwind mied und nur dem sanften Ost- und Nordwind Zutritt gewährte, der die Pest vertrieb. ... Während der Periode von 1550 bis 1850, die wir heute die Kleine Eiszeit nennen, rückten die europäischen und nordamerikanischen Gletscher weiter nach Süden vor als zu irgendeiner anderen Zeit seit dem Ende der letzten Eiszeit vor vielen tausend Jahren. ... Während der Kleinen Eiszeit, schreibt Lamb, gab es Jahre der Not in allen nördlichen Ländern. Bauernhöfe oder Ackerland mussten in Island und Norwegen und in den Alpen dem Eis überlassen werden. Der Getreideanbau in Island endete völlig, und er wurde erst in den zwanziger Jahren unseres Jahrhunderts wieder aufgenommen. Es gab Hungersnöte in Schottland und Skandinavien, vor allem in den Jahrzehnten nach 1590, 1690 und 1780, die durch schlechte Sommer und ebenso durch strenge Winter ausgelöst wurden." Diese wenigen Hinweise mögen genügen, um zu demonstrieren, wie wenig „ruhig" die Zeiten waren. Immer, wenn etwas Außergewöhnliches passierte, war das Wetter der auslösende Faktor. Und mit dem veränderten Wettergeschehen verändert sich in der menschlichen Vorstellung automatisch das Klima.

Dabei hätte in dieser Zeit vom 9. bis zum 19. Jahrhundert die „Klimakurve" praktisch wie ein horizontaler „Strich" verlaufen müssen. Als nämlich die Deutsche Physikalische Gesellschaft am 22. Januar 1986 vor der „Klimakatastrophe" warnte und dafür kausal oder ursächlich den atmosphärischen Kohlendioxidanstieg verantwortlich machte, verkündete sie mit dem Brustton der Überzeugung: „Der Kohlendioxid-Gehalt der Atmosphäre betrug gegen Ende der letzten Eiszeit vor ca. 15 000 Jahren 180 bis 200 ppm (ppm = millionstel Volumanteil der Luft) und stieg bis zur nachfolgenden Warmzeit vor ca. 5000 Jahren auf 280 bis 300 ppm an. Weiter wissen wir, dass er in den tausend Jahren von ca. 900 bis 1860 konstant geblieben ist bei ca. 270 ppm." Jedenfalls ist in diesen tausend Jahren das Wetter keineswegs „konstant" gewesen und hat mächtige „Klimaschwankungen" verursacht. Damit fällt der Kohlendioxid-Gehalt als verursachender Faktor für Klimaveränderungen eindeutig aus. Auch die „bösen" Industriegesellschaften können weder für das hochmittelalterliche „Klimaoptimum" noch das „Klimapessimum" während der Kleinen Eiszeit verantwortlich gemacht werden. Sie gab es damals nicht! Doch je weniger man von einer Sache, hier dem Klima, versteht, um so größere Fachkompetenz maßt man sich an und um so mehr kann man „blenden".

Zu den längerfristigen Vorhersagen schreibt Hubert Lamb: „Bei allen Einzelheiten, die die Analyse der verschiedenen Wettersysteme liefern kann, stößt die längerfristige Vorhersage an Grenzen, wenn sich die Fehler bei der Vorausberechnung zukünftiger Wetterlagen für unterschiedliche Zeiträume addieren. Fehler können durch theoretische Schwächen und Ungenauigkeiten bei den Angaben für die Wetterlage am Stichtag und durch Beobachtungen an einer notwendigerweise begrenzten Zahl von Messwerten zu Stande kommen. Außerdem verbraucht die atmosphärische Zirkulation innerhalb von ca. 5 Tagen die ihr zur Verfügung stehende Energie, und der Wärmetransport, der diesen Energievorrat ständig erneuert, hängt seinerseits vom Wetter ab, das die Zirkulation selbst hervorbringt. Man hat allgemein festgestellt, dass die Spanne, in der sich Vorhersagefehler verdoppeln, zwischen drei und acht Tage beträgt. Die Vorhersagekarte wird für eine bestimmte Zahl von Tagen, gegenwärtig für durchschnittlich fünf bis zehn Tage, im Voraus erstellt. Folglich weist sie kaum noch eine nennenswerte Ähnlichkeit mit dem tatsächlich eintretenden Wettergeschehen auf."

Diese Ehrlichkeit vermisst man bei allen „Umweltmeteorologen", die sich der numerischen Wettervorhersage verschrieben haben. Sie mahnen allerdings immer selbst die Notwendigkeit einer Verbesserung der Vorhersagegüte an und versprechen sie, wenn ein neuer Computer auf dem Markt erscheint, ein neues Spielzeug gefällig ist. Die Lamb'sche Ehrlichkeit vermisst man bei den Klimaprognostikern von Anfang an. Sie spielen über 100 und mehr Jahre mit mittleren Luftdruckfeldern, mit „Azorenhochs" und „Islandtiefs", die nur eine Scheinrealität haben, und rechnen exakt das aus, was sie gerade zur öffentlichen Aufrechterhaltung der Furcht vor der „Klimakatastrophe" brauchen. Meinen Vorschlag, zum Beweis für die Güte der Klimavorhersagen die tatsächlich gemessene und dann errechnete mittlere Temperatur- und Luftdruckverteilung des Januar 1997 – unter notarieller Aufsicht und ohne übliche Flusskorrekturen, d. h. ständige Manipulationen –, in diejenige des Januar 1998 zu überführen und mit der „Realität" zu vergleichen, hat man wohlweislich nie aufgegriffen und stets überhört.

Zu den echten und scheinbaren Problemen der Klimaforschung äußerte sich Professor Dr. Klaus Hasselmann vom Hamburger Max Planck Institut am 11. Juni 1999 in den VDI Nachrichten unter der Überschrift: „Was verstehen wir vom Klima?". Hasselmann: „Dem normalen Bürger fällt es schwer, sich ein sinnvolles Bild des Klimaproblems zu verschaffen. Dies bestätigen sowohl Umfragen als auch Leserbriefe zu Klimaartikeln, wie z.B. dem vor einigen Monaten in den VDI-Nachrichten vom 6. November 1998 erschienenen Beitrag Wolfgang Thünes „Wettersatelliten widerlegen Treibhaus-These". Hasselmann: „Zunächst zum unterschiedlichen Kenntnisstand: Es gibt kaum ein Gebiet der Klimaforschung, das so gründlich untersucht ist wie der Treibhauseffekt... Der Treibhauseffekt entsteht bekanntlich durch Spurengase in der Atmosphäre, die die Wärmeabstrahlung der von der Sonne erwärmten Erdoberfläche absorbieren und wieder an die Erdoberfläche zurückstrahlen, wodurch die Erdoberfläche weiter erwärmt wird.“ Dann versucht Hasselmann das offene atmosphärische Strahlungsfenster zu zureden, um schließlich zu bekennen: „Mit der Ungewissheit zu leben ist aber schwer, und so wird fehlendes Wissen gern durch Überzeugungen ersetzt.“ Das Max-Planck-Institut hat dieses Wissensdefizit als Marktlücke erkannt und bietet seit 1975 nichts als „Überzeugungen“ an!

Ein dem Wetter ausgesetzter und der direkten Kritik der Öffentlichkeit unterstehender „synoptischer Meteorologe“ oder „Wetterfrosch“ kennt dieses Wissensdefizit, aber er hat gelernt, mit der ständigen Ungewissheit bei dem Abenteuer Wettervorhersage zu leben. Er braucht nicht fehlendes Wissen durch „Überzeugungen“ zu ersetzen, um die Möglichkeit 100-jähriger Wetterprognosen vorzugaukeln. Das würde ihm ohnehin kein Mensch glauben. Doch warum hält man die „Klimaprognosen“ für wahr? Man weiß doch, dass sich das Klima erst errechnen lässt, wenn das Wetter vorbei ist. Wenn die Wettervorhersage für Morgen falsch ist, warum soll eine Klimaprognose richtig sein? Ein Blick in den „Hundertjährigen Kalender“ des Abtes Mauritius Knauer ist nicht weniger instruktiv und „wissenschaftlich“ als das, was uns Klimaforscher auf ihren Supercomputern vorrechnen.

Das chaotische Wettergeschehen hat, wo auch immer auf der Erde, noch zu keiner Zeit je etwas mit dem Kohlendioxidgehalt zu tun gehabt. Das hatte schon die Deutsche Physikalische Gesellschaft für die letzten 1.000 Jahre indirekt bestätigt. Professor Dr. Klaus Hasselmann und sein Max-Planck-Institut für Meteorologie gehen inzwischen noch wesentlich weiter. In dem im Februar 1999 publizierten Report Nr. 287 „Natürliche Senken und Quellen des atmosphärischen Kohlendioxid: Stand des Wissens und Optionen des Handelns“ heißt es:

„Die Rekonstruktion an in polaren Eiskernen eingeschlossener Luft zeigt, dass die atmosphärische CO_2 Konzentration während des gesamten Holozäns, i. e. während der letzten 8000 Jahre ungefähr auf einem konstanten Niveau von ungefähr 280 ppmv verweilte.“

Kürzer und prägnanter kann man den „Treibhauseffekttheorie“ nicht ad absurdum führen. Wenn die CO_2-Konzentration über 8000 Jahre hinweg gleich geblieben ist, dann kann sie nicht die Ursache für die heftigen Temperaturschwankungen während dieser Zeitperiode gewesen sein, dann muss es dafür andere Ursachen geben. 25 Jahre Klimaforschung scheinen das MPI für Meteorologie in Hamburg nicht näher an eine Antwort herangebracht zu haben. Schon 1988 musste Klaus Hasselmann in ‚promet‘, der Fortbildungszeitschrift des Deutschen Wetterdienstes, frank und frei zu den Ursachen der natürlichen Klimaveränderlichkeit bekennen: „Auch wenig ausgeprägte, aber historisch bedeutsame Klimaschwankungen im kürzeren Zeitskalenbereich von einigen hundert Jahren, wie die kleine Eiszeit im 17. und 18. Jahrhundert, stellen die Wissenschaft vor viele nicht verstandene Fragen.“ Nun, wenn die Fragen noch nicht einmal verstanden sind, wie kann es dann Antworten geben? Das Klima selbst wird nie eine Antwort geben, weil es nicht existiert. Die Fragen muss man dem Wetter stellen, doch wen fragt man? Auch das Wetter gibt keine Auskunft!

Was den „Nachweis“ oder „Beweis“ des Einflusses des Menschen auf das Klima betrifft, so wartete im Juni 2000 der Frankfurter Klimaforscher Professor Dr. Christian-Dietrich Schönwiese mit einer „sensationellen“, im Auftrag des Umweltbundesamtes in Berlin erstellten Studie auf. Er fand heraus, dass der Mensch mit der Wahrscheinlichkeit von 99,9 Prozent seit 1973 das Klima verändert. Ich schrieb darauf am 6. Juli 2000 an die VDI Nachrichten: „Da das Klima eine statistische Erscheinung namens „mittleres Wettergeschehen“ ist, ist damit der Rückschluss erlaubt, dass ab 1973 der Mensch mit 99,9 % Wahrscheinlichkeit das Wetter verändert? Wer einen statistischen Wert verändern will, kann dies ja nur über die Veränderung des zugrunde liegenden Anfangswertes. Und dieser heißt Wetter! Warum jammern wir täglich über das Wetter und müssen uns all seine Kapriolen gefallen lassen, wenn wir doch sein statistisches Folgekonstrukt, das Klima, zu 99,9 % verändern können? Wer wild ohne jeden Sachverstand korreliert, der kann zu jedem gewünschten Ergebnis kommen, auch dem unsinnigsten!“ Der Leserbrief wurde nie publiziert.

Trittin – der Retter vor dem Klimakollaps?

Die Deutsche Presse Agentur meldete am 30. Juni 2000, dass eine Studie des Umweltbundesamtes „Umweltbewusstsein 2000 in Deutschland“ herausgefunden habe, dass 82 % der Bundesbürger wenig Verständnis für die Ökosteuer zeigten. Sie glaubten, die Steuer sei sozial ungerecht und diene nur dazu, beim Bürger abzukassieren. Der damalige Bundesumweltminister Jürgen Trittin (Grüne) sah in dem Ergebnis vor allem ein Erklärungsproblem: „Es ist offenkundig bisher nicht ausreichend gelungen, die Ökosteuer als Modernisierungsstrategie zu vermitteln. ... Hier offenbart die Untersuchung Wissensdefizite und Verständnisprobleme, denen sich die Politik verstärkt widmen muss.“ Das gelte nach Trittin auch für den Klimaschutz. Insgesamt zeige die Studie aber ein erstaunlich hohes Umweltbewusstsein in der Bevölkerung. Das sei ein Potenzial, dass die Politik durch überzeugende Vorschläge gewinnen könne.

Eigentlich ist es verwunderlich, dass es nach so vielen Jahren intensivster, einseitiger Bearbeitung durch die Medien und einschlägiger „wissenschaftlicher Aufklärung“ noch irgendwelche „Wissensdefizite und Verständnisprobleme“ geben kann. Wir leben in einer Informations- und Kommunikationsgesellschaft, ja „Wissensgesellschaft“, in der jeder Ort der Welt nachrichtentechnisch zu jedem Zeitpunkt für – fast – jeden zu erreichen ist. Jeder Zuschauer ist im Umfeld scheinbar vielfältiger Angebote sozusagen sein eigener Programmdirektor. Der Datenraum ersetzt immer mehr den Erfahrungsraum, die virtuelle Realität die reale Wirklichkeit. Der auf hohem moralischem Ross sitzende „Bedenkenträger“ galoppiert durch diese virtuelle Wirklichkeit als eine Art Vorreiter und Leitfigur unserer Gesellschaft. Er trägt das Gewand des „Fachmanns“ oder „Experten“, gibt sich „wissenschaftlich“, indem er aus wissenschaftlichen Veröffentlichungen zitiert. Er ist es, der den Menschen den „Treibhauseffekt“ erklärt und sie vor der „Klimakatastrophe“ warnt.

Nach einer Arbeit von H. P. Peters und M. Sippel „Der Treibhauseffekt als journalistische Herausforderung“, ein Beitrag im Buch „Klimaschutz – Eine globale Herausforderung“ von Peter Borsch und Jürgen-Friedrich Hake (Bonn 1998), kann der Treibhauseffekt als ein dauerhaft etabliertes Medienthema gelten: „Bei der Entstehung des Themas haben offenbar Wissenschaftler eine ungewöhnlich aktive Rolle gespielt. Nicht Umweltschutzbewegungen, nicht Katastrophen, sondern die Warnungen von Wissenschaftlern, die bereit waren, sich auch öffentlich und politisch zu exponieren, waren international Pate der Klimadebatte. Auch in Deutschland fällt die aktive Rolle der Wissenschaftler auf. Erinnert sei beispielsweise an die gemeinsame Erklärung der Deutschen Meteorologischen Gesellschaft und der Deutschen Physikalischen Gesellschaft „Warnung vor drohenden weltweiten Klimaänderungen durch den Menschen“ von 1987. Später griff dann das etablierte politische System die Klimaproblematik auf und machte es als Beispiel für ein „globales Risiko“ zum Gegenstand internationaler Verhandlungen.“

Die von Wissenschaftlern ausgedachte Klimakatastrophe würde ohne das Zusammenspiel mit der modernen Medien- und Kommunikationstechnologie nicht stattfinden. Der Trend- und Zukunftsforscher Matthias Horx sagte einmal sinngemäß, dass die Computer-Simulation die Machtsphäre des 21. Jahrhunderts sei. Der Datenraum stelle die Königreiche zur Verfügung, in denen wir in Zukunft allesamt Herrscher über die Zukunft sein dürften. Damit würden auch die Grenzen zwischen Virtualität und Realität weiter verwischen. In welch spekulative Höhen sich Wissenschaft bereits verstiegen hat, zeigte eine Meldung der Frankfurter Rundschau vom 8. November 1997:

„Rund 700 000 zusätzliche Todesfälle weltweit wird es nach Angaben von Wissenschaftlern im Jahr 2020 durch die Wirkung von Kohlendioxid und anderer Treibhausgase geben. Diese Sterbefälle wären vermeidbar, wenn Industrieländer ihre Kohlendioxidemissionen bis zum Jahr 2010 auf einen Level von 15 Prozent unter den Ausstoß des Jahres 1990 verringerten und Entwicklungsländer zehn Prozent unter dem vorausgesagten Niveau von 2010 blieben, schreibt das britische Medizinjournal „Lancet“. Eine entsprechende Reduzierung könnte zwischen den Jahren 2000 und 2020 zu acht Millionen weniger Toten weltweit führen. ... Studien hätten nachgewiesen, dass bereits kleinste Partikel in der Luft die Tätigkeit der Lungen beeinträchtigen könnten." Durch Befreiung der Luft von den beiden wichtigsten „Treibausgas-Partikeln" Wasserdampf und Kohlendioxid müsste man demnach die Tätigkeit der Lungen erheblich verbessern können. Offensichtlich kann man in einem kollektiv geschürten Klima von Angst und Hysterie jeden Unsinn straflos verbreiten und damit publizistischen Ruhm oder materielle Gratifikationen ernten.

Das Feld war also schon bestens bestellt, als Bundesumweltminister Jürgen Trittin im November 1998 sein Amt antrat. Er konnte nahtlos an die Klimaschutzpolitik seiner Vorgängerin Dr. Angela Merkel anknüpfen. Sie hatte ihr umweltpolitisches Vermächtnis in dem 1987 erschienenen Buch „Der Preis des Überlebens – Gedanken und Gespräche über zukünftige Aufgaben der Umweltpolitik" niedergelegt. Darin heißt es politisch ebenso verbindlich wie unverbindlich:

„Verantwortung für die Umwelt bedeutet aber mehr als nur die Sanierung von Schäden der Vergangenheit. Verantwortung für die Umwelt bedeutet die Verpflichtung zu einer vorsorgenden Umweltpolitik. ... Eine so verstandene Risikovorsorge verlangt umweltpolitische Entscheidungen vielfach auch schon da, wo noch keine unmittelbare Gefahr droht, aber ein großer Gefahrenverdacht besteht. Konkret sehen wir dies in der Frage der Klimaschutzpolitik."

Politik auf Verdacht ist wie ein Todesurteil im Wilden Westen: eine schräge Visage genügte der Lynchjustiz als Beweis. Wenn sich auch manche eingebildete Krankheit zu einem wirklichen Leiden entwickeln kann, ein eingebildeter „Treibhauseffekt" schützt niemanden davor, im ungeheizten Glashaus zu erfrieren! Politik, die sich nicht mehr auf Vernunft oder Räson stützt, sondern auf bloßen Verdacht, gleitet ab in ideologische Willkür. Es wird höchste Zeit, dass den „Treibhausgasen" die Chance gegeben wird, sich von dem Verdacht, „Klimakiller" zu sein, freizusprechen und ihre Unschuld zu beweisen.

Man sollte alle Enquete-Sachverständigen wie die Abgeordneten des Deutschen Bundestages angesichts einer wolkenlosen, weißen Winternacht zu einer „Klima-Sondersitzung" vor dem Reichstag in Berlin unter „freiem Himmel" zusammenrufen. Dann mögen sich alle ihrer Kleider entledigen und sich in des „Kaisers neuen Kleidern", dem „wärmenden Strahlungsmantel Atmosphäre" präsentieren, um in sternklarer Winternacht ausgiebig den „Treibhauseffekt" genießen und sich per „Gegenstrahlung" erwärmen lassen zu können. Obgleich alle Beteiligten in freier demokratischer Abstimmung den „natürlichen Treibhauseffekt" von 33 Grad für wissenschaftlich nachgewiesen und somit für ‚real' erklärt haben, würde dieser Versuch sehr bald wegen Unterkühlungsgefahr und zur Vermeidung des größten anzunehmenden Unfalls, dass nämlich die versammelte parlamentarische „Elite" qualvoll erfrieren würde, abgebrochen werden. Vielleicht würde man dann das Märchen vom „Treibhauseffekt" zu Grabe tragen und stattdessen die „Schuldigen" zur Rechenschaft ziehen.

Wer als einzelner Wissenschaftler versucht, gegen den „Treibhaus-Schwindel" anzugehen, der erlebt sein „blaues Wunder". Er wird flugs zum Außenseiter, zum notorischen Querulanten, zum Idioten abgestempelt. Dabei ist sein einziges Vergehen, dass er gegen den wissenschaftlichen Konsens wie die politische Mehrheitsmeinung verstößt. Er missachtet den demokratischen Konsens. Er verhält sich folglich „politisch inkorrekt". Genau das Gegenteil aber zeichnete bisher jeden wirklichen Wissenschaftler aus. Sein eigenständiges Denken, sein Nonkonformismus bewirkten das, was man einmal den wissenschaftlichen Fortschritt nennen durfte. Selbst der „Klimaforscher" Stephen H. Schneider hat in seinem Buch „Klima in Gefahr" ausdrücklich betont: „Nach meinem Dafürhalten ist der „Konsens" eine unzulängliche wissenschaftliche Arbeitsweise."! Im politisch-demokratischen Alltag mag der Abstimmungskonsens ein legitimes Mittel sein, um für Ansichten und Meinungen Mehrheiten zu finden, doch in der Wissenschaft müssen ausschließlich Fakten zählen. „Wissenschaft per Mehrheitsentscheid", das mag zwar im Sinne der achtundsechziger Kulturrevolution richtig sein, ist aber das Ende der „Freiheit der Wissenschaften", wie sie das Grundgesetz garantiert.

Als das Handelsblatt am 22. November 1995 meinen Artikel veröffentlichte „Die Erde ist kein Treibhaus", da zog ich mir den geballten Zorn der Klimaexperten zu. Sie fürchteten, dass ihr „Treibhausgebäude" Schaden nehmen und der Klimaforschung die finanziellen Mittel entzogen werden könnten. Der Versuch, öffentlich gegen die „monopolisierte Meinungsführerschaft" anzugehen, musste sofort im Keime erstickt werden, bevor sich aus dem Rauchsignal ein unkontrollierbarer Flächenbrand entwickeln konnte. Man setzte die stärkste verfügbare

Waffe gegen mich ein, Professor Dr. Hartmut Graßl. In seiner Eigenschaft als Leiter des Weltklimaforschungsprogramms der Vereinten Nationen konterte er am 6. Januar 1996 mit dem Artikel „Die globale Erwärmung ist Realität". Dies wiederum gab mir die seltene Gelegenheit, die Diskussion öffentlich fortzusetzen und in einem Leserbrief, der am 17. Januar 1997 abgedruckt wurde, zu antworten: „Globale Sicht verstellt den Blick auf Wesentliches". In dem Artikel rief ich zu einem Dialog zwischen Physikern und Meteorologen auf und argumentierte, dass Wissenschaft zur „Ideologie" entarte, wenn sie ihre Hypothesen nicht mehr kritisch hinterfragen lasse und diese, das Meinungsmonopol ausnutzend, zum sakrosankten Dogma erkläre. Das Echo an Leserbriefen war erfreulich bis deprimierend. Am 8. Februar 1997 bekam ich wertvolle Schützenhilfe von Professor Dr. Gerhard Gerlich vom Institut für Mathematische Physik der Universität Braunschweig. Die Überschrift war: „Treibhausklima: Es fehlen die nachvollziehbaren Begründungen". Gerhard Gerlich schrieb:

„Schon beim ersten Durchlesen fällt auf, dass Herr Graßl außer dem Namen des Autors offensichtlich nichts von dem Artikel von Dr. Thüne (22.11.1995) gelesen hatte; oder er hatte beim Schreiben seines Textes den Inhalt sofort vergessen. Herr Graßl scheint mir durch die viele Funktionärs- und Geldbeschaffungstätigkeit seine möglicherweise früher vorhandenen Physikkenntnisse vergessen zu haben, oder er verschleiert sie absichtlich. Sein Artikel zeigt, dass er offenbar auch verlernt hat, wissenschaftlich fundierte Texte zu verfassen; denn in solche gehören nachvollziehbare Begründungen. Ich möchte Herrn Nagels Besorgnis zerstreuen und ihn beruhigen, dass nämlich Herr Thüne offensichtlich früher nicht nur beim Unterricht der Wärmelehre sehr viel besser aufgepasst hatte als Herr Graßl."

Diese wenigen Bemerkungen sollen andeuten, dass die „Mehrheitsmeinung" es nicht mehr für nötig befindet, sich mit einer „Einzelmeinung" argumentativ auseinander zu setzen. Sie drischt stereotyp ihre vorgestanzten, auf das Publikum abgestimmten Phrasen, sonst nichts. Ein derart gebetsmühlenartiges Daherbeten der immer gleichen Phrasen, ohne konkret auf die Argumente der Gegenseite überhaupt einzugehen, erstickt jede geistige Auseinandersetzung. Aber selbst vor unverhohlenen Drohungen schreckt man nicht zurück. In einem Interview des Redakteurs Joachim Wille in der Frankfurter Rundschau vom 19. Dezember 1995 äußerte sich der UN-Chefkoordinator für Klimaforschung, Professor Dr. Hartmut Graßl, recht eindeutig:

„Wille: Aber es gibt doch noch Wissenschaftler, die den zusätzlichen Treibhauseffekt weiterhin in Abrede stellen.

Graßl: Die wird es in 20 Jahren auch noch geben.

Wille: Aber im IPCC spielen sie keine Rolle mehr?

Graßl: Keine entscheidende. Wir müssen darüber reden, wer eigentlich ein Wissenschaftler ist. Es kommen auch Scharlatane auf die Zeitungsseiten.

Wille: Wie geht es mit dem Klima weiter?

Graßl: Es geht um die Transformation der Industriegesellschaft."

Wer nicht die gleichen politisch korrekten Grillen fängt, welche die Medien aussetzen, der läuft Gefahr, nicht mehr als Wissenschafter anerkannt und tragbar zu sein. Das riecht nach „Gesinnungskommission". Darf sich nur noch der „Wissenschaftler" nennen, der kritiklos die herrschende Lehrmeinung nachbetet? Und wenn sich plötzlich der Wind dreht und das Mehrheits-Fähnchen in die andere Richtung weht? Es sieht wahrlich schlimm aus um die grundgesetzlich garantierte „Freiheit der Wissenschaften". Speziell trifft es Wissenschaftler, die den Mut aufbringen, sich auf den eigenen Verstand zu verlassen. In den Zeiten, in denen die 68er die „Parteilichkeit" oder weniger linkslastig formuliert, die „Sozialpflichtigkeit der Wissenschaften" durchgesetzt haben, haben Wissenschaftler es besonders schwer, wenn der „Wind des Zeitgeistes" über ihre wissenschaftlichen Erkenntnisse hinwegfegen will. Doch wenn das Ziel die „Transformation der Industriegesellschaften" ist, kommt es auf Wissenschaft nicht mehr an, sie wird als „Wissenschaftsgläubigkeit" ohnehin verteufelt, es kommt nur auf den wissenschaftlich Schein oder Anschein an, mit dem diesem Ziel gedient wird. Die „Ökosteuern", das sind „Daumenschrauben", um die „Transformation der Industriegesellschaften" regelrecht zu erzwingen, wie Hartmut Graßl anlässlich der Klimakonferenz 1997 in Kioto unmissverständlich bekannte. Doch wirklich zu leiden hat unter den „Daumenschrauben" immer nur der „kleine Mann".

Zum Umwelt-Stabwechsel: von Merkel zu Trittin

Wer – wie der frühere Kanzlerkandidat der SPD Gerhard Schröder – 1998 vor der Wahl „keine Steuererhöhungen" verspricht, glaubt er habe sein Wahlversprechen nicht gebrochen, wenn er nach der Wahl als Ersatz für die Erhöhung eben eine ganz neue Steuer wie die „Ökosteuern" einführt? Pfiffig jedenfalls, dass man sich wenige Monate nach dem Wahlsieg ausgerechnet den 1. April 1999 aussuchte, um dem Volke die „Daumenschrauben" anzulegen, um sie als Mineralölsteuer per Gesetz jeweils zum 1. Januar ein Stück fester anziehen zu dürfen. Es war kein Aprilscherz! So wird Klimapolitik für den Bürger hautnah und wirklich spürbar. Er trägt diese Steuer nicht nur unmittelbar selbst, sondern bezahlt sie auch mit jeder Ware, die er kauft. Klimapolitik ist kein Hahnenkampf der „Experten" fern ab jeder Wirklichkeit in irgendeinem ideologischen Wolkenkuckucksheim. Sie ist raue Wirklichkeit, und im Geldbeutel spürbar. Professor Dr. Ortwin Renn hat in seinem 1980 erschienenen Buch „Die sanfte Revolution" den Alltag vorweg genommen, den uns die chaotische Revolution der sechziger Jahre beschert hat. Er warnte bereits vor 20 Jahren:

„Die Organisationsformen der „Grünen Bewegung" mögen stürmische Zeiten durchlaufen, die Ideen und Vorstellungen aber, aus denen sie hervorgegangen sind, gewinnen tagtäglich an neuem Boden in vielen Gruppen unserer Gesellschaft. Das grüne Gespenst geht weiter umher und niemand kann heute schon absehen, ob es den gleichen Siegeszug antritt wie vor hundert Jahren sein rotes Pendant."

Die „sanfte Revolution", der lange und lautlose „Marsch durch die Institutionen" hatte Erfolg, führende Repräsentanten der Generation der „Achtundsechziger" bekleiden seit den letzten Bundestagswahlen höchste Staatsämter. Zwei grüne Spitzenfiguren sind der Außenminister Joschka Fischer und der Umweltminister Jürgen Trittin, die beide auf eine einschlägige kommunistische Vergangenheit zurückblicken können. Seit Übernahme der politischen Macht wird keine Möglichkeit ausgelassen, unsere freiheitliche Industriegesellschaft in ihrem Sinne zu „transformieren“. Was die Klimaschutzpolitik betrifft, so stoßen sie dabei auf keinen nennenswerten Widerstand. Auf parteipolitischer Ebene zeigen sich in Sachen Klimaschutz keine grundsätzlichen Meinungsunterschiede. Auch Industrie und Wirtschaft signalisieren eher Unterstützung denn Widerstand, wie die vom Bundesverband der Deutschen Industrie (BDI) unter Präsident Hans-Olaf Henkel abgegebene „Selbstverpflichtungserklärung“ zeigt. Vor dem Klimagipfel 1999 in Den Haag kam der BDI der Bundesregierung entgegen und sagte zu, hinfort die „bösen“ CO_2-Emissionen sogar um 28% statt bisher nur um 25% reduzieren zu wollen.

In einem Leserbrief an die Frankfurter Allgemeine Zeitung, der nicht dem „Rotstift“ zum Opfer gefallen ist, schrieb ich am 29. August 1996: „Warum verhält sich eigentlich die nicht gremiengebundene Mehrheit der Meteorologen und Physiker so schweigsam? Warum lassen sich die Kernkraft-, Kohle- Öl- und Erdgasindustrie in gegenseitige Interessenkonflikte hineinmanipulieren, statt gemeinsam offensiv gegen den „Klima-Unsinn“ vorzugehen? Sitzt der Schock, von „Greenpeace“ wie der RWE-Chef oder VW-Chef öffentlich als „Klimakiller“ an den Pranger gestellt zu werden, schon so lähmend tief? Meine Meinung: Die „Klimakatastrophe“ ist ein artifizielles Hirnkonstrukt und der Vorschlag „Klimaschutz“ per Kohlendioxyd-Reduktion reinste Ideologie und Utopie. Wie will der Mensch, diese völlig hilflos dem Wetter ausgelieferte Kreatur, je das „Klima“ steuern? Dies funktioniert nur in der virtuellen Computerwelt, aber nicht in der realen Wetterweit’“

Der zu Studentenzeiten dem „Kommunistischen Bund Westdeutschland“ angehörende Umweltminister Jürgen Trittin fand geradezu optimale Voraussetzungen vor, um seine gesellschaftsverändernden Pläne und Ziele umzusetzen. Er kann sich immer auf den „Konsens von Kioto“ berufen und verspürt innenpolitisch nicht den geringsten Hauch von Gegenwind. Im japanischen Kioto hatten sich am 11. Dezember 1997 die Industriestaaten geeinigt, ihre gemeinsamen CO_2-Emissionen im Vergleich zu 1990 bzw. 1995 um 5,2 % zu senken. Der absolut größte Beitrag entfällt dabei selbstverständlich auf den „Vorreiter“ Deutschland mit einem Minus von 21 %. Andere EU-Staaten dürfen ihre Emissionen sogar erhöhen – Portugal um 27 %, Griechenland um 25 %,

Spanien um 15 %. Im warmen Süden darf es wärmer, im kühlen Norden muss es kälter werden! Offensichtlich gibt es politisch klimaschädliches aber auch klimafreundliches Kohlendioxid. Kurz vor den Bundestagswahlen blies in den STROMTHEMEN 8/98 die damalige CDU-Bundesumweltministerin Angela Merkel ins Trittin'sche Horn, um als Umweltschützerin nicht den Anschluss an den Zeitgeist zu verlieren: „Merkel sieht Fortschritte beim Klimaschutz": Deutscher Kohlendioxidausstoß sank von 1990 bis 1997 um 12,4 %! Jürgen Trittin konnte ob des Lobs stolz sein. Doch woher kam der Rückgang? Man hatte zwischenzeitlich die ehemalige DDR industriell stillgelegt.

Trittins BMU-Propaganda-Apparat konnte also ungestört dort weitermachen, wo er bei seiner Chefin Merkel aufgehört hatte. Wie feinsinnig der „Stabwechsel" vonstatten ging, meldete der „Spiegel" in Nummer 45/1999 unter der Überschrift „Vergesst Amerika": „Der ehemalige Umweltminister Klaus Töpfer, nun Chef der UNO-Umweltbehörde UNEP, stellte den Gästen eines intimen Mittagsmahls einen Wahlverwandten vor: „Das ist sozusagen mein Enkel". Jürgen Trittin widersprach nicht. Im Gegenteil, er genoss förmlich seine Bedeutung auf dem Parkett der internationalen Klima-Diplomatie. Für Töpfer kam nach dem „Kind" Merkel nahtlos der „Enkel" Trittin. Welch Harmonie in der Politik!

Der „Enkel" Trittin steht seinem „Großvater" Töpfer in nichts nach. Auch er versteht sich bestens auf Öffentlichkeitsarbeit und das politische Showgeschäft. Vor dem Abflug zu einem dreitätigen Treffen der G8-Umweltminister in der japanischen Stadt Otsu lautete die BMU-Pressemitteilung vom 6. April 2000: „Bundesumweltminister Jürgen Trittin: Klimaschutz muss international zur Chefsache werden". Die BMU-Pressemitteilung vom 9. April 2000 am Ende des Treffens verkündete: „Trittin: Inkrafttreten des Kioto-Protokolls rückt näher, G8 setzen Signal für ökologische Reform der Hermes-Kredite". Im Sommer riss mir endlich der Geduldsfaden und ich schrieb dem Bundesumweltminister am 26. Juli 2000 folgenden Brief:

„Sehr geehrter Herr Trittin,

als verantwortlicher Fachminister haben Sie am 5. Juni 2000 in einer Pressemitteilung gefordert, dass für den „Klimaschutz" endlich „quantitative Ziele“ vorgegeben werden müssen und festgestellt, dass „die Bedrohung des Weltklimas wohl die größte Herausforderung für die Umweltpolitik der EU“ ist. Um keinen Zweifel an Ihrer Einstellung aufkommen zu lassen, haben Sie Frau Margot Wallström als für den Umweltsektor zuständiges Mitglied der Europäischen Kommission angeschrieben und zu energischem Handeln aufgerufen.

Ich möchte Sie in aller Form darauf hinweisen, dass jeder Klimawert ein statistischer Wert ist, der sich von irgendeinem Wetterelement ableitet. Die WMO-Definition besagt, dass „Klima“ das „mittlere Wettergeschehen“ einer 30-jährigen Periode ist. Damit entzieht sich das Klima jeglicher menschlichen Beeinflussung, im positiven wie negativen Sinne! Das, was der Mensch als Klima berechnet, ist einzig und allein vom Wetter abhängig. Dies ist genereller Wissensstand! Ist ein lokaler Wert, weil vom Wetter abhängig, schon nicht beeinflussbar, um wie viel weniger ist dies ein globaler Wert wie das statistische Monstrum „Weltklima“?

Alle politischen Bemühungen um Klimaschutz sind a priori und prinzipiell aussichtslos oder utopisch. Egal wie hoch Sie die Ökosteuer auch treiben mögen, selbst wenn Sie abrupt den Verkehr zu Lande, zu Wasser und in der Luft einstellen ließen, das Wetter würde davon keinerlei Notiz nehmen. Wie stand unlängst auf der Titelseite des SPIEGEL? „Wetter: Die Macht des Himmels“.

Ich möchte Sie dringend ersuchen, per Blitzanweisung zu verfügen, dass alle Bemühungen um Klimaschutz im BMU eingestellt werden und dies auch dem Herrn Bundeskanzler wie mir mitzuteilen. Als ökosteuergeplagter Bürger werde ich andernfalls alle straf- und verfassungsrechtlichen Hebel in Bewegung setzen, um dem Treibhaus-Schwindel ein Ende zu bereiten. Wie die FAZ auf Seite N1 heute meldete, hat der Präsident der Max-Planck-Gesellschaft, Hubert Markl, Lüge und Betrug als integralen Bestandteil des Forschens bezeichnet.

Wenn nach dem vom Umweltbundesamt vorgelegten Gutachten Prof. Dr. Christian-Dietrich Schönwiese von der Johann Wolfgang Goethe Universität zu Frankfurt am Main zu dem statistischen Beweis kommt, dass ab 1973 der Mensch zu mehr als 99,9 % das Klima verändert, warum investiert dieser Mensch keine Mühe darin, so der logische

Umkehrschluss, zu 99,9 % das Wetter zu verändern, damit es künftig nicht mehr zu Orkanen und Sturmfluten kommt? Das Gutachten ist nichts als eine statistische Spielerei, die das Geld für das Papier nicht wert ist, auf dem es gedruckt wurde.

Als Steuerzahler und Familienvater bin ich nicht länger gewillt, nachdem die Klimaexperten aufgrund ihrer medialen wie politischen Meinungshoheit bisher erfolgreich jeden kritischen Diskurs bereits im Ansatz erstickt und zu dem bewährten Mittel „Lug und Trug" gegriffen haben, ihrer schamlosen Jagd nach staatlichen Forschungsgeldern tatenlos zuzusehen."

Nachdem ich nach fast einem Monat keine Antwort hatte, habe ich am 24. August 2000 folgenden Brief nachgereicht:

„Sehr geehrter Herr Trittin,

auf meinen Brief vom 26. Juli 2000 habe ich leider noch keine Antwort erhalten. Ist es einfach politische Ignoranz oder Ausdruck einer Überheblichkeit, die sich auf die Sicherheit stützt, in Sachen Klima die politische, publizistische wie wissenschaftliche Meinungshoheit zu wissen, die Sie schweigen lässt? Oder ist es einfach Unwissen, was Ihnen rät, eine argumentative Auseinandersetzung zu meiden?

Das momentane Medientheater, – ich verweise auf die FAZ v. 22. August 2000 „Rot-Grün nimmt das Abschmelzen der Polkappe als Alarmsignal" –, ist natürlich Wasser auf „Ihre" Mühlen. Flugs sind alle politischen Klimaexperten zur Stelle, äußern Besorgnis und rufen nach mehr Klimaschutz. Doch die ganze Pol-Show ist bewusst inszeniert worden, weil die Forschungskassen wieder leer sind und mit ‚fresh money' gefüllt werden müssen. Hier herrscht internationale Forscher-Solidarität. Seit Jahren gibt es den mitsommernächtlichen Abenteuerluxustourismus per Eisbrecher zum Nordpol. Er könnte nicht stattfinden, wenn das Eis nicht gebrochen und eine Fahrrinne geschaffen werden könnte. Von Jahr zu Jahr verändern sich witterungsbedingt die Randbedingungen. Welch ein Zufall, dass kurz vor der Klimakonferenz im November in Den Haag mit James McCarthy der Leiter einer IPCC-Arbeitsgruppe an Bord des russischen Eisbrechers war, um eine zwangsläufige Folge eines menschlichen Eingriffs, die Fahrrinne zum Nordpol, zu einem Indiz für „Klimakatastrophe“ und „Treibhauseffekt“ hoch zu stilisieren und über die Nachrichtenagenturen Alarm zu schlagen.

Doch dieser Zufall ist kein Zufall, er hat System! Ich habe Ihnen erläutert, dass es das vom Menschen definierte und errechnete Klima in der Natur nicht gibt. Die Natur beschert uns nur Wetter und das ist extrem variabel, nicht nur in Deutschland, sondern auch an den Polkappen.

Hier müsste die Ursachenforschung ansetzen, doch diese würde rasch zu dem Ergebnis kommen, dass man das Verhalten eines chaotischen Systems weder kausal erklären noch längerfristig prognostizieren kann. Solch eine Forschung ist mühselig und vor allem nicht lukrativ.... Wissenschaftlicher Betrug ist das Bild von der Erde als Treiboder Glashaus, sind die Definition und Begründung des natürlichen wie zusätzlichen Treibhauseffektes, ist die daraus abgeleitete Klimakatastrophe. Das politische Vorhaben Klimaschutz ist ein per se physikalisch unsinniges und damit aussichtsloses Unterfangen. Das Spiel mit den Klimaängsten ist mehr als nur unseriös, ja unverantwortbar, da auf ihm der Ablasshandel beruht: Ökosteuer für Klimaschutz! Doch so wie das Wetter ohne anthropogene Sünden und ohne „Prasserei“ – so der Generalsekretär des Deutschen Naturschutzringes Röscheisen – die historisch bekannten Phänomene „Klimaoptimum des Holozäns“, „Klimaoptimum des Hochmittelalters“, „Kleine Eiszeit“ u. ä. verursachte, so wird es auch zukünftig das Auf und Ab der Klimakurven bestimmen.

Ich möchte Sie nachhaltig bitten, Ihrem mit Amtseid gegebenen Versprechen nachzukommen und vermeidbaren Schaden vom deutschen Volk abzuwenden. Die mit dem Argument Klimaschutz vorgenommene massive Energieverteuerung ist solch ein Schaden, wenn er auch von der politischen Führungsriege beharrlich verneint wird.“

Auch hierauf beliebte der Herr Umweltminister, sich nicht gnädigst herabzulassen und mir zu antworten oder zumindest antworten zu lassen.

Paradigmenwechsel ja! – doch wer hat Mut?

Wissenschaftler denken gerne, sie dürften sich jede Freiheit erlauben, weil sie zur steten Steigerung des Fortschritts beitragen. Wenn Wissenschaftler dabei stolz auf die Wissenschaftsgeschichte verweisen und eine kontinuierliche Entwicklung hin zu „Wahrheit und nichts als der reinen Wahrheit" aufzeigen, deren Verlauf sich an den großen Entdeckungen und technischen Errungenschaften nachvollziehen lasse, dann bleibt ein staunendes „Oh" nicht aus. Doch Wissenschaft ist nicht per se Fortschritt, wie Karl Marx glauben machte. Warum soll der Mensch, der Raketen zum Mars steuern kann, nicht auch das Klima beherrschen? Doch allein die Frage ist falsch!

Der Wissenschaftshistoriker Thomas Kuhn zeigte in seinem Buch „Die Struktur wissenschaftlicher Revolutionen" aus dem Jahr 1962 eine andere Entwicklung. Danach bewegt sich die Wissenschaft keineswegs glatt vom Irrtum zur Wahrheit hin. Vielmehr ist ihre Entwicklung eine Reihe von Krisen und Machtkämpfen, die sich immer wieder in so genannten „Paradigmenwechseln" entladen. Ein „Paradigma" ist so etwas wie eine geistige Mode, die irgendwann ausgereizt ist und durch eine neue ersetzt wird. Man kann das Paradigma auch mit einem „Brett vor dem Kopf" vergleichen, hinter dem sich die große Mehrheit einer Wissenschaftlergeneration versammelt. Während der Vorherrschaft eines Paradigmas zieren sich die Mehrheiten mit den gleichen „Tropenhölzern" vor dem Kopf, um keinen Zweifel an ihrer Fachkompetenz aufkommen zu lassen. Wenn alle mit den gleichen Voraussetzungen und Annahmen, die keiner mehr zu hinterfragen wagt, an ein Problem gehen, dann bleiben stereotype Antworten nicht aus. Man bestätigt sich gegenseitig, bewegt sich in trauter Einfalt vorwärts und dreht sich in Wirklichkeit nur im Kreis, dem allseits bekannten „Teufelskreis".

Völlig neue Ideen, wie zum Beispiel die Quantentheorie, hatten und haben es schwer, sich gegen etablierte und tradierte Ansichten und Lehrmeinungen durchzusetzen. Max Planck als „Vater der Quantenphysik" stellte aus eigener Erfahrung nüchtern fest, dass meistens nicht die Überzeugungskraft neuen Denkens zähle, vielmehr müssten die Vertreter der alten Denkart erst aussterben, um dem Neuen Platz zu machen. Das Problem mit den „Paradigmen“ besteht nach Kuhn darin, dass sie schnell zur Inzucht neigen, rasch starr werden und zu immer esoterischeren Übertreibungen neigen. Wissenschaftler, die ein „Paradigma“ ablehnen, werden als „Spinner“ und dergleichen ausgegrenzt und von oben herab belächelt. Mich persönlich nannte Herr Professor Dr. Klaus Hasselmann höchst persönlich in der FAZ anerkennend „Idiot“.

Nach Thomas Kuhns Forschungen sind Paradigmen mitunter sehr zählebig. Meist werden sie nicht in kleinen Schritten, sondern auf einen Schlag gestürzt. Der Zeitpunkt dafür scheint gegenwärtig hinsichtlich der „Klimakatastrophe“ günstig zu sein. Es fehlt der „schweigenden Mehrheit“ der Naturwissenschaftler nur der Mut, um die Vertreter des Paradigmas von der Klimakatastrophe, welche die Medien beherrschen, zu entthronen. Was sind 300 oder 3000 IPCC-Experten, hinter denen sich die Politik verschanzt, gegenüber den Millionen von Naturwissenschaftlern auf der ganzen Welt? Und der gesunde, auf handfesten Erfahrungen beruhende Menschenverstand, der sich nicht an der Glotze orientiert oder sich von ihr „meschugge“ machen lässt, geht in die Milliarden. Dieses Bürgerheer wäre unschlagbar, wenn es sich den Aufstand gegen die Klimaverdummung nur zutraute. Es müsste sich nur seiner Macht und letztendlich Souveränität bewusst werden nach dem Motto: „Das Volk, die Völker sind wirl“.

Während „Vater“ Staat dem Bürger die „Daumenschraube“ Ökosteuer immer fester anzieht, bis er unter der finanziellen Bürde zu schreien anfängt, träumen gewisse Börsenprofis von dem gigantischen „Geschäft mit Klimakillern“, wie die Süddeutsche Zeitung am 13. Oktober 2000 den Handel mit CO_2-Zertifikaten oder -Quoten nennt. Man versteht darunter Erlaubnisscheine, eine bestimmte Menge CO_2 ausatmen beziehungsweise sonst wie freisetzen zu dürfen, die teuer bezahlt werden müssen. Natürlich muss dann auch kontrolliert werden, dass nur die Käufer solcher Papiere und auch nur die angegebene Menge an CO_2 und nicht etwa mehr ausstoßen. Steffen Uhlmann schreibt völlig gedankenlos aber ganz im Sinne des Zeitgeistes dazu:

„Die Idee hat etwas für sich: Handel mit einem „Gut“, das scheinbar im Überfluss vorhanden ist, um es zu verknappen. Denn das Treibhausgas Kohlendioxid ist ein gefährlicher Klimakiller, der die Atmosphäre immer mehr bedroht. Allein die Deutschen erzeugen mehr als 800 Millionen Tonnen pro Jahr und das trotz Selbstverpflichtung der Industrie und der Ökosteuer.“ Glauben Sie diesem reißerischen Unsinn immer noch? Wenn nicht, dann sollte man ihn nicht länger tatenlos und widerspruchslos gewähren lassen.

Der weltbekannte Philosoph Karl Popper hat schon vor vielen Jahren eine „moralische Revolution“, eine „Revolution der Sitten“ gefordert. Ich zitiere nach Winfried Moewes „Grundfragen der Lebensraumgestaltung“ (Berlin 1980): „Karl Popper forderte „die Stiftung einer neuen Tradition, der Tradition, dass es keine Schande ist, Fehler zu machen, aber geradezu eine Schande, nicht von seinen Fehlern zu lernen und noch viel, viel schlimmer, seine Fehler zu verdecken und zu vertuschen.“

Moewes zitierte auch den Verhaltensforscher und Nobelpreisträger Konrad Lorenz mit den ermutigenden Worten, der „Mensch ist geradezu einmalig „umweltanpassungsfähig“ und daher fähig, sich mit sehr extremen lebensräumlichen Bedingungen, vom Raumlabor bis zum ewigen Eis oder der Wüste, irgendwie zu arrangieren“. Außerdem: „Der Mensch kann seinem Wesen gemäß kein passives Verhalten gegenüber seiner räumlichen Umwelt einnehmen. Das „Paradies“ mit seiner passiven Nutzung des Dargebotenen ist dem Menschen nicht gemäß. Der Mensch ist ein Mängelwesen, das von vornherein Produkte seines Lebensraumes umgestaltend für sich nutzen muss“. Schon im alten Ägypten machte sich der Mensch Gedanken, wie er Pflanzen vor der nächtlichen Kälte schützen könne. Da man noch keine „Glashäuser“ bauen konnte, behalf man sich und baute Pflanzkübel auf Rädern, die man nachts ins Haus rollte, weil man es täglich spürte, dass es keinen „Treibhauseffekt“ und keine „Gegenstrahlung“ gibt. Man verließ sich einfach auf seine Naturerfahrung.

Die Erde ist kein Gewächs- oder Treibhaus, kein geschlossenes Ökosystem. Wer nicht die Gärtnerei nebenan, sondern wirklich ein großes Glashaus besichtigen will, dem sei der „National Botanic Garden of Wales“ empfohlen. Dort hat Sir Norman Forster, der Erfinder der Kuppel des Berliner Reichstags, eines der größten Gewächshäuser der Welt geschaffen. Wie ein riesiges Ufo schiebt sich das „Great Glasshouse" nordwestlich von Cardiff zwischen die Täler: ein durchsichtiger Fremdkörper, der sich nahtlos in die walisische Hügelwelt einfügt. Wer in Frankfurt am Main Palmen wachsen lassen will, muss einen „Palmengarten" erbauen, um diese tropischen Gewächse vor dem für sie „garstigen Wetter" zu schützen.

Baut die Bundesregierung auch an einem solchen nicht nur Deutschland, sondern die ganze Welt umspannenden „Palmengarten"? Ihr Traum scheint das sich im „Wetter- und Klimagleichgewicht" befindliche vorindustrielle Ökoparadies zu sein. Wofür kassiert sie sonst die Ökosteuern? Die Bundesregierung will nach einer Meldung des Handelsblatts vom 31. März 2000 durch die „Ökologische Steuerreform" folgende Steuereinnahmen erzielen:

1999 – 8,4 Milliarden, 2000 – 17,4 Milliarden, 2001 – 22,8 Milliarden, 2002 – 28,1 Milliarden, 2003 – 33,5 Milliarden. In gleichem Maße müsste das Wetter kälter werden, denn Sinn der Ökosteuer ist ja, dem Klimaschutz zu dienen und die eskalierende „Erderwärmung" zu stoppen. Und wenn ausgerechnet die Winter kälter werden? Dann müssen wir mehr heizen – und noch mehr Ökosteuer zahlen. Der lachende Klimagewinnler ist auf jeden Fall „Väterchen Staat" oder seine teuren Kostgänger, die „politische Klasse" der Bundesrepublik, sowie diejenigen, die ihr eifrig zuarbeiten, die „Umweltwissenschaftler".

Es wäre allmählich an der Zeit, den „Propheten des Untergangs" die rote Karte zu zeigen, sie von der politischen Bühne zu verweisen, um dem „Geschäft mit den Ängsten", der unwürdigen „Abzockerei" endlich ein Ende zu bereiten. Wie mit Ängsten Politik gemacht, Herrschaft und Macht ausgeübt wird, beschreibt unter anderen Alphons Silbermann in seinem 1995 erschienenen Buch „Propheten des Untergangs". Alphons Silbermann kommt zu folgender Erkenntnis und trifft dabei den Nagel auf den Kopf:

„Mit ihrer Betriebsamkeit hat die soziale Bewegung der Angstmacherei einen enormen Umfang angenommen und ist auf schleichenden Sohlen tief in unser tägliches Leben eingedrungen. ... Mit Übertreibungen, denen ein Großteil von Realitätssinn abgeht, werden Spannungsbögen gezimmert, die zu einer physischen und psychischen Beanspruchung führen, die uns im Alltagsverhalten wie eine faule Entschuldigung mit dem undefinierbaren Leiden, genannt „Stress“, entgegenkommt. Ich gebe zu, dass ohne Übertreibungen das virtuose Spiel auf der Gefühlswelt der Ängste kein Geschäft ist, denn dann unterliegt das Machen dem Tun. Appelle an die Vernunft reichen für das Machen nicht aus. Denn wo Vernunft abwesend ist, bleiben ihre Mahnrufe stets ungehört und nutzlos. Also müssen Warnungen vor Gefahren, Risiken und Bedrohungen so weit übertrieben und verdichtet werden, bis sie den Höhepunkt der Dramatisierung erreicht haben. Und sollte dieser nicht erreicht werden oder in seinem Spannungsausmaß nicht beständig bleiben, muss die Angstmacherei mittels Übertreibung für eine Kultivierung der Angstgefühle sorgen.“

Mit der „Warnung vor der drohenden Klimakatastrophe“ durch die Physikalische Gesellschaft am 22. Januar 1986 wurde der Spannungsbogen aufgebaut. Die Spannung wird seither beständig aufrecht- und durch Bilder vom potentiellen Hitzetod, von schmelzenden Polkappen, vom Meeresspiegelanstieg wachgehalten. Damit wird der tiefenpsychologische Bogen gespannt zu urmenschlichen vorbewussten Angstgefühlen wie Fegefeuer und Sintflut als gerechter Strafe für sündhaftes Verhalten. Das Bild mit dem in den Nordseefluten versinkenden Kölner Dom des „Spiegel“ am 11. August 1986 symbolisiert den Herrschaftsanspruch der Prediger der neuen Diesseitsreligion namens „Ökologie“. Die Argumente liegen alle auf dem Tisch wie Schlüssel, um das Schloss an der fürchterlichen Kette von Angst – Schuld – Erpressung zu öffnen. Verderben wir den Demagogen der Angst „das Geschäft mit den Ängsten“. Vertrauen auf die Wissenschaft als ehrliches Ringen um Wahrheit ist notwendig, doch der Glaube an „Experten“, die sich durch wissenschaftliches Gehabe, verklausulierte Sprache und Selbstherrlichkeit herausputzen, muss abgelegt werden. Weil uns dergleichen so häufig begegnet, ist eine gehörige Portion von Misstrauen unentbehrlich, auch um zu verhindern, dass die Wissenschaft nicht noch weiter in den Obskurantismus abgleitet.

Goethe und der ewige Fortschritt der Wissenschaften

Goethe und Eckermann unterhielten sich ein Mal über den Fortschritt in der Wissenschaft. Eckermann brachte das Gespräch auf Professoren, die immer noch überholte Lehren vortragen, obwohl diese längst durch neuere Forschungsergebnisse widerlegt wurden.

„Das ist nicht zu verwundern", sagte Goethe, „solche Leute gehen im Irrtum fort, weil sie ihm ihre Existenz verdanken; sie müssten umlernen, und das wäre eine sehr unangenehme Sache".

„Aber", sagte Eckermann, „wie können ihre Erkenntnisse die Wahrheit beweisen, da der Grund ihrer Lehre falsch ist?"

„Sie beweisen die Wahrheit auch nicht", sagte Goethe, „und das ist auch keineswegs ihre Absicht, sondern es liegt ihnen bloß daran, ihre Meinung zu beweisen. Deshalb verbergen sie all solche Experimente, wodurch die Wahrheit an den Tag kommen und die Unhaltbarkeit ihrer Lehre sich darlegen könnte".

Goethe fuhr fort: „Man muss das Wahre immer wiederholen, weil auch der Irrtum um uns immer wieder gepredigt wird, und zwar nicht nur von einzelnen, sondern von der Masse, in Zeitungen und Enzyklopädien, auf Schulen und Universitäten".

Also wurden schon zu Zeiten Goethes an den Universitäten Irrtümer mehr oder weniger bewusst gepredigt. Er war sich natürlich bewusst, dass jede Verallgemeinerung ein Zerrbild ist, von dem es immer auch Ausnahmen gibt. War damals Wissenschaft noch weitgehend eine Privatangelegenheit, so ist sie heute ein Beruf, ein Broterwerb, für den Staat und Gesellschaft aufkommen. Wissenschaft dient damit auch mehr und mehr zur „Befriedigung von Bedürfnissen", was sich nach Professor Dr. Horst Müller in der „Forschungspolitik" so wiederspiegelt:

„Mittels der Vergabe des Geldes entscheidet die Politik weitgehend, was geforscht wird, und häufig entscheidet sie falsch, aber am liebsten entscheidet sie sich für großc, vorzeigbare Projekte: „Big Science". ... Es ist sehr fraglich, ob Kopernikus, Newton und Dalton gefördert worden wären. Manchmal hat man den Eindruck, dass die Mitglieder aufgrund von Meinungen entscheiden, die sie in anderen Kommissionen von anderen gehört haben, eine faszinierende Vorstellung des ‚circulus vitiosus'. Auch ist es für solche Gutachter schwierig, sich gegen die „politischen" Rahmenbedingungen oder das, was sie dafür halten, zu stellen. Professoren können sich wie Dirnen verhalten, die sich dem hingeben, der am meisten bietet und bestätigen somit ihren Titel, denn im alten Rom bedeutete Professor nicht „Bekenner", sondern war die Bezeichnung für jemanden, der gegen Bezahlung einen Dienst eiwies, über dessen Art, Würde und Wahrhaftigkeit die Bezeichnung nichts aussagte. ... Die immer größer werdende Zahl von Forschern hat die Folge, dass es für den einzelnen immer schwieriger wird, auf normalem Wege überhaupt bekannt zu werden. Also müssen unkonventionelle Wege eingeschlagen werden, und so entartete langsam aber sicher der Wissenschaftsbetrieb und die Erkenntnisgewinnung zu einem Jahrmarkt der Eitelkeiten."

Horst Müller, der hier aus dem Nähkästchen plaudert, schrieb dies in einem Artikel: „Zur Forschung gehört die Selbstreklame". Dieser erschien in dem 1991 von Marianne Oesterreicher-Mollwo herausgegebenen Buch „Was uns bewegt – Naturwissenschaftler sprechen über sich und ihre Welt". Darin kommt auch Professor Dr. Peter Sitte in einem Interview, „Umdenken, das tut niemand besonders gern", zu Wort. Er bekennt offen:

„Es gilt bei uns in der Wissenschaft nicht als unehrenhaft, sich zu irren, schon weil wir uns ständig und immer wieder irren müssen –siehe Falsifizierung (Karl Popper)! Unehrenhaft ist nur Betrug, Täuschung oder Lüge. So etwas ist dann allerdings so fürchterlich unehrenhaft, – wer das versucht hat, der ist in der Wissenschaft erledigt; er ist aus der scientific community, aus der Gemeinschaft der Wissenschaftler, ausgeschlossen – natürlich nicht per Dekret; aber mit dem wird man nicht mehr sprechen."

Nach dem Bekenntnis des Präsidenten der Max-Planck-Gesellschaft zur Förderung der Wissenschaften, Professor Dr. Hubert Markl, am 13. Juli 2000 anlässlich der EXPO 2000 in Hannover, scheint dieses Sprechverbot nicht mehr zu gelten. Hubert Markl hat öffentlich bekannt, dass „Lüge und Betrug integrale Bestandteile des Forschens" sind, als Ehrenmann. Das gilt mehr noch für die vielen Ehrenmänner auf dem Gebiet der „Umweltforschung".

Wer Fehlentwicklungen wie die „Warnung vor der drohenden Klimakatastrophe" verhindern will, für den wird es höchste Zeit, die „Umweltwissenschaften" von der Wissenschaft zu trennen und die Wissenschaftler zu verpflichten, stets den Ausspruch von Rene Descartes, „Cogito, ergo sum", zu beherzigen und ganz auf ideologische Voreingenommenheiten zu verzichten. Der Religionsphilosoph Teilhard de Chardin hat das so ausgedrückt:

„Der Zweifel ist der Beginn der Wissenschaft: Wer nicht bezweifelt, prüft nicht; wer nicht prüft, entdeckt nicht; wer nicht entdeckt, ist blind und bleibt blind!"

Was den behaupteten „Treibhauseffekt" betrifft, so ist niemand blind. Jeder kann aus dem Fundus seiner eigenen Erfahrung schöpfen. Die Natur hat ihm das notwendige Instrumentarium mitgegeben. Jeder Mensch ist mit etwa 200.000 Wärme- und Kältesensoren ausgestattet, die ihm über den Hypothalamus im Großhirn signalisieren, wie seine Energie- und Wärmebilanz aussieht. Wer nachts bei wolkenlosem Himmel friert, weiß, dass es keinen „Treibhauseffekt" gibt. Er muss nur den Mut auf bringen, immer wieder den Treibhaus-Propheten mit der Frage zu konfrontieren, warum es nachts bei klarem Himmel immer kalt wird und wohin die am Nachmittag spürbar vorhandene Bodenwärme entschwunden ist.

Die Naturwissenschaften müssen wieder entpolitisiert, ja entideologisiert und von der Verpflichtung zur „gesellschaftspolitischen Relevanz" entbunden werden, um wieder wert- und zweckfreie Forschung zu ermöglichen. Wir brauchen wieder mehr Wissenschaftler, die Johann Wolfgang Goethe wie folgt beschrieben hat: „Die von der zweiten Art, geistreich, scharfsinnig, behutsam, zeigen sich als gute Beobachter, sorgfältige Experimentatoren, vorsichtige Sammler von Erfahrungen; aber die Wahrheiten, welche sie fördern, wie die Irrtümer, welche sie begehen, sind gering. Ihr Wahres fügt sich zu dem anerkannten Richtigen oft unbemerkt oder geht verloren; ihr Falsches wird nicht aufgenommen, oder, wenn es auch geschieht, verlischt es leicht."

Nur die physikalisch erfahrbare wie erfahrene Wahrheit macht uns frei von unangebrachter Wissenschaftsgläubigkeit und befreit uns von politischer Hörigkeit und damit auch von den Graßl'schen „Daumenschrauben" namens „Ökosteuer"! Sie befreit uns auch aus den angeblichen Sachzwängen, die eine politische Ideologie vorgeben möchte, deren Vertreter weniger an das Wohl des Volkes denken als an ihre Macht und deren nachhaltige Finanzierung. Denn in der Regel predigen diese Leute den Menschen Wasser und trinken selbst Wein und lassen sich's nach einem Ausspruch aus dem 3. Aufzug von Goethes Egmont, „Es ist so schön zu herrschen" und im Scheinwerferlicht der Mediendemokratie zu stehen, gut sein.

Und wer völlig entsetzt sein sollte über die „Klugheit", mit der heute Politik angeregt und gemacht wird, der denke über die Erkenntnis von Papst Julius II. (1503 – 1513) nach. Er schrieb als Hirte an seine „Schäfchen" und daran hat sich nichts verändert:

„Ihr würdet euch wundern, wenn ihr wüsstet, mit wie viel Unverstand die Welt regiert wird."

Bildung und die Wahrnehmung von Umweltrisiken

Ob ein Individuum ein Ereignis wahrnimmt und als riskant bewertet oder einstuft, hängt im wesentlichen von der öffentlichen Darstellung wie der persönlichen Wahrnehmung der beurteilenden Person ab. In seinem Buch „Emotion, Sex, Politics and Science“ (1997) schreibt P. Slovic: „In this view, risk does not exist ‚out there' independent of our minds and cultures, waiting to be measured. Instead human beings have invented the concept of risk to help them understand and cope with the dangers and uncertainties of life. Although these dangers are real, there is no such thing as ‚real risk' or ‚objective risk'.“

Eines der interessantesten Forschungsergebnisse zu den Einflussfaktoren subjektiver Risikoeinschätzung und -bewertung lieferten im Jahre 1994 Flynn, Slovic und Merz. Sie befragten in einer Repräsentativerhebung 1512 Amerikaner zu 25 verschiedenen Umweltrisiken. Diese Befragung wurde im Rahmen der Langzeitbefragung von Personen in Privathaushalten im Jahre 1996 in Deutschland wiederholt. Über das Ergebnis berichteten Banu Citlak und Michaela Kreyenfeld in Heft 1 (1999) der Zeitschrift für angewandte Umweltforschung.

Ein Vergleich der beiden Befragungen erbrachte speziell unter dem Aspekt „Risikowahrnehmung und Bildungsabschluss“ folgendes Ergebnis: „Auch die Ergebnisse zum Zusammenhang zwischen Bildungsgrad und Risikowahrnehmung stehen im Gegensatz zu den US-amerikanischen Ergebnissen. Dort zeigte sich eine sinkende Risikowahrnehmung mit steigendem Bildungsgrad. In Deutschland hat ein Hochschulabschluss einen signifikant positiven Einfluss auf die „Wahrnehmung von Umweltrisiken“. Im Vergleich zu Individuen ohne Abschluss machen sich die Hochschulabsolventen größere Sorgen um den Schutz der Umwelt. Hier ließe sich eine mit steigendem Bildungsgrad zunehmende Sensibilisierung für Umweltrisiken vermuten. Ein Berufsabschluss hat allerdings (im Vergleich zu keinem Abschluss) keinen signifikanten Einfluss auf die Wahrnehmung von Umweltrisiken.“

Man kann zusammenfassen: In Deutschland sind es in erster Linie Personen mit höherem Bildungsabschluss und Bezieher mittlerer Einkommen, die sich besorgt über die Umweltsituation äußern! Ist es eine Folge der durch die „Kritische Theorie“ der Frankfurter Schule erzwungenen Bildungsreformen, dass der akademische Nachwuchs in Deutschland immer leichtgläubiger und unkritischer wird gegenüber von gewissen anerkannten Wissenschaftlergruppen propagierten und mit aufwendigen Computermodellen untermauerten „Horrorszenarien“? Hat die Bekämpfung der „Fachidioten“ an den Hochschulen erst zur Bildung eines weit verbreiteten „Fachidiotismus“ geführt? Es scheint so, dass höhere Bildung zu stärkerer Spezialisierung und folglich zu höherer intellektueller Hörigkeit gegenüber den „Wissensvermittlern“ führt. Wenn dies so ist und womöglich von den „Gesellschaftsrevolutionären“ exakt so geplant war, dann ist dringend eine radikale Reform der „Bildungsreformen“ notwendig, wenn wir als Industrienation langfristig in der Welt konkurrenzfähig bleiben wollen.

Die Art und Weise, wie das virtuelle Schreckgespenst „Klimakatastrophe“ von Wissenschaftlern „aufgemacht“ und über die Medien in die Köpfe der politischen, wirtschaftlichen wie wissenschaftlichen „Führungselite“ implantiert wurde, ist ebenso beeindruckend wie beängstigend. Möge dieses Sachbuch im Sinne des Königsberger Aufklärungsphilosophen Immanuel Kant dazu ermutigen, wieder stärker den eigenen Verstand zu gebrauchen, und über dessen ‚sapere aude’ das Bewusstsein zu fördern, dass Wissenschaftler keine „Herrgötter“ sondern auch nur Menschen sind, die egoistisch auf ihr Wohl bedacht sind und im Leben ebenso häufig gegen das „8. Gebot“ verstoßen wie wir. Möge der „Freispruch“ zur Selbstbesinnung beitragen und zur „Ungläubigkeit“ wissenschaftlichen Doktrinen gegenüber aufrufen. Dieser Anstoß muss notwendigerweise von außen kommen, denn zu Selbstkritik und Kurskorrektur sind die Hochschulen von innen heraus ob der Dominanz der staatlich bevorzugt geförderten „anerkannten Wissenschaftler“ kaum fähig. Konformismus erzeugt Konformismus!

Wenn es mit dem „Freispruch“ gelingt, erstens von den Medien toleriert das Licht einer größeren Öffentlichkeit zu erblicken und zweitens die „Klimakatastrophe“ aus dem Katalog der von „Wissenschaftlern“ erdichteten „Umweltrisiken“ zu streichen, ist eine nicht unerhebliche

Last von unseren Schultern genommen, um aufrechter und optimistischer die wirklichen Herausforderungen der Zeit anzugehen. Einer muss den unbequemen ersten Schritt wagen!

Zu guter Letzt: –
„Die Schule brännt !“

Nach Abschluss des Buches wurde eine Studie bekannt, die für einen kurzen Sturm im bundesdeutschen Blätterwald sorgte. Die Wochenzeitung Die Zeit widmete dieser schockierenden Studie in der Ausgabe vom 6. Dezember 2001 eine Beilage „Der Schulschock“. Auftraggeber der Untersuchung PISA (Programme for International Student Assessment) ist die Organisation für wirtschaftliche Zusammenarbeit und Entwicklung (OECD). Beteiligt haben sich 32 Staaten, davon 28 Mitgliedsstaaten der OECD. Verglichen wurde die Leistungsfähigkeit der Bildungssysteme anhand der Leistungen von 15-Jährigen, also Schülern am Ende der Pflichtschulzeit.

In dem Leitartikel „Die Schule brännt I“ auf der Titelseite fasst Martin Spiewak wie folgt zusammen: „Deutschlands Schulen haben ihr Zeugnis bekommen: Sitzen geblieben. Das Programme for International Student Assessment (Pisa) bescheinigt unseren Schülern in allen getesteten Fächern im Schnitt ungenügende Leistungen. Damit wird Pisa zu einer Chiffre des Scheiterns für die deutschen Lernbetriebe. ... Kein anderes Industrieland zählt prozentual so viele Bildungsverlierer wie Deutschland. ... Diese große Zahl der Verlierer ist deshalb schockierend, weil die Pisa-Forscher kein Abfragewissen prüften. Vielmehr testeten sie die Fähigkeit von Schülern, Probleme zu lösen, aus Wissen Schlüsse zu ziehen, es im Alltag anzuwenden – zu denken also.“

In dem letzten Satz steckt die ganze Misere wie die geballte Wahrheit über unser Bildungssystem. Die eingebildete Bildungskatastrophe hat sich über zahllose Bildungsreformen zu einer wirklichen Bildungskatastrophe ausgewachsen. Nicht die Schüler haben diese Misere verursacht, sie sind die Leidtragenden, die Opfer einer total verfehlten Bildungspolitik. Selbst die Lehrer gehören partiell dazu, denn auch sie wurden an den Universitäten zwar mit Wissen vollgestopft, doch ohne dass ihnen das Denken gelehrt wurde. Wenn ein „Fisch stinkt“, dann meist vom Kopf her! Die „Schuld an dem Lernnotstand“ tragen auch nicht allein die „Bildungspolitiker“ wie die „Ministerialbürokraten“.

Den „Kopf“ bilden vielmehr die „Bildungsexperten“ an den Hochschulen und Universitäten, die in ihrer abstrakten Theoriebesessenheit „Chancengleichheit für alle“ durchsetzen wollten. Doch mit dem exponentiellen Wachstum des Wissens kann man nicht mit mehr Wissen Schritt halten, das geht nur durch Entwicklung und Training des Verstandes. Nur dieser kann das Wissen sortieren und daraus Schlüsse ziehen, um eigenständig Probleme zu erkennen und zu lösen.

Exakt hieran mangelt es Schülern und Lehrern gleichermaßen. Beide sind durch zu viel Wissensvermittlung an den Universitäten nicht klüger, sondern dümmer geworden. Auf diesem eisernen Fundament beruht der Glaube an den „natürlichen Treibhauseffekt“. Er ist inzwischen so dominant und „verinnerlicht“, dass bisher noch kein Politiker die vielen logischen Widersprüche erkannt und zum Schutze des Bürgers offen angesprochen hat, auf denen die „Klimaschutzpolitik“ beruht. Da sollen die „Treibhausgasemissionen“ drastisch reduziert werden, damit unter freiem Himmel die weitere „Erderwärmung“ gebremst wird. Da sollen mit gleicher Begründung unsere hübschen Fachwerkhäuser luftdicht in Styropor verpackt werden, damit die Raumwärme daran gehindert wird, sich durch das Mauerwerk als unsichtbare Wärmestrahlung in das „kalte Nichts“ des Weltraums zu verflüchtigen. Je nach wissenschaftlichem Gutdünken „ist“ die Atmosphäre einmal für die Infrarotstrahlung absolut durchsichtig, ein anderes Mal absolut undurchsichtig und hat die Wirkung einer Wärmedecke.

Doch wenn selbst eine Glashülle wie bei einem Gewächshaus die drinnen erzeugte Wärme nicht speichern kann und der Gärtner ständig nachheizen muss, damit seine Pflänzchen nicht erfrieren, wie soll dann das irdische „Treibhaus“ sich selbst beheizen können, obgleich es nur von der dünnen Atmosphäre als Gashülle umgeben ist? Die Antwort findet man in dem Standardlehrbuch „Physik“ von Paul A. Tippler (Heidelberg 1994) unter Newton’sches Abkühlungsgesetz auf Seite 553: „Die Abkühlungsgeschwindigkeit eines Körpers ist näherungsweise proportional zur Differenz der Temperaturen von Körper und Umgebung“. Den mess- und fühlbaren Beweis liefert die Natur täglich, ob am Sandstrand, in der Wüste oder in den Großstädten.

Oppenheim/Rhein , den 08. Dezember 2001

Zur Person des Autors

Wolfgang Thüne, geboren am 4. März 1943 in Rastenburg/ Ostpreußen, blickt auf eine 35jährige meteorologische Berufserfahrung zurück. Wie kaum ein anderer kennt er die „Heimtücken“ des Wetters. Er ist seit 1975 verheiratet und hat drei Kinder.

Wolfgang Thüne studierte von 1962 bis 1967 an der Universität Köln wie der freien Universität Berlin die Fächer Meteorologie, Geophysik, Mathematik, Physik und Geographie und erwarb den akademischen Grad „Diplom-Meteorologe“.

Anschließend, von 1967 bis 1974 war er beim Wetteramt Frankfurt, machte er das Staatsexamen zum „Wetterdienstassessor“, arbeitete er in der Analysen- und Vorhersagezentrale des Deutschen Wetterdienstes in Offenbach/Main. Von 1971 moderierter er Wetterberichte beim ZDF. 1972 war er beratender Meteorologe bei den Olympischen Spielen in München.

Im Jahre 1974 wechselte er von der synoptischen in die angewandte Meteorologie und widmete sich dem Umweltschutz. Dabei gehörte die Erstellung von Stadt- und Geländeklimagutachten zu seinem Metier. Doch sein Wissensdrang ging weiter, denn Umweltpolitik ist Gesellschaftspolitik. Nebenberuflich absolvierte er ein Zweitstudium von 1981 bis 1986 an der Universität Würzburg mit den Fächern Soziologie, Politische Wissenschaften und Geographie. Er wurde zum Dr. phil. promoviert.

Danach ging er von 1986 bis 1990 nach Rio de Janeiro als Repräsentant der Konrad-Adenauer-Stiftung für Brasilien. Neben seiner entwicklungspolitischen Tätigkeit organisierte er landesweit Symposien zu der Thematik „Umwelt und Entwicklung“.

Seit 1990 war er Referent für „naturwissenschaftlich-technische Grundsatzfragen der Umweltpolitik“. Zeitweise war er im „Klimabeirat“ der Bundesregierung. 1998 veröffentlicht er sein Buch „Der Treibhaus-Schwindel“. Das Buch erregte Aufsehen und wurde anlässlich der 17. Jahrestagung der Deutschen Aktionsgemeinschaft Bildung – Erfindung – Innovation (DABEI) e. V. von der Ellen- und Max-Woitschach-Stiftung für ideologiefreie Wissenschaft mit dem Woitschach-Forschungspreis 1999 ausgezeichnet.

Das Buch „FREISPRUCH für CO_2“ setzt diese Aufklärungsarbeit fort!

Wolfgang Thüne

Heimat

Identität und Territorialität

ISBN: 978-3-949780-13-4,
556 Seiten, Paperback
29,80 Euro

Heimat verbindet den Menschen und seine Umwelt zu einer sinnhaften Ganzheit. Im neuzeitlichen Weltverständnis dagegen steht die Natur dem Menschen als Objekt gegenüber, das erkannt und beherrscht werden soll. In dieser objektivierenden und trennenden Sichtweise ist kein Platz für Heimat. Heimat ereignet sich im Gefühl, das sich der wissenschaftlichen Erfassung sperrt.
Wolfgang Thüne, der Ende des Zweiten Weltkrieges als Kind seine ostpreußische Heimat verlassen mußte, gelingt es dennoch, einen wissenschaftlichen Zugang zum Phänomen Heimat zu finden. Erst heute, in einer Epoche, in der Heimat zunehmend nur noch negativ, als ein etwas Verlorengehendes erfahren wird, sei es durch Vertreibung, sei es durch die von einer entfesselten rationalistisch-ökonomistischen Funktionalismus vorangetriebenen Vernutzung und Verschandelung unser Umwelt, wird deutlich, wie wichtig das Eingebundensein in eine vertraute und dem Menschen zugewandte Umgebung ist. Thüne will Heimat begreifen, indem er sein Nachdenken über Heimat einbettet in Theorien des Räumlichen – einerseits in den Disziplinen Soziologie, Geographie, Geopolitik, Verhaltensforschung und andererseits in die Tradition einer umfassenden Kulturkritik.

Lindenbaum Verlag GmbH

Bergstr. 11 - 56290 Beltheim-Schnellbach - Tel. 06746 / 730047
Internet: www.lindenbaum-verlag.de – E-Mail: lindenbaum-verlag@web.de